U0349806

职业教育课程改革规划新教材

电工电子技术与技能

主　编　洪　洁

副主编　范国伟　任小平

参　编　袁军芳　土丽荣

机 械 工 业 出 版 社

本书依据最新职业院校专业教学标准及“电工电子技术与技能教学大纲”编写。

本书主要涉及电路基础、电工技术、模拟电子技术和数字电子技术四部分内容，共16章，分别是实训室认识与安全用电，直流电路，磁与电磁，电容器与电感器，单相正弦交流电路，三相正弦交流电路，用电技术，常用电器，三相异步电动机的基本控制，认识电子实训室和基本技能训练，常用半导体器件，整流、滤波及稳压电路，放大电路和集成运算放大器，数字电子技术基础，组合逻辑电路和时序逻辑电路，数字电路的典型应用。本书以必需、够用为度，尽量降低专业理论的重心，由浅入深、循序渐进地介绍了有关电工电子以及应用方面的基础知识，着眼于培养学生的应用能力，突出重点、分散难点，力求使读者一看就懂、一学就会。

本书适合作为职业院校非电类专业的专业基础课教材，也可作为中高职衔接及对口升学的考试辅导用书，还可作为职工岗位培训教材。

本书配有电子课件、操作视频及习题答案等教学资源，可登录www.cmpedu.com注册、免费下载，也可致电010-88379363索取。

图书在版编目（CIP）数据

电工电子技术与技能/洪洁主编. —北京：机械工业出版社，2016.8
职业教育课程改革规划新教材
ISBN 978-7-111-54467-8

Ⅰ.①电… Ⅱ.①洪… Ⅲ.①电工技术—职业教育—教材 ②电子技术—职业教育—教材 Ⅳ.①TM②TN

中国版本图书馆CIP数据核字（2016）第179503号

机械工业出版社（北京市百万庄大街22号 邮政编码100037）
策划编辑：高 倩 责任编辑：高 倩 韩 静
封面设计：张 静 责任校对：刘怡丹
责任印制：常天培
北京机工印刷厂印刷（三河市南杨庄国丰装订厂装订）
2017年1月第1版第1次印刷
184mm×260mm · 17.5印张 · 330千字
0 001—2 000册
标准书号：ISBN 978-7-111-54467-8
定价：39.80元

凡购本书，如有缺页、倒页、脱页，由本社发行部调换

电话服务	网络服务
服务咨询热线：010-88379833	机 工 官 网：www.cmpbook.com
读者购书热线：010-88379649	机 工 官 博：weibo.com/cmp1952
	教育服务网：www.cmpedu.com
封面无防伪标均为盗版	金 书 网：www.golden-book.com

前　言

本书根据最新职业院校专业教学标准及“电工电子技术与技能教学大纲”编写。该课程总体分为四个部分来学习：电路基础、电工技术、模拟电子技术和数字电子技术。学生通过该课程的学习，掌握简单交直流电路的基本工作原理和分析方法，熟悉模拟电路和数字电路的构成、区别和不同的分析方法，使学生具备电工电子专业高素质劳动者和中初级专门人才所必需的电工电子技术的基础知识及基本技能，为学生学习专业知识和职业技能，提高全面素质，增强适应岗位变化的能力和继续学习的能力打下一定的基础。

“电工电子技术与技能”是一门理论和实践紧密结合的课程，本书从中等职业教育培养应用型技术人才这一目标出发，以“电工电子技术与技能”课程教学基本要求为依据，以应用为目的；以必需、够用为度，尽量降低专业理论的重心；以突出实际应用，培养技能为教学重点，由浅入深、循序渐进地介绍了有关电工电子以及应用方面的基础知识，着眼于培养学生的应用能力，突出重点、分散难点，力求使读者一看就懂、一学就会。本书每章前都有学习目标，并配备了相应的习题册，供学生课后练习。

本课程是职业院校非电类专业的一门专业基础课程，是学生学习其他专业课程的电学基础。本书总教学时数不得少于64学时，各部分内容的学时分配建议如下：

<table>
<tr><th>模块</th><th colspan="2">教学单元</th><th colspan="2">建议学时数</th></tr>
<tr><td rowspan="14">基础模块</td><td rowspan="5">电路基础</td><td>第 1 章　实训室认识与安全用电</td><td>2</td><td rowspan="14">54</td></tr>
<tr><td>第 2 章　直流电路</td><td>8</td></tr>
<tr><td>第 4 章　电容器与电感器</td><td>2</td></tr>
<tr><td>第 5 章　单相正弦交流电路</td><td>8</td></tr>
<tr><td>第 6 章　三相正弦交流电路</td><td>2</td></tr>
<tr><td rowspan="3">电工技术</td><td>第 7 章　用电技术</td><td>1</td></tr>
<tr><td>第 8 章　常用电器</td><td>6</td></tr>
<tr><td>第 9 章　三相异步电动机的基本控制</td><td>2</td></tr>
<tr><td rowspan="4">模拟电子技术</td><td>第 10 章　电子实训室和基本技能训练</td><td>2</td></tr>
<tr><td>第 11 章　常用半导体器件</td><td>4</td></tr>
<tr><td>第 12 章　整流、滤波及稳压电路</td><td>4</td></tr>
<tr><td>第 13 章　放大电路和集成运算放大器</td><td>4</td></tr>
<tr><td rowspan="2">数字电子技术</td><td>第 14 章　数字电子技术基础</td><td>2</td></tr>
<tr><td>第 15 章　组合逻辑电路和时序逻辑电路</td><td>7</td></tr>
</table>

<table>
<tr><th>模块</th><th colspan="2">教学单元</th><th colspan="2">建议学时数</th></tr>
<tr><td rowspan="11">选学模块</td><td rowspan="3">电路基础</td><td>第 3 章 磁与电磁</td><td>4</td><td rowspan="11">42</td></tr>
<tr><td>第 5 章部分 RLC 串联电路</td><td>2</td></tr>
<tr><td>第 6 章部分 三相负载的连接、三相负载功率的计算</td><td>6</td></tr>
<tr><td rowspan="2">电工技术</td><td>第 8 章部分 常用变压器简介
直流电动机、交流电动机部分</td><td>9</td></tr>
<tr><td>第 9 章部分 卧式车床电气控制线路简介</td><td>3</td></tr>
<tr><td rowspan="3">模拟电子技术</td><td>第 11 章部分 半导体基础知识晶闸管</td><td>2</td></tr>
<tr><td>第 12 章部分 单相晶闸管可控整流电路</td><td>4</td></tr>
<tr><td>第 13 章部分 静态工作点的设置和稳定，低频功率放大器，正弦波振荡器</td><td>6</td></tr>
<tr><td rowspan="2">数字电子技术</td><td>第 15 章部分 D 触发器、JK 触发器</td><td>2</td></tr>
<tr><td>第 16 章 数字电路的典型应用</td><td>4</td></tr>
</table>

本书由安徽省马鞍山工业学校洪洁担任主编，安徽工业大学范国伟和安徽省当涂县职业教育中心任小平担任副主编，马鞍山钢铁股份有限公司能源总厂袁军芳和石家庄工程技术学校王丽荣参与编写。安徽职业技术学院程周教授审阅了全书，做了很多重要的修改与补充。在编写本书的过程中，得到了安徽工业大学、安徽职业技术学院、安徽省当涂县职业教育中心、广东省农工商职业技术学校、安徽马鞍山技师学院和安徽省马鞍山工业学校的大力支持，在此一并表示感谢。

由于编者水平有限，书中疏漏之处在所难免，恳请使用本书的广大读者给予批评指正。

编　者

目 录

第1章

实训室认识与安全用电

学习目标

- 了解电与电工电子产品在实际生产生活中的广泛应用。
- 了解电工实训室的电源配置、常用电工电子仪器仪表和工具的类型及应用。
- 掌握实训室操作规程及安全用电的规定。
- 了解人体触电的类型及常见原因，掌握防止触电的保护措施。
- 掌握电气火灾的防范及扑救常识。

1.1 电工电子技术的重要性

电工电子基础知识已成为一项学生必须掌握的技能，所以实验课是本专业教学的重要环节，科学地进行实验过程是工程技术人员必备的技术素质。为突破传统的学科教育对学生技能培养的局限，应该从提高学生的全面素质出发，以培养应用能力，着重使用技术的传授和动手能力的培养，突出电工电子技能操作，培养学生在实践中分析和解决问题的能力。

1.2 电工实训室简介

电工实训室作为短期实验与长期训练的场所，应配备实验、实训与考核的设备。同时场所的面积、安全装置都要符合安全规定，另外应备有实训室规则、日常制度和注意事项等。图 1-1 为电工实训室的照片。

图 1-1　电工实训室的照片

1.2.1 电工实训室的电源配置

电工实训室的电源配置应符合教学实验与工作安全要求，其基本要求如下：

1）实验设备所用的电源应有最重要的安全保护，如短路保护、过载保护、欠电压保护、漏电保护和接地保护等。

图 1-2 为电工实训室具体使用的电源板。

图 1-2　电工实训室电源板

2）交流电源的输入容量应大于实验中的总负载，避免因用电过量而造成灾害。

3）电源输入：三相五线 AC380（1 ± 10%）V，50Hz。

固定交流电源：三相四线 380V 接插式与插座式，单相 220V 接插式与插座式。

4）可调交流输出：0~250V，可调直流输出：110V、0~220V，可调稳压直流电源：± 0~30V。

1.2.2 常用电工工具及仪器仪表

维修电工所使用的工具分为常用工具和非常用工具。常用工具是指无论任何工作中都要使用的工具，因此要求必须随身携带。常用工具的种类有电笔（低压验电器）、一字旋具、十字旋具、电工刀、钢丝钳、尖嘴钳、活扳手等。为了方便携带必须配备电工皮带与电工工具皮包等配件。非常用工具是指在某一特定工作中才需要使用的器具，其种类有人字梯、单梯、手电钻、冲击钻、电烙铁、斜口钳、喷灯、压线钳等。

一般专业电工都要使用的电工工具及仪器仪表见表 1-1。

表 1-1　常用电工工具及仪器仪表

类别	名称	说明	实物图
常用电工工具	低压验电器	又称为验电笔，有笔式和旋具式两种。一般由氖泡、电阻（器）、弹簧、笔身和笔尖组成。其测试范围为 60~500V。当被测带电体与大地之间的电位差超过 60V 时，用验电笔测试带电体，验电笔中的氖管就会发光	正确握法　正确握法　错误握法　错误握法
	旋具	又称为起子或螺丝刀，它是紧固或拆卸螺钉的工具，按头部形状可分为一字形和十字形	
	尖嘴钳	头部尖细，适用于在狭小的空间操作。绝缘柄耐压 500V，主要用于切断和弯曲细小的导线、金属丝	
	钢丝钳	有铁柄和绝缘柄两种，绝缘柄为电工用钢丝钳。它是由钳头和钳柄两部分组成，钳头由钳口、齿口、刀口和铡口四部分组成，钳口用来弯绞或钳夹导线线头，齿口用来紧固和起松螺母，刀口用来剪切导线或剖削软导线绝缘层，铡口用来铡切电线线芯、钢丝或铅丝等较硬金属	
	电工刀	剥削电线线头、切割木台缺口、削制木榫的专用工具。电工刀刀柄无绝缘保护，故不能带电作业	
	高压验电器	高压验电器电压测试范围为 500V 以上，高压验电器握法如右图所示，手握部位不得超过护环，还应戴好绝缘手套。使用高压验电器验电时，应一人测试、一人监护，在雪、雨、雾及恶劣天气情况下不宜使用高压验电器，以免发生危险	

（续）

类别	名称	说明	实物图
常用电工工具	活扳手	是一种主要用于旋紧六角形、正方形螺钉和各种螺母的工具。采用工具钢、合金钢或可锻铸铁制成。一般分为通用的、专用的和特殊的三大类	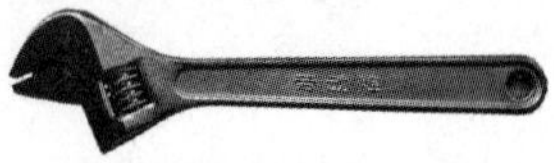
	剥线钳	剥线钳为内线电工和电动机修理、仪器仪表电工常用的工具之一。它由刀口、压线口和钳柄组成。剥线钳适用于塑料、橡胶绝缘电线等，使用方法是：将待剥皮的线头置于钳头的刀口中，用手握住两钳柄，向内一捏，听到咔嗒一声，即可松开钳柄，绝缘皮便与芯线脱开了	
常用仪器仪表	万用表	电工测量中最常用的多功能仪表。它的基本用途是测量交、直流电压和直流电流及电阻等参数，分为模拟式和数字式两种	
	绝缘电阻表	俗称“摇表”，又称“兆欧表”，其用途是测量电气设备的绝缘电阻。如相与相之间、相对地之间的绝缘电阻	
	钳形电流表	能在不停电的情况下测量交流电流	
	直流单臂电桥	是一种专门用来测量 1Ω 以上电阻的较精密的仪表	
	交、直流电压和电流表	俗称“表头”，主要用作电路中检测线路电压、电流参数值	 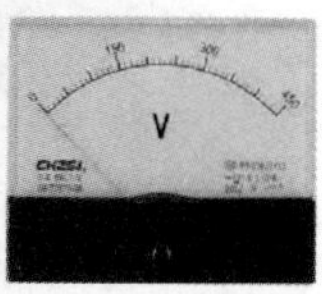

1.2.3 电工实训室操作规程及要求

严格遵守电工实训室的操作规程是做好实验、完成实训课题、确保人身和设备安全的必要保证。电工实训室的操作规程如下：

1）实验前认真阅读讲义，以明确实验（实训）的目的和任务，确实掌握实验中的方法和步骤。

2）熟悉实验设备及安全用电的规则。

3）合理选择实验仪器、仪表的类型和量程，并能了解其使用的方法。

4）正确选用电源，严格遵守用电规程，避免人体接触不绝缘的带电部位。

5）实验中应遵守“先接线后通电，先断电再拆线”的原则。

6）实验中如发生故障应立即断电，并请老师检查，等故障排除后方可再做实验。

7）认真做好实验中的各项记录，并完成实验报告。

8）实验结束后必须切断电源，并搞好环境卫生，填写设备使用的记录。

1.3 电气火灾的防范及扑救常识

电气火灾不仅会直接造成电气设备的毁坏和人身的伤亡，还可能会造成大规模或长时间的停电，带来不可估量的间接损失，因此电气火灾对国民经济和人们生活的危害极大。

1.3.1 电气火灾的一般原因

电气火灾是电气原因导致的失控、造成较大范围的燃烧。引起火灾的原因很多，主要有以下四个方面：

1）线路短路、过载或接触不良。

2）电气设备散热不良引起铁心发热。

3）电火花、电弧以及静电放电。

4）电热和照明设备使用时不注意安全要求。

1.3.2 电气火灾的防范及扑救常识

电气火灾的防范主要是避免电器运行中产生火花、电弧和高温引起的灾害，电气设备的检查和管理是防止电气火灾发生最有效的方法。电气火灾一旦发生，首先应先切断电源，再按一般性火灾组织人员扑救，同时向公安消防部门报警；若情况十分危急或无断电条件时，必须带电灭火。带电灭火时应注意救火人员与带电体之间要保持足够的安全距离，并使用不导电的灭火剂，如二氧化碳、四氯化碳、1211 和干粉灭火剂。

1.4 安全用电常识

随着时代的变迁和社会的进步，人们的生活水平不断提高，家用电器也不断增多，安全用电的常识更应深植人心并普及成全民运动，以避免因用电的不安全造成触电身亡、电气火灾、电器损坏等意外事故。下面介绍触电事故的一般原因。

1.4.1 触电事故的一般原因

触电事故的一般原因不外乎有以下三种：

1）缺乏安全用电知识。例如：在高压线附近放风筝，爬上高压电杆掏鸟巢；低压架空线路断线后不停电用手去搭相线；黑夜带电接线手摸带电体；用手摸破损的开启式负荷开关等。

2）电气设备不符合安全规程。例如：设备不合格，安全距离不够；二线一地制接地电阻过大；接地线不合格或接地线断开；绝缘破坏导线裸露在外等。

3）没有普遍推行安全工作制度。例如：违反操作规程，带电连接线路或电气设备而又未采取必要的安全措施；触及破损的设备或导线；误登带电设备；带电接照明灯具；带电修理电动工具；带电移动电气设备；用湿手拧灯泡等。

1.4.2 常见的触电方式

触电事故是人体触及带电体时，带电体的电流流过人体时，对人体造成的生理和病理的伤害。按照人体触及带电体的方式和电流通过人体的途径，触电可分为下列三种方式。

1. 单相触电

单相触电是指人体触及一相带电体所引起的触电事故，如图 1-3a 所示。单相触电的危险程度与电网运行方式有关。一般情况下，接地电网里的单相触电比不接地电网里的危险性要大。

2. 两相触电

两相触电是指人体同时触及两相带电体所引起的触电事故，如图 1-3b 所示。两相触电造成的伤害要比单相严重得多。

3. 跨步电压触电

跨步电压触电是指高压导线断落在地，人们从此经过时，在人体两脚之间产生的跨步电压而引起的触电事故，如图 1-3c 所示。

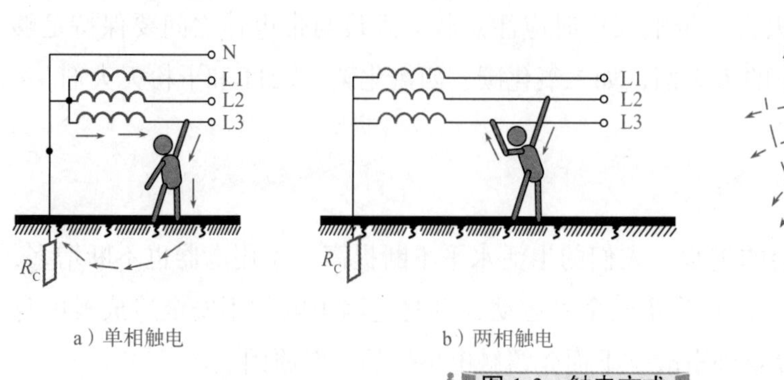

a）单相触电　　b）两相触电

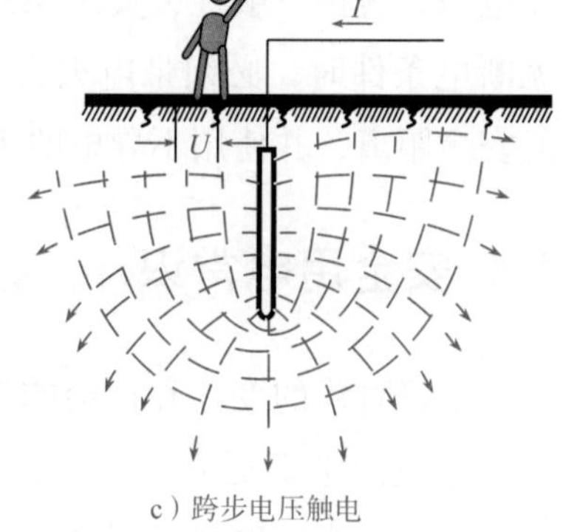

c）跨步电压触电

图 1-3　触电方式

※1.4.3 电流对人体的伤害

1. 电流对人体的伤害方式

电流对人体的伤害方式可分为电伤和电击。

电伤是电流对人体造成的外伤。例如：电弧的灼伤、金属在大电流下熔化、飞溅皮肤所受的伤害等。电击是电流通过人体时，对内部器官（如心脏、呼吸器官、神经系统等）所造成的伤害。对生理上的病变而言，电击是最危险的触电事故。

2. 电流对人体的伤害程度与哪些因素有关

实践证明：电流对人体的伤害程度与通过人体的电流大小、通电时间长短、电流流过人体的途径、电流的种类以及触电者的身体状况等多种因素有关。

（1）电流的大小

通过人体的电流越大，人体的生理反应就越强烈，对人体的伤害也就越大。按照人体对电流的生理反应强弱和电流对人体的伤害程度，可将电流划分为以下三级。

1）感知电流：是引起人们感觉的最小电流。实验资料表明，男性和女性对感知电流的大小也不相同。成年男性的平均感知交流电流约为 1.1mA，平均感知直流电流约为 5.2mA；成年女性的平均感知交流电流约为 0.7mA，平均感知直流电流约为 3.5mA。

2）摆脱电流：人体触电后能自主摆脱电流的最大值。实验资料表明，男性和女性摆脱电流的大小也不相同。成年男性的平均摆脱交流电流约为 16mA，平均摆脱直流电流约为 76mA；成年女性的平均摆脱交流电流约为 10.5mA，平均摆脱直流电流约为 51mA。

3）致命电流：在较短时间内危及生命安全的最小电流。一般交流电为 50mA。

人体允许电流：一般情况下，摆脱电流可视为人体的允许电流。在装有防止触电速断器保护装置的电路中，人体允许电流按 30mA 考虑。

（2）通电时间的长短

触电致人死亡的生理现象是心室颤动。实验证明：通电时间越长，越容易引起心室颤动，造成的危险性越大。另外，电流通过人体的时间越长，电流的热效应将会使人体出汗，从而使人体的电阻逐渐减小，根据欧姆定律可知，这时流过人体的电流将逐渐增大，使触电者伤害更加严重。

（3）电流流过人体的途径

实验表明：左手触电，电流通过左手到胸部，电流途经心脏且电流的路径比较短，因此这是最危险的。右手触电，电流避开心脏，因此对人体的伤害要小一些。

（4）电流的种类

直流电流和交流电流对人体都有伤害作用。实验证明：同样大小的交流电流要比直流电流对人体的伤害严重得多；对于同样大小的交流电来说，频率为 25~300Hz 的交流电对人体的伤害最严重。

（5）触电者的身体状况

根据欧姆定律可知，当电压一定时，人体的电阻越大，触电对人体的伤害程度就越小。人体电阻的变化由皮肤电阻决定，工程上一般对其取值为 1700Ω。

1.4.4 防止触电的保护措施

触电事故往往发生得很突然，而且在极短的时间内造成极为严重的后果，因此必须非常重视触电的防护工作。常用的安全用电措施有以下几种。

1. 安全电压

安全电压是特定电源供电的电压系列的上限值，在任何情况下，两导体之间或者任意一根导线与地之间的交流电压有效值均不得超过 50V。

安全电压额定值的等级一般有 42V、36V、24V、12V、6V 五个等级。

通常采用隔离变压器作为安全电压的电源。除此以外，具有同等隔离能力的发电机、蓄电池、电子装置等均可做成安全电压电源。

2. 安全色标

国家规定的安全色有红、蓝、黄、绿四种颜色。红色表示禁止、停止，蓝色表示指令、必须遵守的规定，黄色表示警告、注意，绿色表示指示、安全状态、通行。

电气上用黄、绿、红三色表示 U、V、W 三个相序，涂成红色的电器外壳表示其外壳有电，灰色的电器外壳表示其外壳接地或接零，线路上黑色代表工作零线，用黄绿双色绝缘线代表保护零线。

3. 等电位环境

把所有容易接近的裸露导体（包括设备以外的裸露导体）互相连接起来，以防止接触危险的电压。等电位范围不应小于可能触及带电体的范围。

另外，防止触电的保护措施还有保护接地、保护接零和漏电保护器等，本书将在第 7 章中做重点介绍。

1.4.5 触电急救

触电事故具有偶然性、突发性的特点，令人猝不及防。如果延误急救的时机，死亡率会很高。通过研究发现，触电后 1min 内进行抢救，救活率达 90%；6min 内进行抢救，救活率达 10%；12min 以后才抢救，救活率很小。因此当发现身边有人触电时，应立即使触电者迅速脱离电源，然后现场进行抢救。

脱离低压电源的方法可用“拨”“拉”“切”三个字来概括。“拨”就是用具有良好绝缘的物品将触电者身上的电线拨开；“拉”就是就近拉开电源开关；“切”就是用带有绝缘柄的利器切断电源线。其示意图如图 1-4 所示。

a）将触电者身上的电线拨开

b）将触电者拉离电源

c）用带绝缘柄的工具切断电线

图 1-4　使触电者脱离电源的方法

触电者脱离电源后，应根据触电者的具体情况，迅速对症救护。现场应用的主要救护方法有口对口人工呼吸法和胸外心脏挤压法。

1. 口对口人工呼吸法（适用于有心跳无呼吸者）

其口诀为：人仰卧，清口腔，鼻孔朝天头后仰。松衣领，解衣扣，预防气流不通畅。紧捏鼻，贴嘴吹，吹二（秒）放三为适当。依次进行不能停，直至呼吸复正常。口对口人工呼吸法如图 1-5 所示。

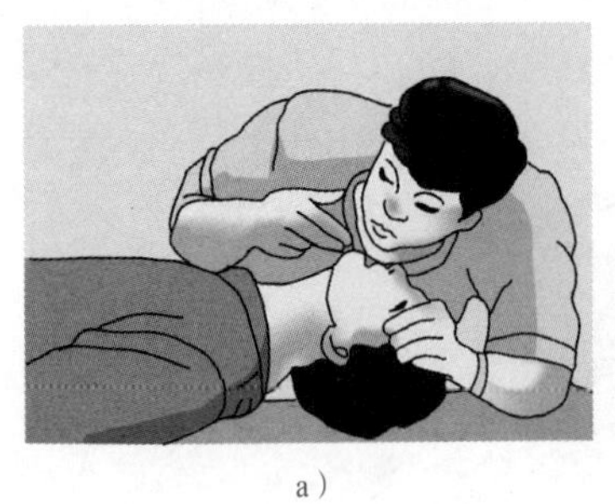
a)

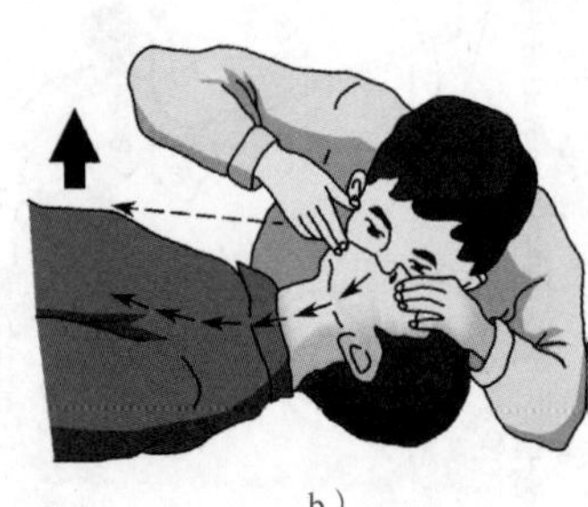
b)

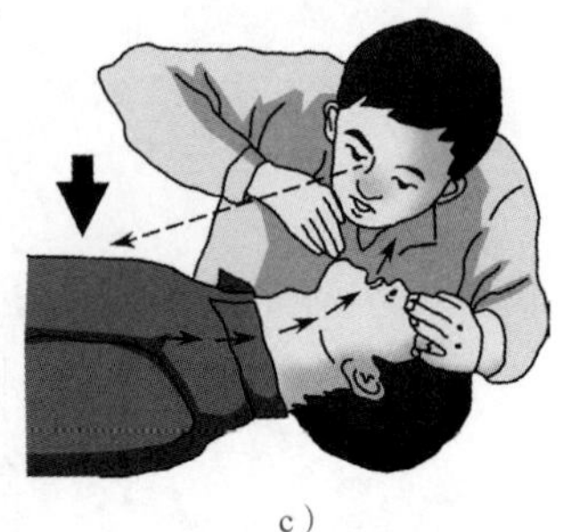
c)

图 1-5 口对口人工呼吸法

2. 胸外心脏挤压法（适用于有呼吸无心跳者）

其口诀为：人仰卧，硬地床，让头尽量向后仰。松开衣扣解裤带，跨在伤者胯两旁。中指对凹膛，当胸一手掌。两手叠放乳头间，掌根挤压用力量。胸陷一寸到寸半，每秒一次为适当。掌根抬时莫离身，直至心跳复正常。图 1-6 所示为胸外心脏挤压法的正确压点（区）。

当触电者出现呼吸与心跳均已停止的假死现象时，应使用口对口人工呼吸法与胸外心脏挤压法交叉进行抢救。

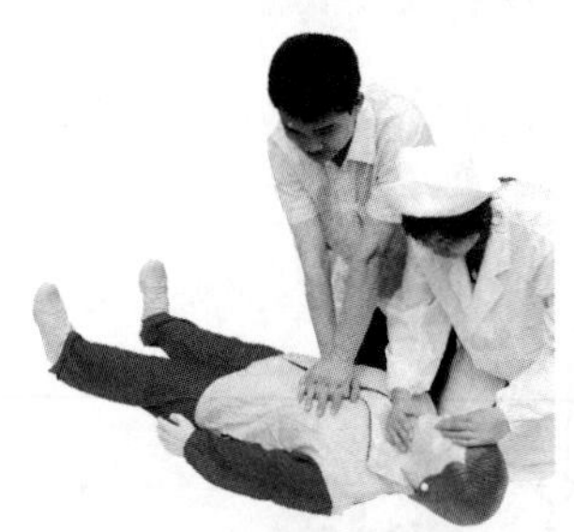

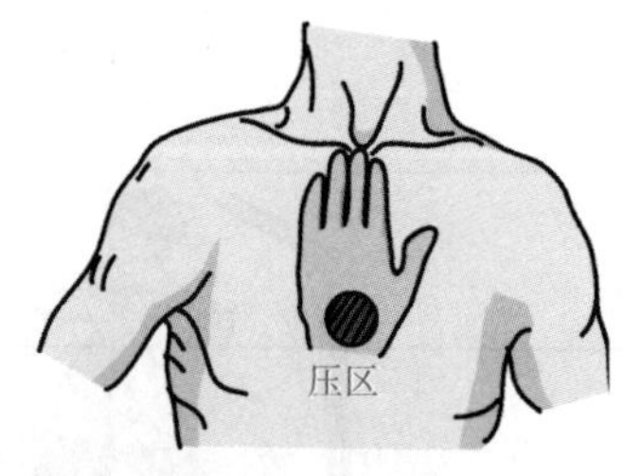

图 1-6 胸外心脏挤压法的正确压点（区）

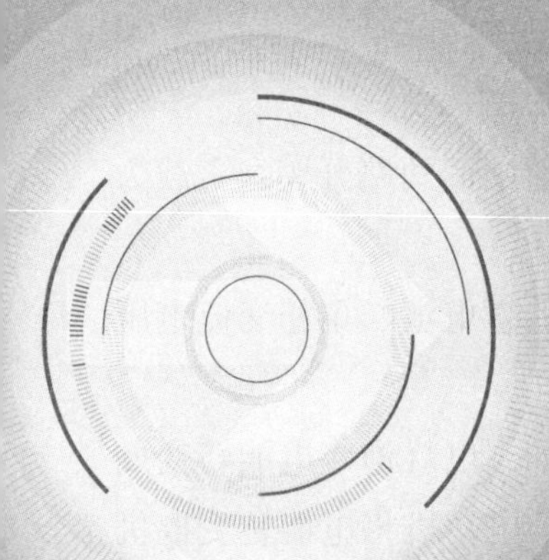

第2章 直流电路

学习目标

- 了解电路的组成，理解电路有关基本物理量的意义，熟记它们的单位和符号。
- 理解欧姆定律，并掌握其应用。
- 熟练掌握电阻串联、并联电路的特点及其应用。
- 会利用仪表测量电流、电压等物理量。
- 理解基尔霍夫电流定律和电压定律，并掌握其应用。

2.1 电路的组成、作用及状态

2.1.1 电路和电路图

1. 电路的组成

一般而言，组成电路的基本要素为电源、开关、负载及导线，如图 2-1 所示。

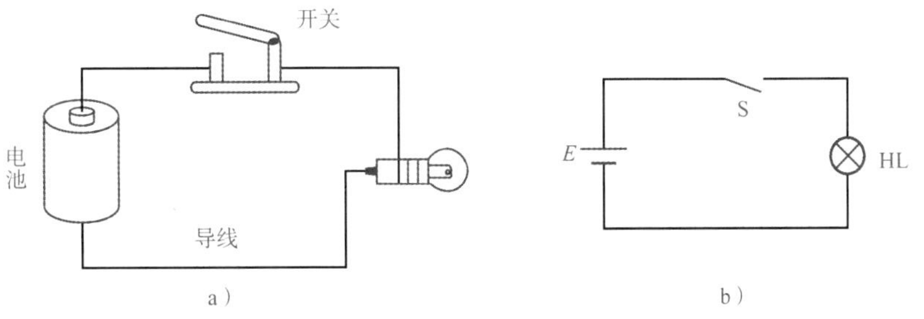

图 2-1 电路的组成

图 2-1a 所示为电路的实物示意图。电源为电池，开关为通断的两路开关，负载为灯泡；导线为 PVC 电线。现说明如下。

1）电源：一般指供应电路所需能量的电压源，如直流用的蓄电池、单相交流电压源等。

2）负载：负载是把电能转换成其他形式能量的装置。例如，电灯泡将电能转变成光能，电烙铁将电能转变成热能，扬声器把电能转换成声能，电动机将电能转变成机械能，因此电灯泡、电烙铁、扬声器、电动机等都是负载。

3）开关：开关是控制电路接通和断开的装置。

4）导线：导线是用来连接电源和负载的组件。

2. 电路图

图 2-1a 所示是电气设备的实物图电路。它的优点是直观，缺点是画起来较复杂，不便于分析和研究。因此在设计、安装和维修电气设备时，常用规定的图形与符号表示电路的连接情况，这个图称为电路图，如图 2-1b 所示。国家标准局于 2005 年颁布新的《电气简图用图形符号　第 1 部分：一般要求》（GB/T 4728.1—2005）对电气简图做了具体的规定。常用的标准图形符号见表 2-1。

表 2-1　常用的标准图形符号

实物	符号	实物	符号
电灯	⊗	电池、电池组	—┤├
电铃		电动机	Ⓜ
二极管	—▷|—	交叉不连接导线	┼
开关	—╱ —	交叉连接导线	┼（连接点）

2.1.2 电路的作用

实际电路所完成的任务是多种多样的，其作用具体归纳如下：

1）实现电能的传输、分配与转换。例如，照明电路将电能转换为光能和热能。

2）实现信号的传递与处理。图 2-2 所示为扩音机电路，放大器用来放大电信号，而后传递到扬声器，把电信号还原为语言或音乐，实现“声—电—声”的放大、传输和转换作用。

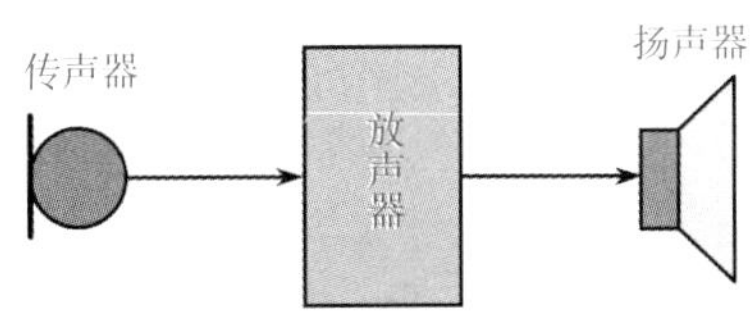

图 2-2　扩音机电路

2.1.3 电路的工作状态

在不同的条件下，电路处于不同的状态，主要有以下三种（见表 2-2）。

表 2-2　电路的三种状态

种类	状态	表示图
通路（闭路）	通路是指电源与负载接成闭合回路时的工作状态，这时电路中有电流通过	
开路（断路）	开路是指电源与负载未接成闭合回路时的工作状态，这时电路中没有电流通过。在实际电路中，电气设备与电气设备之间、电气设备与导线之间连接时的接触不良也会使电路处于开路状态	
短路（捷路）	短路是指电源未经负载而直接由导线（导体）构成通路时的工作状态。短路时，电源输出电流将比允许的通路工作电流大许多倍，电源会因短路而损耗大量的能量，可能烧坏电源和其他设备。所以，应严防电路发生短路	

2.2 电路的基本物理量

2.2.1 电流

电流是由于电荷的定向移动形成的。物体中形成电流的内因是物体内部移动的自由电荷；外因是电场（或电压）作用于物体，两者缺一不可。电路中保有持续电流的条件是：

1）电路为闭合通路（回路）。

2）电路两端存在电压，电源的作用是为电路提供持续的电压。

电流（I）的定义为在一定时间（t）内通过导体横截面的电荷量（Q），即

$$I=\frac{Q}{t} \tag{2-1}$$

电流的单位是安培，用符号 A 表示。电荷量的单位是库仑，用符号 C 表示。若在 1s 内通过某一导体横截面的电荷量为 1C，则电流就是 1A。除安培外，电流的常用单位还有千安（kA）、毫安（mA）和微安（μA）等。它们之间的换算关系是：

$$1\text{kA}=10^{3}\text{A}$$

$$1\text{mA}=10^{-3}\text{A}$$

$$1\mu\text{A}=10^{-3}\text{mA}=10^{-6}\text{A}$$

电流不仅有大小，而且有方向。电流的方向规定为正电荷定向运动的方向。

在电路的实际分析计算时，若电流的实际方向无法确定时，可以假设一个参考方向，并在电路中用箭头标示出来。求解后若结果为正值，表示电流的实际方向与参考方向一致；若结果为负值，表示电流的实际方向与参考方向相反。

注意

参考方向不一定是实际方向，在选定参考方向之后，电流数值的含义才是完整、正确的。

【例 2-1】如果在 5s 内均匀流过某导体横截面的电荷量为 10C，问流过该导体的电流是多少毫安？

已知：Q=10C，t=5s。求：I。

【解】

$$I=\frac{Q}{t}=\frac{10}{2}\text{A}=5\text{A}=5\,000\text{mA}$$

电流可分为直流和交流两种。凡大小和方向都不随时间变化的电流，称为直流电流，简称直流（写作 DC）；凡大小和方向（极性）都随时间变化的电流，称为交变电流，简称交流（写作 AC）。

电路中电流的大小可以用电流表来测量。测量前，应分清是直流还是交流，并选择好电流表的量程（测量范围）。测量直流电流时必须把电流表串联在电路中，使电流从表的“+”极流入，“–”极流出。

2.2.2 电压

从物理学课程中大家已经知道，电荷在电场力的作用下移动，电场力要做功。在电路中，把电场力将单位正电荷从 a 点移到 b 点所做的功称为 a、b 两点间的电压，用 U_{ab} 表示，即

$$U_{ab}=\frac{W_{ab}}{Q} \tag{2-2}$$

式中，W_{ab} 的单位是焦耳，用符号 J 表示；Q 的单位是库仑，用符号 C 表示；U_{ab} 的单位

是伏特，用符号 V 表示。在实际使用中，电压还会用到较大的单位，如千伏（kV），以及较小的单位，如毫伏（mV）、微伏（μV），它们之间的换算关系如下：

$$1kV=1\ 000V$$

$$1V=1\ 000mV$$

$$1mV=1\ 000\mu V$$

电压和电流一样，不仅有大小，而且有方向，即有正负。电压的方向由正极指向负极，即由高电位指向低电位；对于负载来说，规定电流流入端为电压的正极，电流流出端为电压的负极；若电压采用双下标表示，则电压的方向为从第一个下标指向第二个下标，如 U_{ab} 的电压方向为从 a 指向 b（如果 $U_{ab}>0$，则 a 端为正极，b 端为负极；如果 $U_{ab}<0$，则 b 端为正极，a 端为负极）。

说明

电压有压升及压降并决定其正、负极性。电压源是供应电路能量者，故输出电路端为正，此表示该端为高电位，也表示电流由此方向流入电路；经电路流回至电压源负端。再由负端提升能量至正端，再次供应给电路。所以，电压的指向是由负到正，此称电压升。负载接受能量，故输入端为正，输出端为负，由正指向负称为电压降。

电压的方向在电路图中有两种表示方法，一种用箭头表示，如图 2-3a 所示；另一种用极性符号表示，如图 2-3b 所示。

对于负载来说，有电压才有电流。电阻两端的电压称为电压降。

在电路的实际分析计算时，电压的实际方向有时难以确定，可先任意假定电压的参考方向列方程求解。若解出的电压为正值，则说明电压的实际方向与参考方向一致；若为负值，则说明电压的实际方向与参考方向相反。

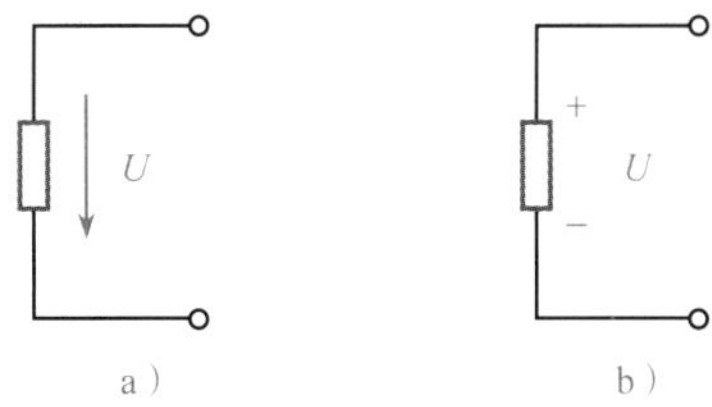

图 2-3 电压的方向的表示方法

电路中电压的大小可以用电压表来测量。测量前，应分清是直流还是交流，并选择好电压表的量程（测量范围）。测量电压时必须把电压表并联在被测电路的两端，对于测量直流电压，还要使“+”接线柱接高电位端，“−”接线柱接低电位端。

2.2.3 电位

在电子电路中，经常会遇到需要测量或分析电路中各点与某个固定点之间电压的情况，此时往往把该固定点称为参考点，而把电路中各点与参考点之间的电压称为各点的电位。电位通常用字母 V 表示，如 A 点的电位记作 V_A。电位与电压的单位相同，都是伏特（V）。

参考点的电位规定为零。因此，高于参考点的电位是正电位，低于参考点的电位是负电位。参考点在电路图中常用符号“⊥”表示。当参考点选定以后，电路中各点的电位便有了一个固定的数值。

电路中任意两点间的电位差就等于这两点之间的电压，故电压又称为电位差，即

$$U_{ab}=V_a-V_b \tag{2-3}$$

电路中各点的电位值与参考点的选择有关，即电位具有相对性。当所选的参考点变动时，各点的电位值将随之变动。但任意两点间的电压是两点之间的电位差，它与电路中参考点的选择无关，因此，电压具有绝对性。

2.2.4 电动势

电动势是描述电源性质的重要物理量，是电路系统中电荷流动的原动力，提供电路所需电压的来源，或称电压源。电源电动势与非静电力做的功是密切联系的。非静电力是指除静电力以外能对电荷流动起作用的力。非静电力有不同的来源。在化学电池（干电池、蓄电池）中，非静电力是一种与离子的溶解和沉积过程相联系的化学作用；在一般发电机中，非静电力起源于磁场对运动电荷的作用，即洛伦兹力。

在电源内部，非静电力把单位正电荷从电源负极移到正极时要对电荷做功，这个做功的物理过程是产生电源电动势的本质，称为电源的电动势，用符号 E 表示，即

$$E=\frac{W_{外}}{Q} \tag{2-4}$$

电动势与电压的单位相同，也是伏特，其方向规定为：在电源内部由电源的负极指向正极，如图 2-4 所示。

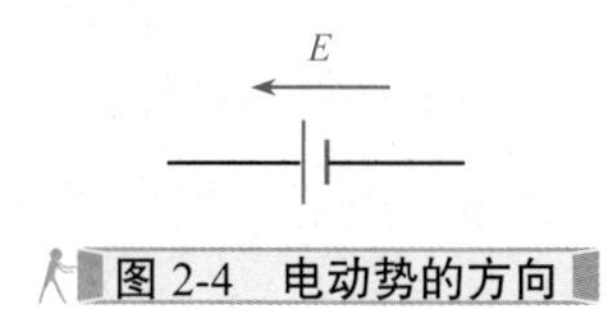

图 2-4　电动势的方向

注意

电动势与电压是容易混淆的两个概念。前面已讲过：第一，电动势是表示非静电力把单位正电荷从负极经电源内部移到正极所做的功，而电压则表示电场力把单位正电荷从电场中的某一点移到另一点所做的功；第二，电动势的方向是由低电位指向高电位，即电位升的方向，而电压的方向是由高电位指向低电位，即电位降的方向；第三，电动势仅存在于电源的内部，而电压不仅存在于电源两端，而且还存在于电源外部。因此它们是完全不同的两个概念。

说明

电压 (voltage) 是电位 (electric potential)、电位差 (potential difference)、电动势 (electromotive force)、电压降 (voltage drop) 的通称，单位为伏特 (volt，V)。

如图 2-5 所示，电池为供应电路的主要能量，称为电压或电压源、电动势。e 端为电路的接地端，或电压源的负端，该端的电压值为 0V。电路图中常以电压源的负端作为接地端，故接地端常作为电位的参考点，符号为“–”，电压值为 0V。

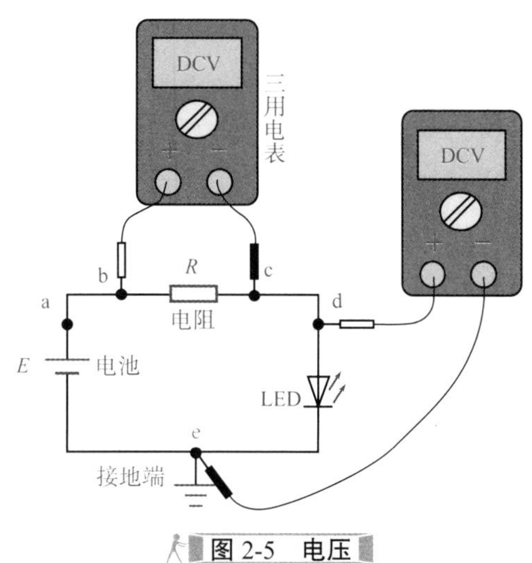

图 2-5 电压

注意

符号 E 与 U 在使用上的区别：电压源部分大都使用 E，如电池或直流电源供应器等。电压降大都使用 U，如电子组件的电压降等。E 与 U 的单位为伏特 (volt)，符号为 V。

总之，在电路中，电压源是提供能量的来源，是产生电路电流，或使电荷移动的原因。电路加上电压的情形，就像在输水管加上水压，使得水可以在管线中流动。

2.2.5 电阻与电导

1. 电阻

在电路中，阻碍电流通过且造成能量消耗的组件叫作电阻。电阻常用字母 R 表示，单位是欧姆（Ω），常用的单位还有千欧（kΩ）与兆欧（MΩ）。它们之间的换算关系如下：

$$1\ \text{k}\Omega=1\ 000\ \Omega$$

$$1\ \text{M}\Omega=1\ 000\ 000\ \Omega$$

2. 电阻定律

电阻由导体的材料、横截面积和长度决定。即电气设备一经制造好，其电阻就是一个定值。

实验证明：在一定的温度下，导体的电阻与导体的长度（L）及材料的性质（电阻率 ρ）成正比，与导体的横截面积 S 成反比，这一规律称为电阻定律。用公式表示：

$$R=\rho\frac{L}{S} \tag{2-5}$$

式中，ρ 为电阻率，单位为欧·米（Ω·m）；L 为导体的长度，单位为米（m）；S 为导体的横截面积，单位为平方米（m^2）；R 为电阻，单位为欧姆（Ω）。

表 2-3 列出了几种材料在 20℃时的电阻率及主要用途。

【例 2-2】 有段铜导线长 3 000m，截面积是 10mm^2，求该导线的电阻。

已知：L=3000m，$S=10\text{mm}^2=1.0\times10^{-5}\ \text{m}^2$。求：$R$。

【解】查表得铜的电阻率 $\rho=1.7\times10^{-8}\ \Omega\cdot\text{m}$

由 $R=\rho\frac{L}{S}$ 得

$$R=1.7\times10^{-8}\times\frac{3\ 000}{1.0\times10^{-5}}\ \Omega=5.1\ \Omega$$

表 2-3 几种材料在 20℃时的电阻率

	材料名称	电阻率 $\rho/\Omega\cdot\text{m}$
导体	银	1.6×10^{-8}
	铜	1.7×10^{-8}
	铝	2.8×10^{-8}
	钨	5.5×10^{-8}
	镍	7.3×10^{-8}
	铁	9.8×10^{-8}
	锡	1.14×10^{-7}
	铂	1.05×10^{-7}
	锰铜（85%铜+3%镍+12%锰）	$(4.2\sim4.8)\times10^{-7}$
	康铜（58.8%铜+40%镍+1.2%锰）	$(4.8\sim5.2)\times10^{-7}$
	镍铬丝（67.5%镍+15%铬+16%碳+1.5%锰）	$(1.0\sim1.2)\times10^{-6}$
	铁铬铝	$(1.3\sim1.4)\times10^{-6}$

（续）

	材料名称	电阻率 ρ/Ω·m
半导体	碳 锗 纯硅	5.5×10^{-5} 0.60 2.300
绝缘体	塑料 陶瓷 云母 石英（熔凝的） 玻璃 琥珀	$10^{15}\sim10^{16}$ $10^{12}\sim10^{13}$ $10^{11}\sim10^{15}$ 75×10^{16} $10^{10}\sim10^{14}$ 5×10^{14}

3. 电阻与温度的关系

实验证明：导体的温度变化时，它的电阻值也随之变化。一般的金属材料，温度升高后，导体的电阻值会增大。导体的电阻值与温度成正比。

4. 常用电阻（器）

常用电阻（器）的外形如图 2-6 所示。电阻器按其阻值可分为固定电阻器和可变电阻器两类；按其结构又可分为线绕电阻和非线绕电阻两类。

电阻器的主要指标有标称阻值、允许偏差和额定功率。在实际应用中，应根据电阻器的规格、性能等指标，以及在电路中的作用和技术要求等，选择合适的电阻器。

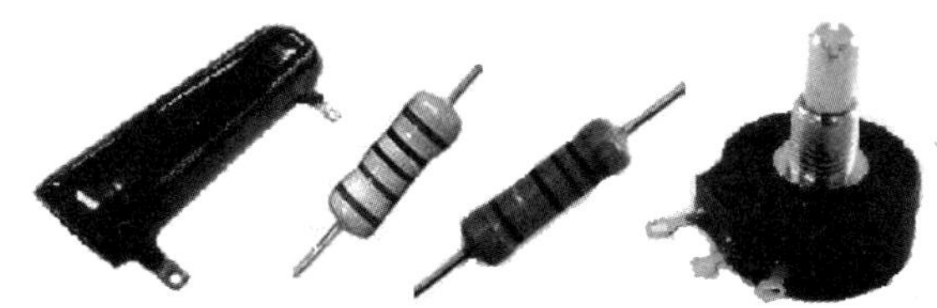

图 2-6　常用电阻器的外形

5. 电导

电阻的倒数叫作电导，用符号 G 表示，单位为西门子（S），即

$$G=\frac{1}{R} \tag{2-6}$$

由式（2-6）可见，导体的电阻越小，电导就越大，导体的导电性能就越好，两者成反比。电导和电阻一样，都在反映物体的导电能力，只是表示的方法不同。

各种材料的导电性能有很大差异。在电工技术中，各种材料按照它们导电能力的不同可分为导体、绝缘体、半导体和超导体。

1）导体：导电性能强的材料称为导体，如铜、铝、铁等。

2）绝缘体：导电性能很差的材料称为绝缘体，如橡胶、塑料等。

3）半导体：导电性能介于导体和绝缘体之间的材料称为半导体，如锗、硅等。

4）超导体：在极低温（接近于绝对零度，即 –273.15K）状态下，有些金属（一些合金和金属的化合物）的电阻突然变为零，这种现象叫作超导现象。具有这种特性的物质称为超导体或超导材料。我国在超导理论和超导材料的研究方面，目前已居世界领先地位。超导材料在工业生产、科学研究、医学及测量等许多领域中都有着广泛的应用前景。

2.3 欧姆定律及其应用

在导体两端加上一个电压，在导体中会产生电流。电流的大小，不可避免地会受到电阻的影响。那么电压、电流和电阻有什么关系呢？电路理论中最基本的定律——欧姆定律就描述了三者的关系，下面分几种具体情况来讨论。

2.3.1 一段无源支路的欧姆定律

在一个完整的电路中，只有电阻而不包含电源的支路称为一段无源支路。如图 2-7 所示，点画线框内的部分就是一段无源支路。

实验证明：流过一段无源支路的电流 I 的大小与支路两端的电压 U 成正比，与支路的电阻 R 成反比。这个规律称为一段无源支路的欧姆定律，或称为部分电路的欧姆定律，用公式表示为

$$I=\frac{U}{R} \tag{2-7}$$

式中，电压 U 的单位为 V，电阻 R 的单位为 Ω，则电流 I 的单位就是 A。

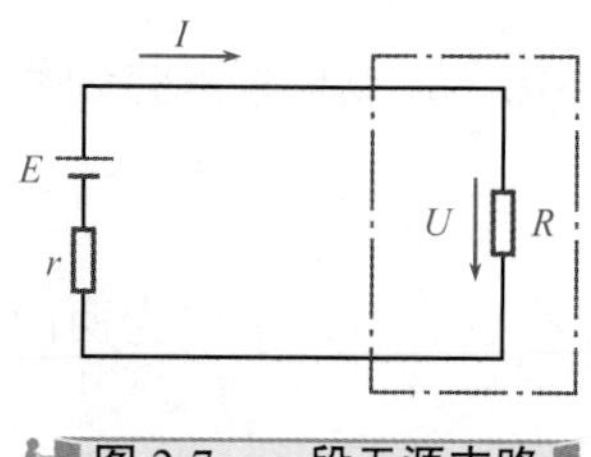

图 2-7　一段无源支路

【例 2-3】一个线圈接在 12V 的直流电源上，测出线圈中的电流为 200mA，试求该线圈的电阻是多少？

已知：$U = 12\text{V}$，$I = 200\text{mA} = 0.2\text{ A}$。求：$R$。

【解】由 $I=\frac{U}{R}$ 可知

$$R=\frac{U}{I}=\frac{12}{0.2}\ \Omega=60\Omega$$

电阻值不随其两端的电压和流过的电流而改变的电阻叫作线性电阻。若画出其上的

电流 I 随电压 U 变化的曲线（称为伏安特性曲线），则是一条通过原点的直线，如图 2-8a 所示。

电阻值随其两端的电压和流过的电流而改变的电阻叫作非线性电阻。例如，二极管、晶体管的电阻就是非线性电阻，它的伏安特性曲线如图 2-8b 所示。

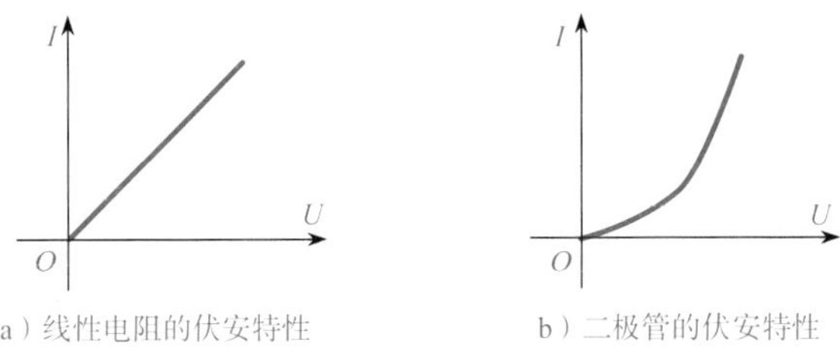

图 2-8　电阻的伏安特性曲线

由线性电阻及其他线性组件组成的电路叫作线性电路。含有非线性组件的电路叫作非线性电路。今后除特别指出外，一般我们说的电阻都是指线性电阻。

2.3.2　全电路欧姆定律

全电路是指由内电路和外电路组成的闭合电路的整体，如图 2-9 所示。图中的点画线框代表一个电源的内部电路，称为内电路。r 是电源的内阻（有时直接在电源符号旁边标出 r，而不再画电阻符号），又称为内电阻。电源外部的电路称为外电路。

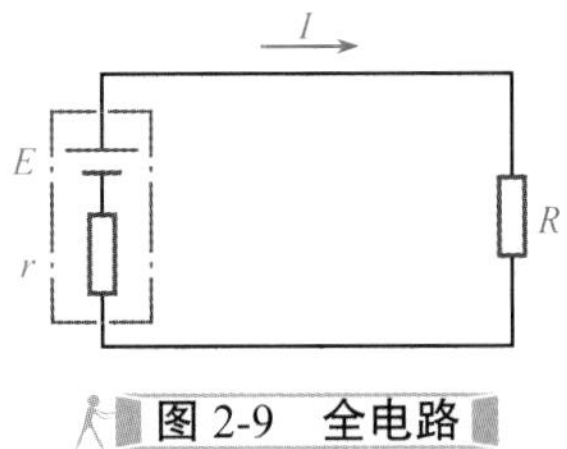

图 2-9　全电路

实验证明：流过闭合电路的电流 I 的大小与电动势 E 成正比，与电路中内、外电阻之和（$R+r$）成反比，这个规律称为全电路的欧姆定律，又称为闭合电路的欧姆定律。用公式表示为

$$I=\frac{E}{R+r} \tag{2-8}$$

式中，若电动势 E 的单位为 V，外电阻 R 的单位为 Ω，内电阻 r 的单位为 Ω，则电流 I 的单位就是 A。

由闭合电路的欧姆定律 $I=\dfrac{E}{R+r}$ 可知：$IR=E-Ir$，则

$$U=E-Ir \tag{2-9}$$

式中，U 为电源的端电压（即电源两端的电压）；Ir 为电源的内电压，也叫内压降。

对于确定的电源来说，电动势 E 和内电阻 r 都是一定的，从式（2-9）可以看出电源的端电压 U 跟电路中的电流 I 的关系。电流 I 增大时，内压降 Ir 增大，电源端电压 U 就减小；反之，电流 I 减小时，电源端电压 U 就增大。当电路是闭合电路时，电源的端电压等于外电路两端的电压，即 $U = IR$。当电路开路时，电源的端电压就等于电源电动势。

2.4 电阻的串、并联及其应用

在实际工作中，电阻按连接方式可分为串联、并联和混联三种。

2.4.1 电阻串联电路

1. 电阻的串联

把两个或两个以上的电阻，依头尾相接的方式，一个接一个地连成一串，构成中间无分支的连接方式叫作电阻的串联，如图 2-10a 所示。

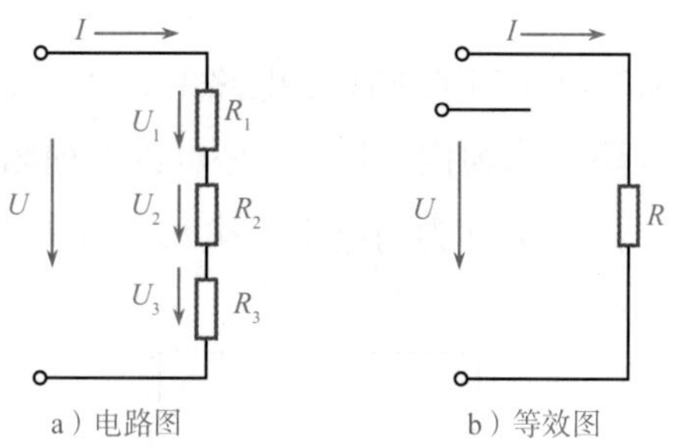

图 2-10　电阻的串联电路

2. 电阻串联电路的特点

1）串联电路中流过每个电阻的电流都相等，即

$$I_1=I_2=I_3=\cdots=I_n=I \tag{2-10}$$

2）串联电路两端的总电压等于各电阻两端的电压之和，即

$$U=U_1+U_2+U_3+\cdots+U_n \tag{2-11}$$

3）串联电路的等效电阻（即总电阻）等于各串联电阻之和，即

$$R=R_1+R_2+R_3+\cdots+R_n \tag{2-12}$$

在分析电路时，为了方便起见，常用一个电阻来表示几个串联电阻的总电阻，这个电阻叫等效电阻，如图 2-10b 所示。

4）串联电路消耗的总功率等于各电阻上消耗的功率之和，即

$$P=P_1+P_2+P_3+\cdots+P_n \tag{2-13}$$

5）串联电路中各电阻上的电压与各电阻的阻值成正比，即

$$U_n = IR_n \tag{2-14}$$

根据欧姆定律 $U = IR, U_1 = I_1R_1, \cdots, U_n = I_nR_n$，可得到 $\dfrac{U_n}{U} = \dfrac{I_nR_n}{IR}$，再根据式（2-10）可得到

$$U = \frac{R}{R_n}U_n \tag{2-15}$$

式（2-15）通常称为串联电路的分压公式。由此公式可知，在电阻串联电路中，由于流过每个电阻的电流相等，所以阻值越大的电阻分配的电压越大，阻值越小的电阻分配的电压越小。

6）串联电路中各电阻上消耗的功率与其电阻值成正比。

因为在电阻串联电路中，流过每个电阻的电流相等，由公式 $P=I^2R$ 可知，电阻值越大其消耗的功率就越大，电阻值越小其消耗的功率就越小。

3. 电阻串联电路的应用

在实际工作中，串联电阻电路的应用范围如下：

1）采用几个电阻串联构成分压器，使同一个电源能供给几种不同的电压。

2）用小阻值电阻的串联来获得较大的电阻。

3）利用串联电阻的方法，限制和调节电路中电流的大小。

4）在电工测量中，用串联电阻来扩大电压表的量程，以便测量较高的电压等。

【例 2-4】有一个电流表（见图 2-11），它的满刻度电流 I_g 为 50μA（即允许通过电流表的最大电流），内阻 R_g 为 1kΩ。若把它改装成量程为 100V 的电压表，应串联多大的电阻？

已知：R_g =1kΩ=1 000Ω，I_g=50μA=50×10^{-6}A，U=100V。求：R_f。

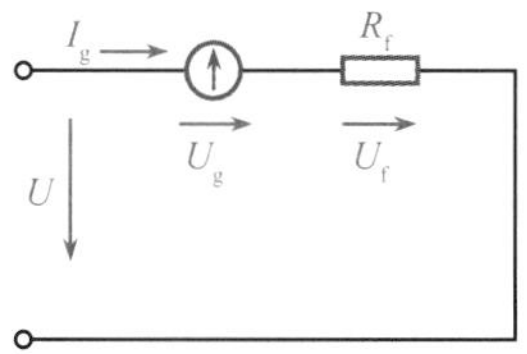

图 2-11 扩大电压表量程

【解】由 $I=\dfrac{U}{R}$可知

$$U_g = I_gR_g = 50\times10^{-6}\times1\,000\text{V} = 0.05\text{V}$$

因为 $$U_f = U - U_g = (100-0.05)\ \text{V} = 99.95\text{V}$$

而在电阻串联的电路中，电流处处相等，即 $I_f = I_g = 50\times10^{-6}$A

所以 $$R_f=\frac{U_f}{I_f}=\frac{99.95}{50\times10^{-6}}\Omega=1.999\times10^6\Omega=1.999\text{M}\Omega$$

2.4.2 电阻并联电路

1. 电阻的并联

把两个或以上的电阻，以头接头、尾接尾的方式，分别连接在电路中相同的两点，称为电阻的并联，如图 2-12a 所示。

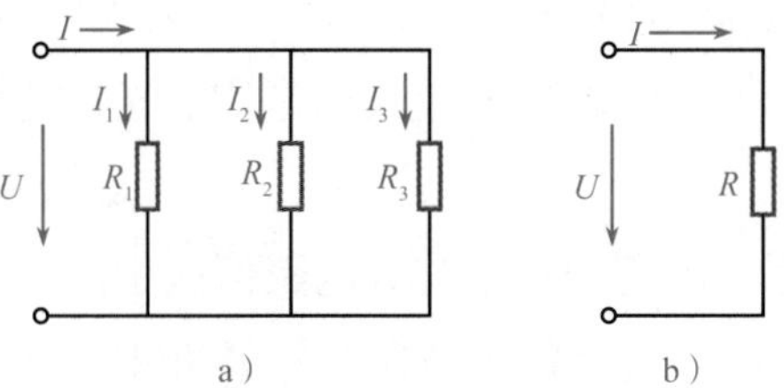

图 2-12 电阻的并联电路

2. 电阻并联的特点

1）并联电路中各电阻两端的电压相等，即

$$U_1=U_2=U_3=\cdots=U_n=U \tag{2-16}$$

2）并联电路的总电流等于各支路的电流和，即

$$I=I_1+I_2+I_3+\cdots+I_n \tag{2-17}$$

3）并联电路等效电阻（即总电阻）的倒数等于各并联支路电阻的倒数和，即

$$\frac{1}{R}=\frac{1}{R_1}+\frac{1}{R_2}+\frac{1}{R_3}+\cdots+\frac{1}{R_n} \tag{2-18}$$

在分析电路时，常用一个电阻来表示几个并联电阻的总电阻，这个电阻叫作等效电阻，如图 2-12b 所示。

4）并联电路消耗的总功率等于各电阻上消耗的功率和，即

$$P=P_1+P_2+P_3+\cdots+P_n \tag{2-19}$$

5）并联电路中各电阻上的电流与电阻成反比，即

$$I_n=\frac{U}{R_n} \tag{2-20}$$

根据欧姆定律 $U=IR$，$U_1=I_1R_1$，…，$U_n=I_nR_n$ 以及式（2-16）可得到下式：

$$\frac{U_n}{U}=\frac{I_nR_n}{IR}$$

即

$$I = \frac{R_n}{R} I_n \tag{2-21}$$

式（2-21）称为并联电路的分流公式。由此公式可知，在电阻并联电路中，由于每个电阻两端的电压相等，所以阻值越大的电阻分配的电流越小，阻值越小的电阻分配的电流越大。

6）并联电路中各电阻上消耗的功率与其电阻值成反比。

因为在电阻并联电路中，加在每一个电阻两端的电压相等，由公式 $P=\dfrac{U^2}{R}$ 可知，电阻值越大其消耗的功率就越小，而电阻值越小其消耗的功率反而越大。

3. 电阻并联的应用

在实际工作中，凡是额定电压相同的负载都采用并联的连接方式。有时将大阻值的电阻并联起来配成小阻值电阻以满足电路的需要。在电工测量中，经常在电流表两端并接分流电阻，来扩大电流表的量程等。

【例 2-5】有一个电流表（见图 2-13），它的满刻度电流 I_g 为 50μA（即允许通过电流表的最大电流），内阻 R_g 为 1kΩ。若把它改装成量程为 1A 的电流表，应并联多大的分流电阻？

已知：R_g=1kΩ=1 000Ω，I_g=50μA=50×10^{-6}A，I=1A。求：R_f。

【解】由 $I=\dfrac{U}{R}$ 可知

$$U_g = I_g R_g = 50\times10^{-6}\times1\,000\text{V} = 0.05\text{V}$$

因为

$$I_f = I - I_g = (1-50\times10^{-6})\ \text{A} = 0.999\,95\text{A}$$

而在电阻并联的电路中，各电阻的端电压相等，即

$$U_f = U_g = 0.05\text{V}$$

所以

$$R_f = \frac{U_f}{I_f} = \frac{0.05}{0.999\,95}\ \Omega \approx 0.05\Omega$$

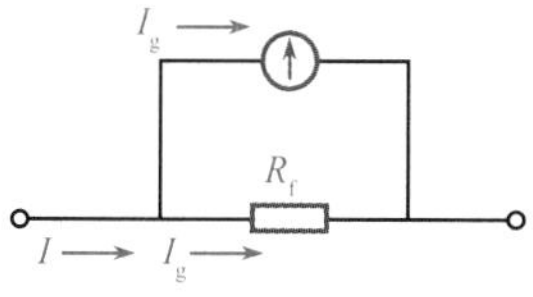

图 2-13 扩大电流表量程

2.4.3 电阻混联电路

在实际应用中，使用更多的是电阻的混联电路，即在同一个电路中，既有电阻的串联，又有电阻的并联，如图 2-14 所示。

对于电阻混联电路的计算，只要按电阻的串联和并联的计算方法，一步一步地把电路化简，最后就可以求出总的等效电阻了。判别混联电路的串、并联关系应掌握以下

三种方法。

（1）看电路的结构特点

若两电阻首尾相接就是串联；若首首尾尾相接就是并联。如图 2-14 所示，R_2 与 R_3 首首、尾尾相接，是并联；而 R_4 与 R_5 是首尾相接，是串联。

（2）看电压、电流关系

若流经两个电阻的电流相同，就是串联；若两个电阻承受同一个电压，就是并联。如图 2-14 所示，R_2 与 R_3 承受相同的电压，是并联；而 R_4 与 R_5 流过相同的电流，是串联。

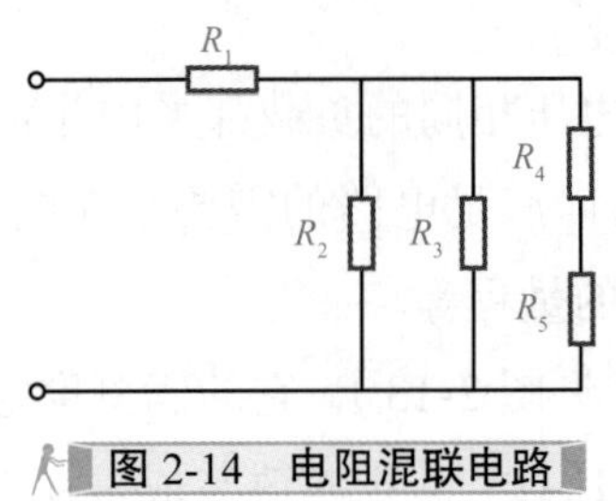

图 2-14　电阻混联电路

（3）对电路做变形等效

对电路结构进行分析，选出电路的节点。以节点为基准将电路结构变形，然后进行判别。

【例 2-6】如图 2-15a 所示，已知 R_1=8Ω，R_2=4Ω，R_3= R_4= R_5=12Ω，求其等效电阻 R_{AB}。

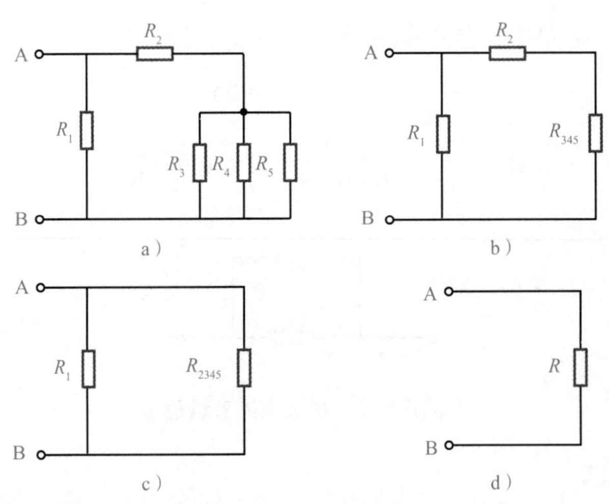

图 2-15　例 2-6 电路图

【解】由图 2-15a 可知：R_3、R_4 和 R_5 首首、尾尾相接，是并联，因此这三个电阻可以用一个等效电阻 R_{345} 来代替，其大小为

$$R_{345}=\frac{1}{\frac{1}{R_3}+\frac{1}{R_4}+\frac{1}{R_5}}=\frac{1}{\frac{1}{12}+\frac{1}{12}+\frac{1}{12}}\Omega=4\Omega$$

等效电路图如图 2-15b 所示。

由图 2-15b 可知，R_2 和 R_{345} 首尾相接，是串联，因此这两个电阻可以用一个等效电阻 R_{2345} 来代替，其大小为

$$R_{2345}=R_2+R_{345}=(4+4)\Omega=8\Omega$$

等效电路图如图 2-15c 所示。

由图 2-15c 可知，R_1 和 R_{2345} 首首、尾尾相接，是并联，因此这两个电阻可以用一个等效电阻 R 来代替，其大小为

$$R=\frac{1}{\frac{1}{R_1}+\frac{1}{R_{2345}}}=\frac{1}{\frac{1}{8}+\frac{1}{8}}\Omega=4\Omega$$

等效电路图如图 2-15d 所示。

以上介绍的等效变换方法，并不是唯一求解等效电阻的方法，诸如倒退法、标点法等都可以求解混联电路的等效电阻。但无论哪一种方法，都是将不容易看清串、并联关系的电路，等效为可以直接看出串、并联关系的电路，然后求出其等效电阻的值。

2.5 电能与电功率

2.5.1 电能

电流流过灯泡，灯泡会发光；电流流过电炉丝，电炉丝会发热；电流流过电动机，电动机会运转。可见电流流过一些用电设备时是会做功的，电流所做的功称为电功。电功即为电路所消耗的电能，用符号 W 表示。

如果 a、b 两点间的电压为 U，则将电荷量为 Q 的电荷从 a 点移到 b 点时电场力所做的功为

$$W=UQ \tag{2-22}$$

由于 $$I=\frac{Q}{t}$$

所以 $$Q=It$$

则 $$W=IUt$$

又因为 $$I=\frac{U}{R}$$

所以
$$W=IUt=\frac{U^2}{R}t=I^2Rt \tag{2-23}$$
式中，电压的单位为 V，电流的单位为 A，电阻的单位为 Ω，时间的单位为 s，电能的单位为焦耳（J）。工程上常用千瓦时（kW · h，俗称“度”）做单位，它们的换算关系为

$$1\,\text{kW}\cdot\text{h}=3.6\times10^6\text{J}$$

2.5.2 电功率

电流需要通过一些用电设备才能做功。为了衡量这些设备做功能力的大小，引入一个电功率的概念。我们把单位时间内电流所做的功称为电功率，用符号 P 表示，即
$$P=\frac{W}{t} \tag{2-24}$$

由于
$$W=IUt=\frac{U^2}{R}t=I^2Rt$$

所以
$$P=\frac{W}{t}=IU=\frac{U^2}{R}=I^2R \tag{2-25}$$

若电能的单位为 J，时间的单位为 s，则电功率的单位为瓦（W），在实际使用中还会用到千瓦（kW）和毫瓦（mW），它们之间的换算关系如下：

$$1\,\text{kW}=1\,000\text{W}$$
$$1\text{W}=1\,000\text{mW}$$

【例 2-7】有一个 220V、40W 的电灯，接在 220V 的电源上，试求通过电灯的电流和电灯在 220V 电压下工作时的电阻。如果电灯每晚使用 3h，求一个月（30 天）消耗多少电能？

已知：U=220V，P=40W，t=3h × 30=90h。求：I、R、W。

【解】由 $P=IU$ 得
$$I=\frac{P}{U}=\frac{40}{220}\text{A}=0.18\text{A}$$

由 $P=\frac{U^2}{R}$ 可知
$$R=\frac{U^2}{P}=\frac{220^2}{40}\Omega=1\,210\Omega$$

由 $P=\frac{W}{t}$ 可知
$$W=Pt=40\times10^{-3}\times90\text{ 度}=3.6\text{ 度}$$

2.5.3 焦耳定律

电流通过金属导体时，导体会发热，这种现象称为电流的热效应。电热毯、电饭锅、电熨斗等家用电器都是利用电流的热效应工作。

实验证明：电流通过金属导体时，导体产生的热量与电流的二次方、导体的电阻以及通电时间的长短成正比。这一规律称为焦耳定律，用公式表示为

$$Q = I^2Rt \tag{2-26}$$

若电流的单位为 A，电阻的单位为 Ω，时间的单位为 s，则热量 Q 的单位就是 J。

※2.5.4 负载的额定值

电流的热效应可以制成很多的电热设备，但电流的热效应也有有害的一面。例如：电流通过导线、电动机、变压器时，会使导线和电动机、变压器的线圈发热。这可能造成温度升高，加速绝缘材料的老化变质，从而缩短电气设备的使用寿命，甚至导致设备漏电、烧毁。所以制造厂家生产的各种电气设备都有规定电压、电流或功率的额定值，使用时必须注意。我们把电气设备和组件长期安全工作时所允许的最大电流、最大电压和最大功率分别叫作额定电流、额定电压和额定功率。例如：常见的灯泡上标明的“220V 40W”就是指该灯泡的额定电压为 220V，额定功率为 40W。家用电器和电动机的额定值通常标在外壳的铭牌上，故有时也把额定值称为铭牌数据。

电器组件和设备在额定功率下的工作状态叫作额定工作状态，也称满载；低于额定功率的工作状态叫轻载；高于额定功率的工作状态叫作过载或超载。电器设备在过载状态运行很容易被烧坏。为了保护电气设备，熔断器、热继电器都是常用的过载保护电器。

【例 2-8】一个 1kΩ、10W 的电阻，允许流过的最大电流是多少？若把它接到 110V 的电源两端，能否安全工作？

已知：$R = 1\text{k}\Omega = 1\,000\Omega$，$P_\text{N}=10\text{W}$。求：$I_\text{N}$。

【解】由 $P=UI$ 得

$$I_\text{N}=\frac{P_\text{N}}{U_\text{N}}=\frac{10}{1\,000}\text{A}=0.01\text{A}$$

当该电阻接到 110V 的电源两端时

由 $I=\dfrac{U}{R}$ 可知

$$I=\frac{110}{1\,000}\text{A}=0.11\text{A}$$

因为 $I = 0.11\text{A} > I_\text{N}$，所以该电阻接到 110V 的电源两端时将会烧毁。

2.6 基尔霍夫电流定律和电压定律

只有单个回路，或者能用电阻串、并联的方法化简成为单个回路的电路称为简单直流电路，简单直流电路用欧姆定律即可求解。但在电子电路中，常会遇到两个以上的有源支路，如图 2-16 所示，此时不能运用电阻串、并联的计算方法将它简化成一个简单直流电路，这种电路称为复杂直流电路。复杂直流电路的求解仅有欧姆定律是不够的，还需应用基尔霍夫定律。

2.6.1 概述

基尔霍夫定律包括基尔霍夫电流定律（KCL）和基尔霍夫电压定律（KVL）。它反映了电路中所有支路电流和电压所遵循的基本规律。在介绍基尔霍夫定律之前，先把有关电路结构的几个概念简述如下。

1. 支路

电路中的每一个分支称为支路。如图 2-16 所示的 CAD、CD 和 CBD 都是支路。流经支路的电流因串联关系都相等，称为支路电流。

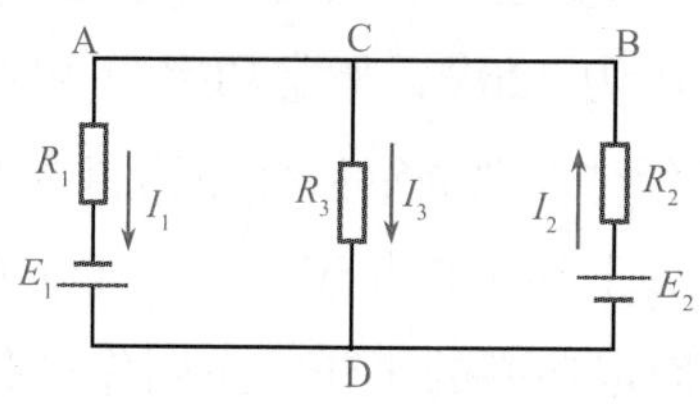

图 2-16 电路图

2. 节点

电路中三条或三条以上支路的连接点称为节点，如图 2-16 中的点 C 和点 D 所示。

3. 回路

电路中由一条或多条支路所组成的闭合电路称为回路（闭合电路是指沿着电路中某些支路绕行，能形成一个闭合的通路）。图 2-16 中有三个回路：ACDA、CBDC 和 ACBDA。

4. 网孔

电路中的回路内部不含有支路的回路叫作网孔。图 2-16 中，回路 ACDA 和回路 CBDC 因回路内部不含有支路，故称为网孔；而回路 ACBDA 因回路中含有支路，则该回路就不是网孔。

2.6.2 基尔霍夫电流定律（KCL）

基尔霍夫电流定律也称基尔霍夫第一定律，定义为：在任一时刻，流入某一个节点

的电流和恒等于从这一个节点流出的电流和，即

$$\sum I_{入} = \sum I_{出} \tag{2-27}$$

如图 2-16 所示，I_1 和 I_3 是流入节点 D，而 I_2 是流出节点 D 的，根据基尔霍夫电流定律，则

$$I_1 + I_3 = I_2$$

或

$$I_1 + I_3 - I_2 = 0$$

如果规定流入节点的电流为正，流出节点的电流为负，则基尔霍夫定律也可写成

$$\sum I = 0 \tag{2-28}$$

即在任一电路的任一节点上，电流的代数和永远等于零。

【例 2-9】如图 2-17 所示的闭合面包围的是一个三角形电路，它有三个节点。求流入闭合面的电流 I_A、I_B、I_C 之和是多少？

【解】应用基尔霍夫电流定律可列出

$$I_A = I_{AB} - I_{CA}$$

$$I_B = I_{BC} - I_{AB}$$

$$I_C = I_{CA} - I_{BC}$$

上面三式相加可得

$$I_A + I_B + I_C = 0$$

即

$$\sum I = 0$$

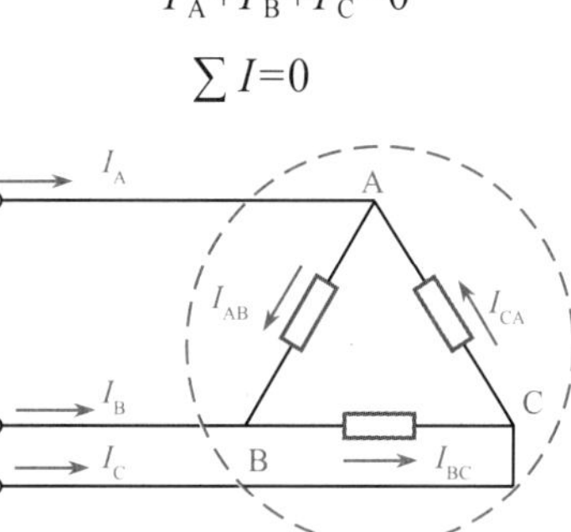

图 2-17　电路图

可见，在任一时刻，通过任一闭合面的电流的代数和也恒等于零。由上面的例子可知：节点电流定律不仅适用于节点，还可应用到某个封闭回路。

2.6.3 基尔霍夫电压定律（KVL）

基尔霍夫电压定律也称基尔霍夫第二定律，定义为：在任一瞬间，沿电路中的任一回路，各段电压的代数和恒等于零，即

$$\sum U = 0 \tag{2-29}$$

在应用 KVL 列电压方程时，应注意：

1）选取回路的绕行方向（回路的绕行方向既可按顺时针方向，也可按逆时针方向，通常选择顺时针方向）。

2）确定各段电压的参考方向。规定：凡电压的参考方向和回路的绕行方向一致时，该电压取正值；反之，电压取负值。

【例 2-10】如图 2-18 所示，列出回路 ABCDEFA 的基尔霍夫电压定律表达式。

【解】假设该回路的绕行方向如图所示，则应用基尔霍夫电压定律可列出

$$U_{AB}+U_{BC}+U_{CD}+U_{DE}+U_{EF}+U_{FA}=0$$

因为

$$U_{AB}=I_2R_2$$
$$U_{BC}=-I_3R_3$$
$$U_{CD}=E_2$$
$$U_{DE}=-I_4R_4$$
$$U_{EF}=E_1$$
$$U_{FA}=-I_1R_1$$

所以

$$I_2R_2-I_3R_3+E_2-I_4R_4+E_1-I_1R_1=0$$

移项后得

$$E_1+E_2=I_1R_1-I_2R_2+I_3R_3+I_4R_4$$

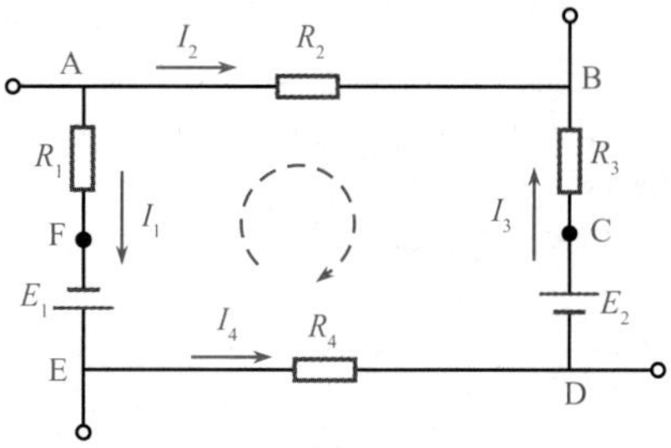

图 2-18　例 2-10 电路图

上式表明：在任一时刻，一个闭合回路中，各电源电动势的代数和恒等于各电阻上电压降的代数和，即

$$\sum E=\sum IR \qquad (2\text{-}30)$$

注意

在应用公式$\sum U=0$时，电压、电动势均集中在等式的一边，各段电压的正、负号规定与 2.2.2 节中所述一样；但如果应用公式$\sum E=\sum IR$时，电压与电动势分别写在等式的两边，则电压的正、负号规定仍与前面相同，而电动势的正、负号恰好相反，也就是当绕行方向与电动势的方向（由负极指向正极）一致时，该电动势为正，反之为负。

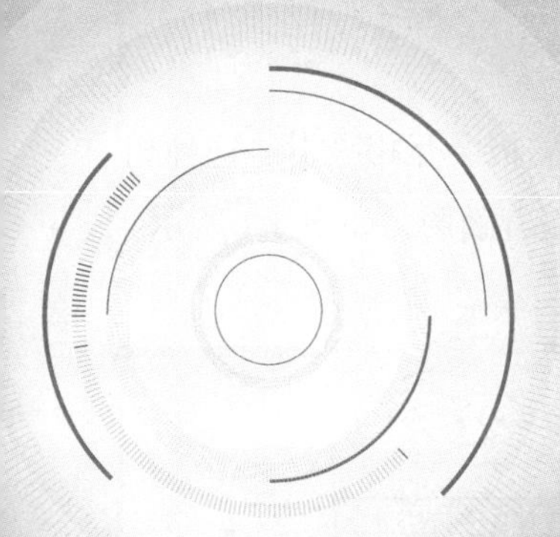

※第3章 磁与电磁

- 了解电流产生磁场和磁场中通电导体受电磁力作用的知识，熟练掌握安培定则和左手定则。
- 理解磁场中四个基本物理量的意义，并熟记它们的单位和符号。
- 掌握右手定则、楞次定律和法拉第电磁感应定律，并能定性分析各种常见的电磁感应现象。
- 了解铁磁材料的磁性能、分类和用途。
- 了解电磁铁、自感的基本知识。

3.1 磁场

3.1.1 磁的基本知识

把物体能吸引铁、钴、镍等金属及其合金的性质叫作磁性，具有磁性的物体叫作磁铁。

古代人发明了指南针，若把针状的磁铁用细丝吊起来，使之能在水平面内自由旋转，那么，当它停下来的时候，它总是一端指向南边，另一端指向北边。把指向南边的一端称为南极（又称为S极），把指向北边的一端称为北极（又称为N极）。这两极的磁性最强，又称为磁极。

任何磁铁都具有两个磁极，两个磁极彼此对应，不可分离。如果把磁铁折成两段，则每一段磁铁都具有N、S两个磁极。换句话说，N极和S极成对出现，无论把磁铁怎样分割，每段磁铁总是有N、S两个磁极。

把两个磁铁互相靠近，发现同性的磁极会互相排斥，异性的磁极会互相吸引。这种相互的作用力称为磁力。磁力的存在，说明在磁铁周围的空间中存在着磁场，如图 3-1 所示。

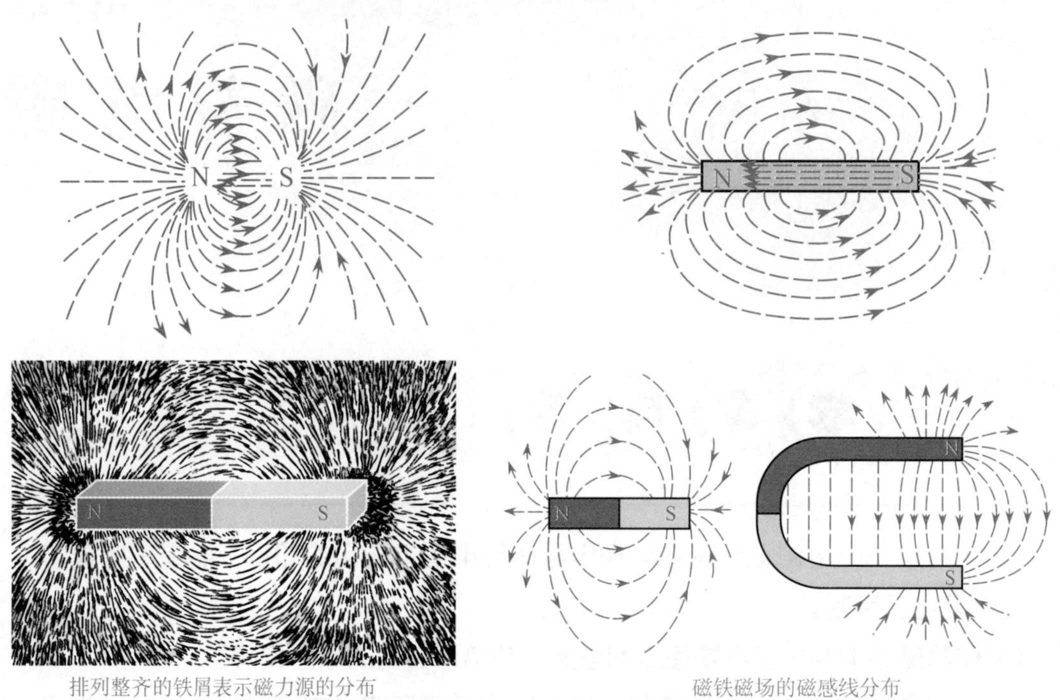

图 3-1 磁场示意图

把磁针放在磁场中不同的位置，将会发现磁针所受磁力的大小是不同的，距离磁极越近，受到的磁力越大，表明磁场越强；距离磁极较远的地方，磁场则很弱，甚至感觉不到。为了描述磁场的强弱和方向，通常会引入一根假想线——磁感线来表示，如图 3-1 所示。

磁感线具有以下特点：

1）磁感线是互不交叉的闭合曲线；在磁铁的外部由 N 极指向 S 极，在磁体内部由 S 极指向 N 极，整体动态形成一个封闭曲线。

2）磁感线上任意一点的切线方向，就是该点的磁场方向。

3）磁感线的疏密程度表示磁场的强弱。磁感线越密，则磁场越强；反之磁场越弱。

3.1.2 电流的磁场

实验证明，在通有电流的导体周围，放入一个磁针，而磁针会定向移动，此表示磁针受到电磁力的作用。由此可知，通有电流的导体周围产生磁场，这种现象叫作电流的磁效应，如图 3-2 所示。磁效应可用安培定则（又称为右手螺旋定则）来判断。

1. 通电直导体周围的磁场

安培定则一：如图 3-3 所示，右手弯曲握住直导体，大拇指指向电流方向，则弯曲的四指所指的方向就是通电直导体周围产生的磁场方向。

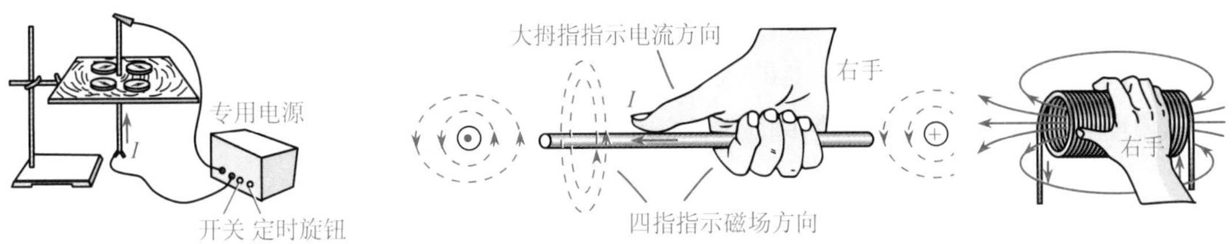

图 3-2 通电直导体周围的磁场

图 3-3 通电直导体及螺线管的磁场

2. 通电螺线管的磁场

安培定则二：如图 3-3 所示，右手弯曲握住螺线管，弯曲的四指指向电流方向，则伸直的大拇指指向螺线管的磁场方向，此表示大拇指指向磁场的 N 极。

3.2 磁场中的物理量

3.2.1 磁感应强度

磁感应强度是描述磁场中各点的磁场强弱和方向的物理量，用符号 B 表示，单位为特斯拉（T）。

实验证明：当载流导体与磁场方向垂直时，磁场对载流导体的作用力 F 与导体中的电流大小 I 及导体在磁场中的有效长度 L 的乘积成正比，即

$$B=\frac{F}{IL} \tag{3-1}$$

载流导体在磁场中受力的方向可用左手定则来判断：伸开左手，让大拇指与其余四指垂直，并与掌心在同一平面内，让磁感线垂直地穿过手心，四指指向为电流方向，大拇指指向为通电导体在磁场中所受电磁力的方向，如图 3-4 所示。

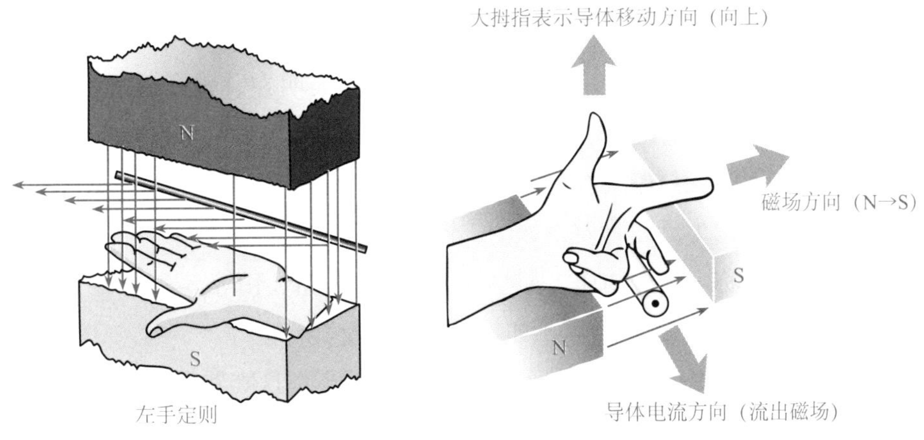

图 3-4 左手定则

在平面上表示出磁感应强度的方向，常用符号“×”表示垂直进入纸面；“•”表示垂直从纸面出来的磁感线。

若磁场中各点的磁感应强度的大小和方向相同，这种磁场就称为均匀磁场。以后若不加说明，均为在均匀磁场范围内讨论问题。

3.2.2 磁通

磁通是描述磁场在空间某一范围内分布情况的物理量，用符号 Φ 表示，单位为韦伯（Wb）。磁通定义为：磁感应强度 B 与垂直于磁感应强度方向的面积 S 的乘积，即

$$\Phi=BS \tag{3-2}$$

由式（3-2）可知，当面积一定时，如果通过该面积的磁感线越多，则磁通越大，磁场越强。这一概念常被应用在电气工程上，如变压器、电机和电磁铁等铁心材料的选用。

若把磁感应强度看作是通过单位面积的磁通，则磁感应强度称为磁通密度，以韦伯/米^2（Wb/m^2）作单位。

3.2.3 磁导率

实验证明：通电导体所产生的磁场不仅与电流的大小、导体的形状以及相对位置有关，而且还与磁场内媒介质的性质有关。

磁导率就是一个用来表示媒介质导磁性能的物理量，用符号 u 表示，单位是亨利/米（H/m）。不同的物质其磁导率也不相同。由实验测得真空中的磁导率 $u_0=4\pi\times10^{-7}$ H/m，且为一个常数。

为了比较各种物质的导磁能力，将任一物质的磁导率与真空中磁导率的比值叫作相对磁导率。即

$$u_r=\frac{u}{u_0} \tag{3-3}$$

由式（3-3）可知：相对磁导率是没有单位的，它表明在其他条件相同的情况下，媒介质中的磁感应强度是真空中的多少倍。

根据各种物质的相对磁导率的不同，可以把物质分为三类。

1）$u_r<1$ 的物质称为反磁物质，如铜、银、氢等。

2）$u_r>1$ 的物质称为顺磁物质，如空气、锡、铝、铬、铂等。

3）$u_r\gg1$ 的物质称为铁磁物质，如铁、钴、镍及其合金等。

由于铁磁物质的 $u_r\gg1$，在其他条件相同的情况下，这类物质中所产生的磁场比真空中的磁场强几百到几千，甚至十几万倍，所以利用铁磁物质来制造电动机、变压器等电磁器件可以缩小体积，减轻重量。

3.2.4 磁场强度

磁场中某点的磁感应强度 B 与媒介质的磁导率 u 的比值，称为该点的磁场强度，用符号 H 表示，即

$$H=\frac{B}{u} \tag{3-4}$$

由此可见，在磁场中，各点磁场强度的大小只与电流的大小和导体的形状有关，而与媒介质的性质无关。

必须指出：磁场强度也是一个矢量，在均匀的媒介质中，它的方向与所在点磁感应强度的方向一致。在国际单位中，磁场强度的单位为安培 / 米（A/ m）。

3.3 磁化与磁性材料

3.3.1 铁磁材料的磁化

实验证明：在线圈中通以电流，有铁心产生的磁场远比没有铁心的磁场强。这是由于铁心被磁化而增强磁场的缘故。把原来没有磁性的物质，在外磁场作用下产生磁性的现象叫作磁化。凡是铁磁物质都能被磁化。

铁磁物质之所以能被磁化，是因为铁磁物质是由许多被称为磁畴的磁性小区域所组成，每一个磁畴相当于一个小磁铁，在无外磁场作用时，这些小磁畴杂乱无章地排列着，如图 3-5a 所示，磁性相互抵消，对外不呈现磁性；只有在外磁场的作用下，磁畴都趋向外磁场，形成一个附加磁场，从而使原磁场显著增强，如图 3-5b 所示。

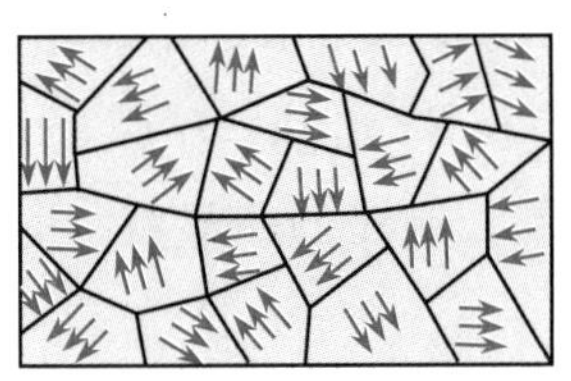
a）未被磁化时磁畴杂乱无章，磁性趋于互相抵消

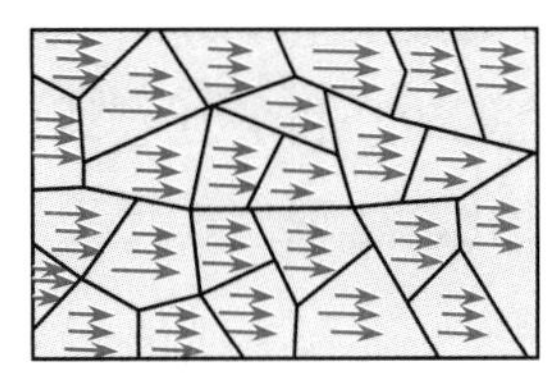
b）磁化后磁畴定向排列，产生附加磁场

图 3-5　铁磁物质的磁化

铁磁物质在磁化过程中，其磁感应强度 B 与磁场强度 H 之间有一定的关系，通常把 B 随 H 变化的曲线称为磁化曲线，如图 3-6 所示。由此可见，B 与 H 的关系是非线性的，即铁磁物质的磁导率 $u=\frac{B}{H}$ 不是常数。

铁磁物质的磁化曲线可分为四段：

1）当 H 从 0 开始增加时，B 随之缓慢增加，称为起始磁化段（曲线 Oa 段）。

2）当 H 继续增大时，B 急剧上升，这是由于小磁畴在外磁场的作用下大部分都趋

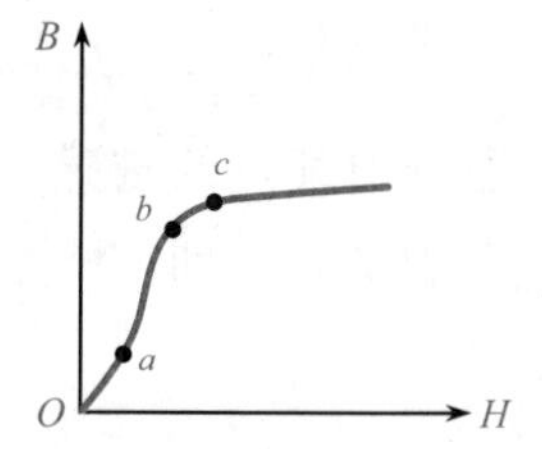

图 3-6　铁磁物质的磁化曲线

向外磁场 H 的方向，B 几乎直线上升，称为直线段（曲线 ab 段）。

3）在曲线 bc 段，因为大部分小磁畴方向已转向 H 方向，随着 H 的增加只有少数磁畴继续转向，所以 B 的增加已渐缓慢，称为膝部段。

4）到了 c 点以后，因小磁畴已几乎全部转向外磁场的方向，故 H 值增加时，B 值基本上不再增加了，称为饱和段。

不同的铁磁性物质，B 的饱和值是不同的。对于电动机和变压器，通常工作在曲线的 bc 段。

以上分析的磁化曲线反映了铁磁物质在外磁场由零逐渐增强时的磁化过程，但在实际应用中，铁磁性物质经常工作在交变磁场中，故了解它们反复交变磁化的过程是十分必要的。

3.3.2 磁滞回线

铁磁物质是一种性能特异、用途广泛的材料，其特征是在外磁场作用下能被强烈磁化，故磁导率 μ 很高；另一个特征是磁滞，即外磁场作用停止后，铁磁物质仍保留磁化状态。

如图 3-7 所示，图中的原点 O 表示磁化之前铁磁物质处于磁中性状态，当外磁场 H 从零开始增加时，磁感应强度 B 随之缓慢上升，如线段 Oa 所示，当 H 增至 H_s 时，B 到达饱和值 B_s。

当外磁场从 H_s 逐渐减小至零时，磁感应强度 B 并不沿起始磁化曲线恢复到“O”点，而是沿另一条新的曲线 SR 下降，比较线段 OS 和 SR 可知，H 减小 B 相应也减小，但 B 的变化滞后于 H 的变化，这现象称为磁滞现象。磁滞的明显特征是当 $H=0$ 时，B 不为零，而保留剩磁 B_r。

当磁场反向从 0 逐渐变至 H_c 时，磁感应强度 B 消失，说明要消除剩磁，必须施加反向磁场，H_c 称为矫顽力，它的大小反映了铁磁材料保持剩磁状态的能力，线段 RD 称为退磁曲线。

当反向磁场继续增大到 $-H_s$ 时，B 增大到反向饱和值 $-B_s$，反向磁场减小并再反向时，按相似的规律得到另一支偏离反向起始磁化曲线的曲线，这个闭合曲线称为磁滞回线。

所以，当铁磁材料处于交变磁场中时（如变压器中的铁心），将沿磁滞回线反复被磁化→去磁→反向磁化→反向去磁。在此过程中要消耗额外的能量，并以热的形式从铁磁材料中释放，这种损耗称为磁滞损耗，可以证明，磁滞损耗与磁滞回线所围面积成正比。磁滞损耗对电机、变压器的运行是不利的，它是导致铁心发热的原因之一。

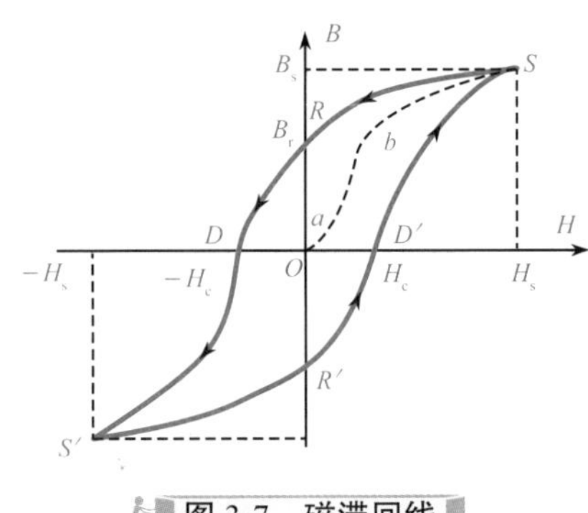

图 3-7 磁滞回线

3.3.3 铁磁材料的性能、分类和用途

从上面对铁磁材料的磁化和磁滞回线的讨论可以看出，铁磁材料具有高导磁性、剩磁性、磁饱和性和磁滞性的性能。通常根据矫顽力的大小把铁磁材料分成三大类。

1. 软磁材料

软磁材料的磁滞回线狭长、矫顽力、剩磁和磁滞损耗均较小，如图 3-8a 所示。其特点是磁导率高，易磁化也易去磁，是制造变压器、电机和交流磁铁的主要材料。

2. 硬磁材料

硬磁材料的磁滞回线较宽，矫顽力大，剩磁强，如图 3-8b 所示。其特点是不易磁化，也不易去磁，一旦磁化后能保持很强的剩磁，可用来制造永久磁体。

3. 矩磁材料

矩磁材料的磁滞回线形状如矩形，如图 3-8c 所示。其特点是在很小的外磁场作用下就能磁化，一经磁化便达到饱和值，去掉外磁场后，磁性仍能保持在饱和值，可用于电子计算机中存储器的磁心。

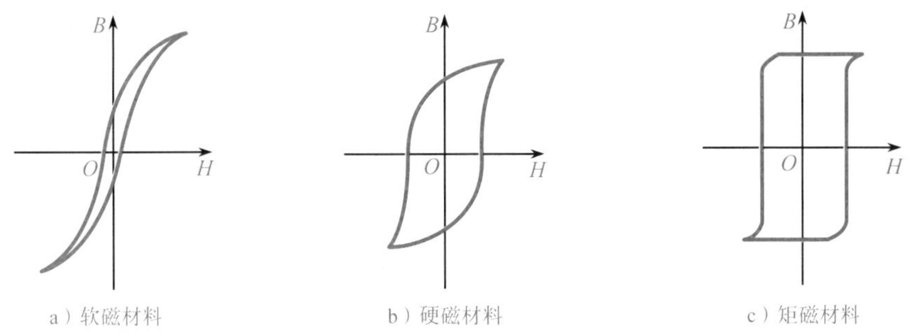

图 3-8 不同铁磁材料的磁滞回线

3.4 磁路欧姆定律及电磁铁

磁通集中通过的闭合路径称为磁路。在工程上，为了获得较强的磁场，常常需要把

磁通集中在某一定型的路径中。形成磁路的最好方法是利用磁性材料按照电气设备的结构要求，做成各种形状的铁心，从而使磁通形成所需的闭合路径。图 3-9 所示就是几种电气设备中的磁路。

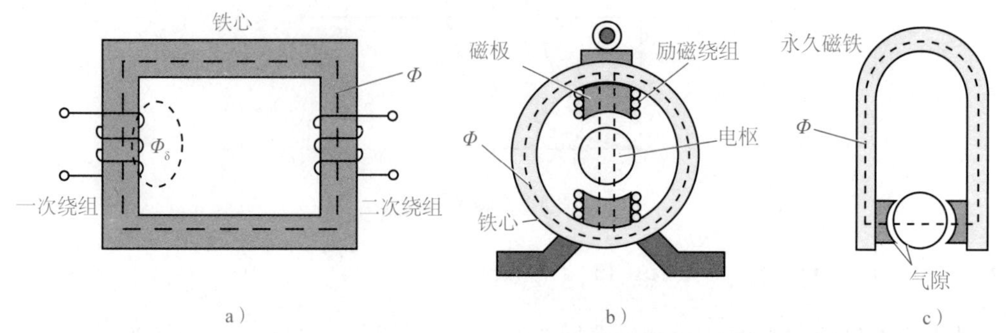

图 3-9　几种电气设备中的磁路

把通过铁心的磁通称为主磁通，如图 3-9 中的 Φ；铁心外的磁通称为漏磁通，如图 3-9a 中的 Φ_δ。一般情况下，漏磁通很少，常略去不计。

磁路按其结构不同，可分为无分支磁路和有分支磁路。图 3-9a、c 是无分支磁路，图 3-9b 是有分支磁路。在无分支磁路中，通过每一个横截面的磁通都相等。

3.4.1 磁路欧姆定律

图 3-10 所示为简单的无分支磁路和等效磁路，设励磁线圈的匝数为 N，通过励磁线圈的电流为 I，铁心截面积为 S，磁路的平均长度为 L（即中心线长度）。由实验可知：磁路中的磁场强度 H 与励磁线圈的匝数 N 和励磁线圈的电流 I 的乘积成正比，而与磁路的平均长度 L 成反比，即

$$H=\frac{NI}{L} \tag{3-5}$$

由式（3-2）和式（3-4）可知

$$\Phi=u\frac{NI}{L}S=\frac{NI}{\frac{L}{uS}}$$

令 $F_m=NI$　$R_m=\frac{L}{uS}$

则上式可写为

$$\Phi=\frac{F_m}{R_m} \tag{3-6}$$

分析磁路时可将磁路中的磁通与电路中的电流相对应。式（3-6）中 $F_m=NI$，相当于电路中的电动势，它是产生磁通的磁源，故称为磁通势，单位是安•匝；式（3-6）

中 $R_m=\frac{L}{uS}$ 对应于电路中的电阻，故称为磁阻，单位是 1/H。

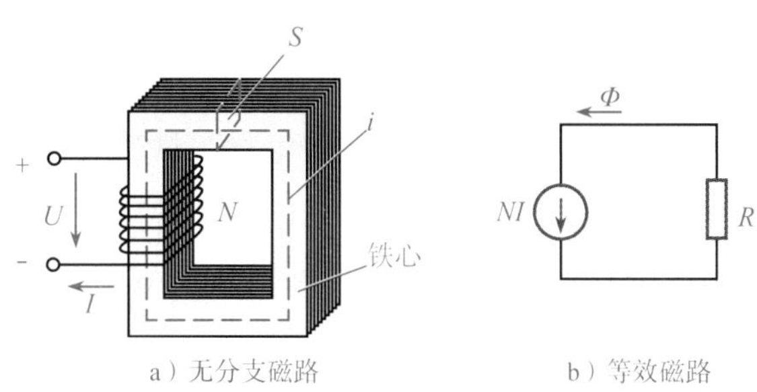

图 3-10　无分支磁路和等效磁路

式（3-6）在形式上与电路的欧姆定律相似，因此称为磁路的欧姆定律。由于铁心的磁导率 u 不是常数，它随铁心的磁化状况而变，因此磁路的欧姆定律不便用来进行磁路计算，但在分析电动机、电路的工作情况时常用到磁路的欧姆定律这个概念。

3.4.2 电磁铁

利用通有电流的线圈使铁心具有磁性的装置叫作电磁铁，通常制成条形或蹄形。铁心要用容易磁化，又容易消失磁性的软铁或硅钢来制作。

电磁铁是电流磁效应（电生磁）的一个应用，与生活联系紧密，如电磁继电器、电磁起重机、磁悬浮列车等。

1. 电磁铁的基本结构和工作原理

电磁铁由励磁线圈、铁心和衔铁三个部分组成，如图 3-11 所示。

电磁铁的工作原理是：当励磁线圈通电后，产生的磁通经过铁心和衔铁形成闭合磁路，使衔铁也被磁化，并产生与铁心不同的异性磁极，从而产生电磁吸力将衔铁吸引；当励磁线圈中的电流被切断时，磁场随之消失，衔铁便被释放。

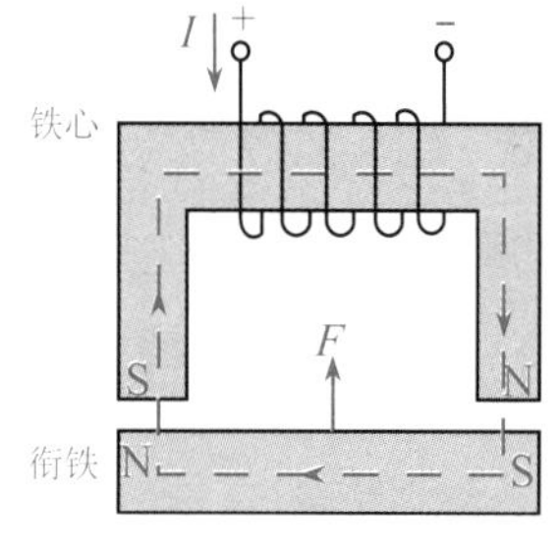

图 3-11　电磁铁的组成

实验证明：电磁吸力的大小与气隙中衔铁截面积及气隙磁感应强度的二次方成正比。计算电磁吸力的基本公式为

$$F=\frac{10^7}{8\pi}B_0^2S \tag{3-7}$$

式中，F 为电磁吸力，单位为 N；B_0 为气隙磁感应强度，单位为 T；S 为衔铁截面积，单位为 m^2。

2. 电磁铁的分类及应用

电磁铁按照励磁电流的性质可以分为直流电磁铁和交流电磁铁两大类型。按照用途主要可分成以下五种：

1）牵引电磁铁：主要用来牵引机械装置、开启或关闭各种阀门，以执行自动控制任务。

2）起重电磁铁：用作起重装置来吊运钢锭、钢材、铁砂等铁磁性材料。

3）制动电磁铁：主要用于对电动机进行制动以达到准确停车的目的。

4）自动电器的电磁系统：如电磁继电器和接触器的电磁系统、自动开关的电磁脱扣器及操作电磁铁等。

5）其他用途的电磁铁：如磨床的电磁吸盘以及电磁振动器等。

3.5 电磁感应定律

3.5.1 电磁感应现象

1820 年，丹麦物理学家奥斯特发现了电流能够产生磁场——电流的磁效应，揭示了电和磁间存在的联系：既然电流能够产生磁场，若利用磁场是不是能够产生电流呢？

英国科学家法拉第坚信，电与磁有着密切的联系，1831 年他终于发现当导体相对于磁场做切割磁感线运动时或线圈中的磁通量发生变化时，导体或线圈中将产生感应电动势。若导体或线圈是闭合回路的一部分，则导体或线圈中将产生感应电流。这种现象叫作电磁感应现象，也称动磁生电。

1. 直导体切割磁感线产生感应电动势

如图 3-12 所示，当导体在磁场中静止不动或上下（沿磁感线方向）运动时，检流计的指针不偏转。当导体左右（切割磁感线方向）运动时，检流计发生偏转。同时导体切割磁感线的速度越快，指针偏转的角度就越大。

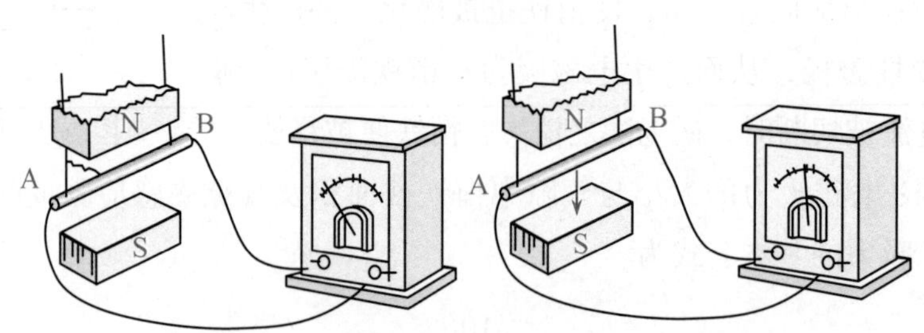

图 3-12 导体在磁场中做切割磁感线运动

上述现象表明：感应电动势不但与导体在磁场中的运动方向有关，还与导体的运动速度有关。

直导体中感应电动势的大小为

$$e=BLv\sin\alpha \tag{3-8}$$

式中，B 为磁感应强度，单位为 T；L 为导体在磁场中的有效长度，单位为 m；v 为导体在磁场中的运动速度，单位为 m/s；α 为导体的运动方向与磁感线的夹角；e 为感应电动势，单位为 V。

直导体中感应电动势的方向可用右手定则判断：伸开右手，让大拇指与其余四指垂直，并与掌心在同一平面内，让磁感线垂直地穿过手心，大拇指指向导体的运动方向，则其余四指所指的方向就是导体在磁场中运动产生的感应电动势方向（从低电位指向高电位），如图 3-13 所示。

2. 线圈中磁通变化产生感应电动势

如图 3-14 所示，当磁铁插入或拔出时，检流计的指针发生偏转；而当磁铁插在线圈中不动或两者以同一速度运动时，检流计的指针不发生偏转。检流计的指针发生偏转说明线圈中产生了电流，指针偏转的原因是由于磁铁的插入或拔出导致线圈中的磁通量发生了变化。

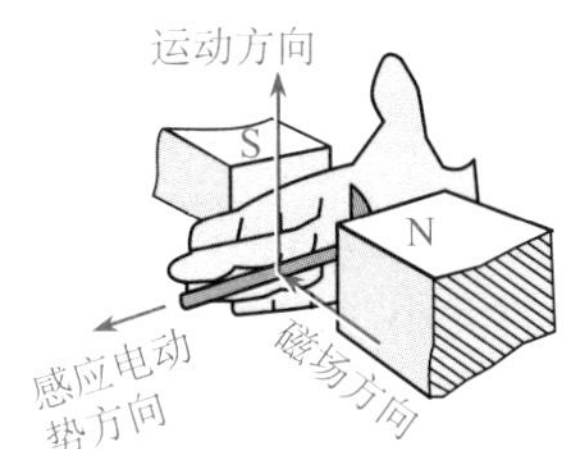

图 3-13 右手定则

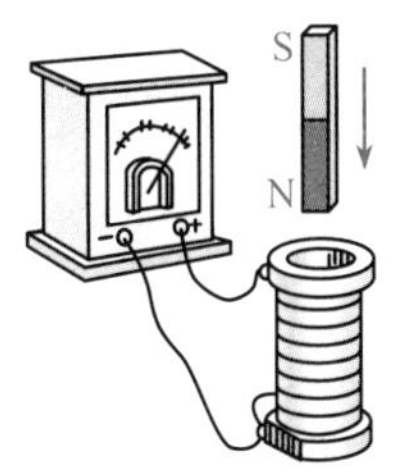

图 3-14 条形磁铁插入和拔出线圈时产生感应电流

3.5.2 楞次定律

以上实验表明：当穿过线圈中的磁通量发生变化时，在线圈回路中就会产生感应电动势和感应电流。

楞次定律指出了变化的磁通与感应电动势在方向上的关系，同时提供了判断感应电动势或感应电流方向的方法：

1）首先判断原磁场的方向及变化趋势（增加或减少）。

2）应用楞次定律确定感应电流产生的感应磁通方向（如果原磁通是增加的，则感应磁通的方向与原磁通方向相反；如果原磁通是减少的，则感应磁通的方向与原磁通方向相同）。

3）根据感应磁通的方向，用安培定律确定线圈中感应电动势或感应电流的方向。

注意

判断时必须把产生感应电动势的线圈或导体看成一个电源。在线圈或导体内部，感应电流方向与感应电动势方向相同，即由“负极”指向“正极”。

3.5.3 法拉第电磁感应定律

在图 3-14 的实验中，我们发现检流计的指针偏转角度大小与磁铁插入或拔出线圈的速度有关，当磁铁运动的速度越快时，指针偏转角度越大；反之越小。磁铁插入或拔出线圈的速度，反映了线圈中磁通变化的快慢。即线圈中感应电动势的大小与线圈中磁通的变化速度（即变化率）成正比，称为法拉第电磁感应定律。

$\Delta\Phi$ 表示在时间间隔 Δt 内一个单匝线圈中的磁通变化量，则单匝线圈产生的感应电动势为

$$e=-\frac{\Delta\Phi}{\Delta t} \tag{3-9}$$

N 匝线圈的感应电动势为

$$e=-N\frac{\Delta\Phi}{\Delta t} \tag{3-10}$$

式中，e 为感应电动势，单位为伏特（V）；N 为线圈的匝数；$\Delta\Phi$ 为磁通的变化量，单位为韦伯（Wb）；Δt 为磁通变化 $\Delta\Phi$ 所需要的时间，单位为秒（s）；负号表示感应电动势的方向和磁通变化的趋势相反。在实际应用中，常用楞次定律来判断感应电动势的方向，而用法拉第电磁感应定律来计算感应电动势的大小（取绝对值）。

3.5.4 自感与自感系数

流过线圈的电流发生变化，导致穿过线圈的磁通量发生变化而产生的自感电动势，总是阻碍线圈中原来电流的变化，当原来的电流增大时，自感电动势与原来电流的方向相反；当原来的电流减小时，自感电动势与原来电流的方向相同。因此，由于导体本身的电流发生变化而产生的电磁感应现象，叫作自感现象。

自感现象中产生的感应电动势叫自感电动势。自感电动势的大小跟穿过导线线圈的磁通量变化及电流变化的快慢有关系。对同一线圈来说，电流变化得快，线圈产生的自感电动势就大，反之就小。自感系数简称自感或电感。用符号“L”表示，单位为亨利（H）。

自感现象在各种电气设备和无线电技术中有广泛的应用。例如荧光灯的镇流器就是利用线圈的自感现象。

自感现象也有不利的一面，在自感系数很大而电流很强的电路（如大型电动机的定子绕组）中，在切断电路的瞬间，由于电流强度在很短的时间内发生很大的变化，会产生很高的自感电动势，使开关的闸刀和固定夹片之间的空气电离而变成导体，形成电弧。这会烧坏开关，甚至危害人员安全。因此，切断这段电路时必须采用特制的安全开关。

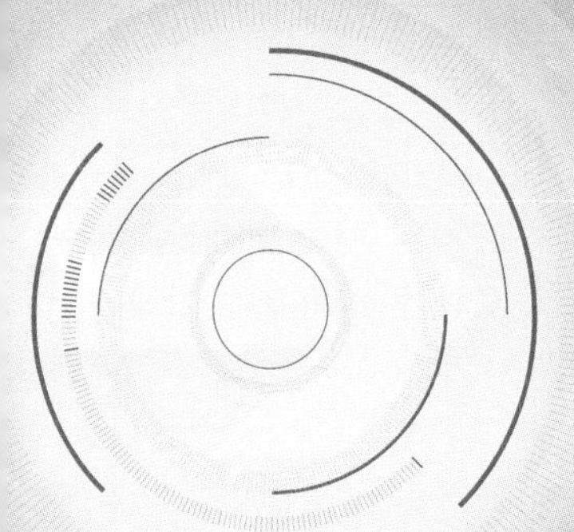

第4章 电容器与电感器

学习目标

- 了解电容器和电感器的概念及其参数、标注。
- 能判别电感器和电容器的好坏，了解其应用。
- 能进行简单的电容器串并联计算。
- 理解电感线圈的用途和选用。

4.1 电容器

在电子产品中，电容器（又称电容）是不可或缺的电子元件，它是一种储能组件，在电路中用于调谐、滤波、耦合、旁路、能量转换和延时等。

4.1.1 电容器与电容量

1. 电容器

电容器是储存电荷的容器。在两个导体间以绝缘物间隔构成。这两个导体叫作电容器的极板，而中间的绝缘物称为介质。电容器的图形符号为“—||—”，文字符号为“C”。

2. 电容量

电容量的定义为：电容器任一极板上所储存的电荷量 Q 与两极板间电压 U 的比值，用符号“C”表示单位为法拉（F），即

$$C=\frac{q}{U} \tag{4-1}$$

式中，q 为任一极板上的电荷量，单位为 C；U 为两极板间的电压，单位为 V；C 为电容量，单位为 F。

在实际使用中，电容量常用的单位比较小，如微法（μF）、纳法（nF）和皮法（pF）。它们之间的换算关系如下：

$$1\ \mu F = 10^{-6}\ F$$

$$1\ nF = 10^{-9}\ F$$

$$1\ pF = 10^{-12}\ F$$

使电容器带电的过程称为充电，使电容器失去电荷的过程称为放电。

电容器和电容量的意义不同。前者表示组件的名称，后者表示物理量的名称。电容器制造好以后，电容量就是一个定值。实际上任何两个彼此绝缘而又互相靠近的导体之间都存在一定的电容量。

4.1.2 电容器的种类和额定值

1. 电容器的种类

电容器的种类很多，从原理上可以分为无极性可变电容、无极性固定电容、有极性电容等；从材料上可以分为 CBB 电容（聚乙烯）、涤纶电容、瓷片电容、云母电容、独石电容、电解电容、钽电容等；从容量是否可调节又可以分为固定电容器、可变电容器、微调电容器等。常用的几种电容器如图 4-1 所示。

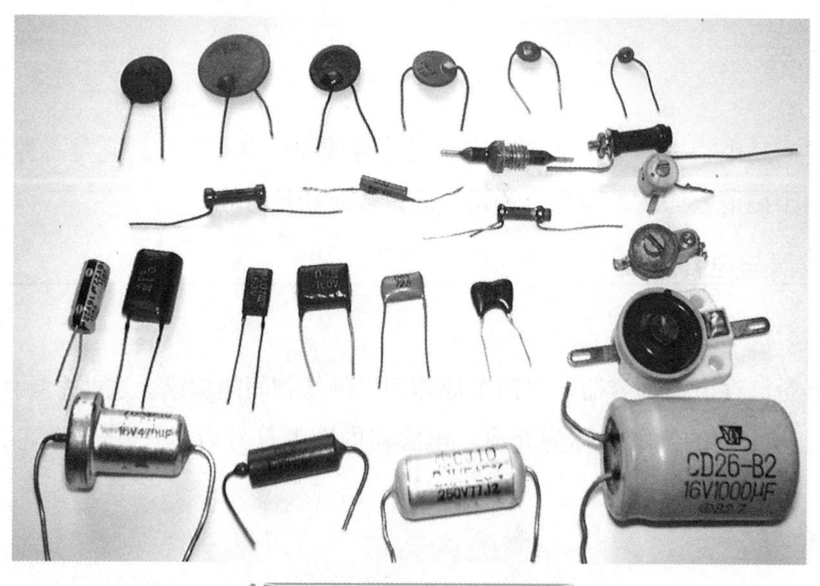

图 4-1 常用的几种电容器

2. 电容器的主要性能指标

电容器的性能指标有标称容量、允许偏差、额定工作电压、介质损耗和稳定性等。

其中最主要的指标是电容量、允许偏差和额定工作电压，一般都直接标在成品电容器的外壳上，常称为电容器的标称值，如图 4-2 所示。

图 4-2　电容器铭牌

1）额定工作电压：电容器的工作电压，指电容器在线路中能够长期安全工作所能承受的最高直流电压，又称耐压值。电容器常用的耐压值有 4.3V、10V、16V、25V。

2）标称容量和允许偏差：国家规定电容量的一系列标准值，称为标称容量，也就是在电容器上所标出的容量。

根据不同的允许偏差范围，规定电容器的精度等级。电容器的电容量允许偏差等级为五个等级：00 级表示允许偏差为 ±1%；0 级表示允许偏差为 ±2%；Ⅰ级表示允许偏差为 ±5%；Ⅱ级表示允许偏差为 ±10%；Ⅲ级表示允许偏差为 ±20%。

3. 电容器的识别与检测

（1）电容器的识别

1）直标法：系直接在电容器上标出容量、单位、允许偏差。例如：470μF。

文字符号法：用文字符号与数字有规律的组合来表示容量。如：6p8 表示 6.8pF，4μ7 表示 4.7μF，1n 表示 1 000pF，104 表示 100 000pF 即 0.1μF。

2）色标法：用色环或色点表示容量，一般以皮法（pF）为单位，与电阻色环规则相同。

（2）电容器的检测

1）固定电容器（10pF 以下的小电容）的检测：因 10pF 以下的固定电容器容量太小，用万用表进行测量，只能定性地检查其是否有漏电、内部短路或击穿等现象。测量时，可选用万用表 R×10k 档，用两表笔分别接触电容的两个引脚，阻值应为无穷大。若测出阻值（指针向右摆动）为零，表示电容有漏电损坏或内部击穿等现象。

2）固定电容器（大于 10pF）的检测：用万用表 R×10k 档检测是否有充电现象，根据充电现象来判断电容器有无内部短路或漏电等现象，并根据指针向右摆动的幅度大小可估计出电容器的容量。

3）电解电容器的检测：将万用表红表笔接负极，黑表笔接正极（1~47μF 的电容，可用 R×1k 档测量；大于 47μF 的电容，可用 R×100 档测量），在接触的瞬间，万用表指针即向右做大幅度的偏转（对于同一电阻档，容量越大，摆幅越大），接着逐渐向左回转，直到停在某一位置。此时的阻值便是电解电容的正向漏电阻，此值略大于反向漏电阻。电解电容的漏电阻一般应在几百 kΩ 以上，否则，将不能正常工作。

在测试中，若正向、反向均无充电的现象，即表针不动，则说明容量消失或内部断路；如果所测阻值很小或为零，则说明电容漏电大或已击穿损坏，不能再使用。对于正、负极标志不明的电解电容器，可利用上述测量漏电阻的方法加以判别。即先任意测一下漏电阻，记住其大小，然后交换表笔再测出一个阻值。两次测量中阻值大的那一次便是正向接法，即黑表笔接的是正极，红表笔接的是负极。

4. 电容器的选用

在实际选用电容器时，应考虑以下几个方面的问题：

1）电容器在电路中实际要承受的电压不能超过它的耐压值。在滤波电路中，电容器的耐压值不要小于交流有效值的 1.42 倍。使用电解电容的时候，还要注意正、负极不要接反。

2）不同电路应该选用不同种类的电容器。谐振回路选用云母、高频陶瓷电容器；隔直流选用纸介、涤纶、云母、电解、陶瓷等电容器；滤波选用电解电容；旁路选用涤纶、纸介、陶瓷、电解等电容器。

3）电容器在装入电路前要检查它有没有短路、断路和漏电等现象，并且核对它的电容值。安装的时候，要使电容器的类别、容量、耐压等符号容易看到，以便核实。

※4.1.3 电容器的串联和并联

实际工作中经常遇到电容器串联或并联的情况，处理时与电阻一样均可将其等效视为一个电容器。

1. 电容器的串联

将几只电容器依次连接，构成中间无分支的连接方式，称为电容器的串联，如图 4-3 所示为三只电容器串联的电路，其特点如下：

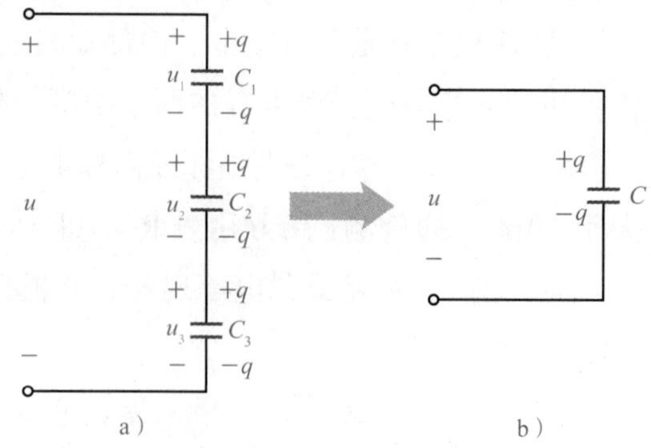

图 4-3　电容器串联电路

1）各电容器上所带的电荷量相等，即

$$q_1 = q_2 = q_3 = \cdots = q_n = q \tag{4-2}$$

2）电路两端的总电压等于各电容器两端的电压之和，即

$$u = u_1 + u_2 + u_3 + \cdots + u_n \tag{4-3}$$

3）电路的总电容量（即等效电容）的倒数，等于各串联电容器电容量的倒数之和，即

$$\frac{1}{C} = \frac{1}{C_1} + \frac{1}{C_2} + \frac{1}{C_3} + \cdots + \frac{1}{C_n} \tag{4-4}$$

由上可知：电容器串联时的等效电容减小了，若串联数越多，等效电容量则越小。电容器串联使用时，每一只电容器实际承受的电压是不同的，由 $C=\dfrac{q}{U}$ 可得，电容器容量越大，其两端实际承受的电压就越小，使用时应注意。

2. 电容器的并联

在电路上，将两只或两只以上的电容器连接在相同的两点，称为电容器的并联。如图 4-4 所示为三只电容器的并联电路，其特点如下：

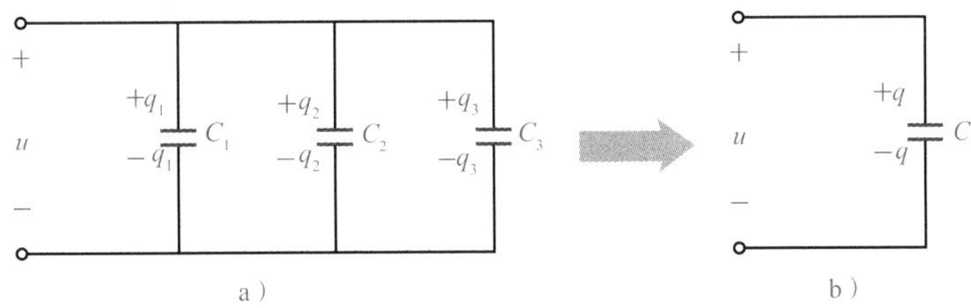

图 4-4　电容器并联电路

1）每只电容器两端所承受的电压相同，并等于电源电压，即

$$u_1 = u_2 = u_3 = \cdots = u_n = u \tag{4-5}$$

2）电路的总电容量（即等效电容量）等于各电容器的电容量之和，即

$$C = C_1 + C_2 + C_3 + \cdots + C_n \tag{4-6}$$

3）等效电容器所储存的电荷量等于各电容器所储存的电荷量之和，即

$$q = q_1 + q_2 + q_3 + \cdots + q_n \tag{4-7}$$

由上可知：电容器并联时的等效电容增大了，并联数越多，等效电容量则越大。电容器并联使用时，每一只电容器实际承受的电压是相同的，使用时应注意。

4.2 电感器

电感线圈是一种储能组件，它能把电能转换成磁场能。它和电阻器、电容器一样都是电子设备中的重要组件。

4.2.1 电感线圈与电感组件

上一章我们介绍过，在任何导线或线圈中流过电流时，其周围都会产生磁场，线圈中的电流发生变化时，线圈周围的磁场也做相对应的变动，变动的磁场可使线圈自身产生电动势，这就是自感作用。电感是自感应特性的一个物理量。凡是能够产生自感作用的组件统称为电感器。通常电感器由线圈构成，又称为电感线圈。

电感线圈一般用漆包线或纱包线或裸导线一圈圈地绕在绝缘管上或铁心上。电感线圈简称线圈，其图形符号为“o—⌒⌒⌒⌒—o”，文字符号为“L”。

电感器的种类按电感的形式可分为固定电感器、可变电感器和微调电感器；按磁体性质可分为空心线圈、磁心线圈和铜心线圈；按结构特点可分为单层线圈、多层线圈和蜂房线圈。常用的电感器如图 4-5 所示。

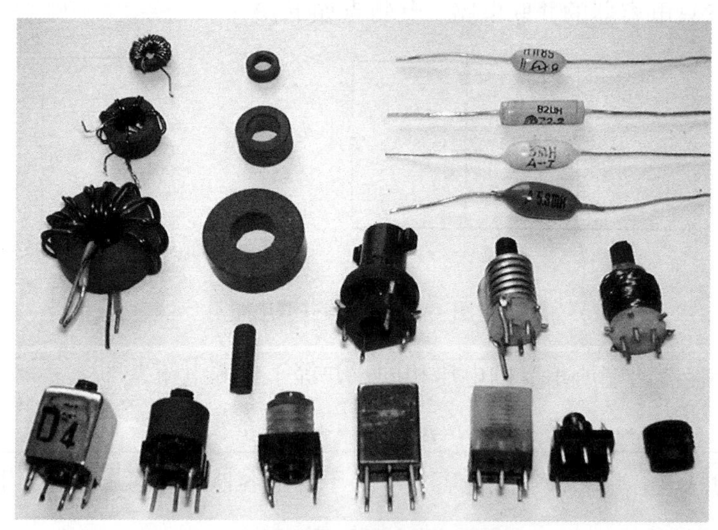

图 4-5　常用的几种电感器

4.2.2 电感线圈的用途和选用

电感线圈的用途很广，例如：发电机、电动机、变压器、电抗器和继电器等电气设备中的绕组就是各种各样的电感线圈；另外，收音机、电视机等电子产品中也都有电感线圈，例如：振荡线圈、天线线圈、中频变压器（中周）和贴片式电感线圈等。

选用电感线圈时，要注意额定的电感量和额定电流值。线圈中实际通过的电流不能大于其额定值，否则会使线圈过热或承受很大的电磁力，导致机械变形，甚至烧毁。

此外，在使用线圈时应注意不要随便改变线圈的形状、大小和线圈间的距离，否则会影响线圈原来的电感量。尤其是频率越高，即圈数越少的线圈。所以目前在电视接收机中采用的高频线圈，一般用高频蜡或其他介质材料进行密封固定。

电感线圈好坏的检测：可用万用表的欧姆档通过检测线圈的直流电阻并与正常值比较来判断。

1）如果实测阻值较大甚至无穷大，可知线圈断路或引线接触不良。

2）若实测阻值远小于应有值，则线圈内部严重短路，但多数情况下线圈局部短路靠万用表是测不出来的。

3）对于匝数较少的线圈，其直流阻值近似为零，可以用万用表 R×1 档测其阻值，并与两表笔直接短路时的情况仔细比较区别来判断线圈是否短路。

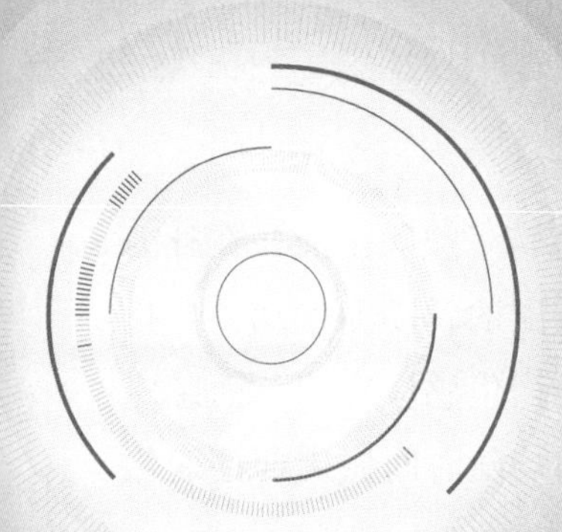

第5章 单相正弦交流电路

学习目标

- 了解正弦交流电的产生原理及其波形图。
- 了解正弦交流电的周期、频率、角频率、最大值、有效值、初相位、相位差等特征量。掌握正弦交流电的三要素。
- 了解正弦交流电的解析式、波形图、相量图三种表示方法。
- 理解交流电路中电阻、电感、电容等组件的电压与电流之间的数量关系和相位关系，以及感抗、容抗的计算。
- 理解 *RL* 串联电路端电压与电流之间的关系，以及电压三角形、阻抗三角形和功率三角形等概念。
- 理解正弦交流电路的有功功率、无功功率、视在功率、功率因数的概念。
- 了解提高功率因数的意义和方法。
- 理解 *RLC* 串联电路的分析方法，理解串联谐振的概念。

5.1 正弦交流电路的基本概念

前面所讲的电量大小和方向都不随时间变化，此称为稳恒直流电。单相正弦交流电电量的大小和方向均随时间进行周期性变化，这是交流电与直流电之间的区别。

在日常生活中，正弦交流电的应用比直流电广泛，这是因为正弦交流电在传输、变换和控制上有着直流电不可替代的优点，因此了解和掌握正弦交流电的特点，必须学会正弦交流电路的基本分析方法。下面首先介绍正弦交流电路的基本概念。

5.1.1 正弦交流电动势的产生

图 5-1a 为交流发电机产生电流的示意图，它由一对磁极与转子线圈组成，在外力作用下使转子线圈在磁场中匀速转动，电流表的指针会随着线圈的转动而摆动，并且线圈每旋转一周，指针即左右摆动一次。这表明转动的线圈会产生感应电流，而感应电流的大小和方向都随时间做周期性的变化。这种大小和方向均随时间做周期性变化的电流称为交流电。

正弦波的产生是发电机上某一绕组，设定为 A 绕组，在均匀磁场中旋转一圈（360°）时，切割磁场磁力线产生的感应电动势（e）。将感应电动势随时间变动做间隔的分布，可形成如图 5-1b 所示的图形，此图形正好与三角函数的正弦波形相同，故称为正弦波交流电。

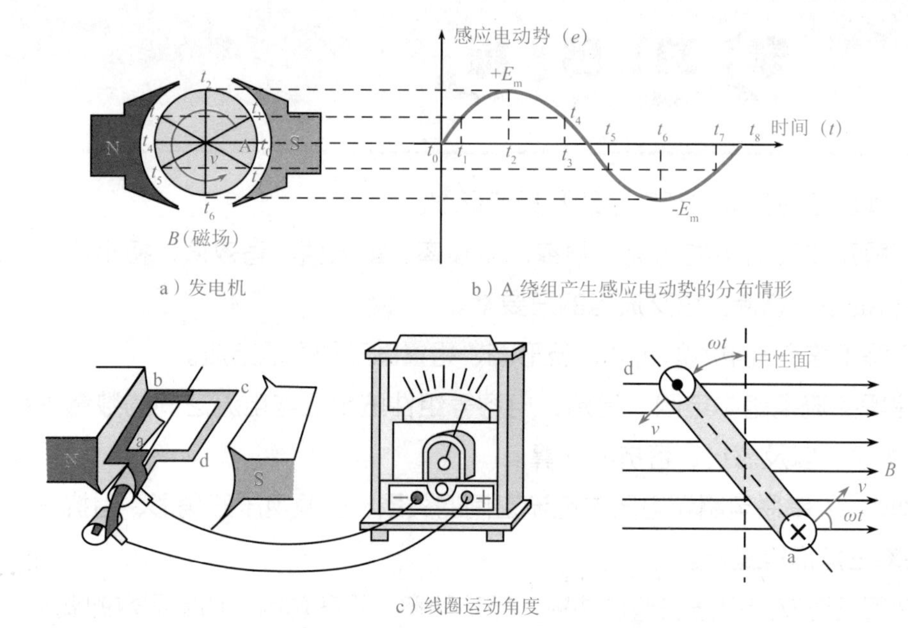

图 5-1 交流发电机电流产生示意图

交流发电机中的转子线圈在匀强磁场中沿逆时针方向匀速转动，如图 5-1c 所示，假定线圈平面从与磁感线垂直的平面（这个面叫作中性面）开始计时，线圈转动的角速度为 ω，单位为 rad/s，经过时间 t 以后，线圈转过的角度为 ωt，此时 ab 边线速度的方向与磁感线方向的夹角也等于 ωt，设矩形线圈 ab 边的长度为 L，磁场的磁感应强度为 B，由于 cd 边也有感应电动势且与 ab 中的感应电动势串联，故整个线圈的感应电动势 e 可用下式表示：

$$e=2BLv\sin\omega t \tag{5-1}$$

令 $E_m=2BLv$，如果 $t=0$ 时，线圈平面与中性面的夹角为 φ_0，则感应电动势为

$$e=E_m\sin(\omega t+\varphi_0) \tag{5-2}$$

这种按正弦规律变化的交流电叫作正弦交流电，简称交流电，它是一种最简单而又最基本的交流电。

5.1.2 正弦交流电的三要素

交流电的几个物理量讨论如下：

1. 瞬时值、最大值和有效值

1）瞬时值：交流电在某一时刻的值称为瞬时值。瞬时值用小写字母表示，例如：u、i、e 分别表示电压、电流、电动势的瞬时值。

2）最大值：瞬时值中最大的值称为最大值，也称为幅值、峰值或振幅。最大值用大写字母加下标 m 表示，例如：U_m、I_m、E_m 分别表示电压、电流、电动势的最大值。

3）有效值：根据电流的热效应实验得知，让交流电与直流电同时分别通过两个相同阻值的电阻器，当在同样的时间内产生的热量相等时，称直流电流值为交流的有效值。有效值用大写字母表示，例如：U、I、E 分别表示电压、电流、电动势的最大值。

正弦交流电的有效值与最大值之间的关系如下：

$$U=\frac{U_m}{\sqrt{2}}\approx 0.707\ U_m \tag{5-3}$$

$$I=\frac{I_m}{\sqrt{2}}\approx 0.707\ I_m \tag{5-4}$$

$$E=\frac{E_m}{\sqrt{2}}\approx 0.707\ E_m \tag{5-5}$$

注意

交流电的大小总是以有效值表示，如交流电表测出的电压或电流值。电器上标明的额定值也是有效值。但电器上的耐压值是指最大值。

2. 周期、频率和角频率

周期、频率和角频率都是反映交流电变化快慢的物理量。

1）周期：交流电完成一次周期性变化所需的时间叫周期。用符号 T 表示，单位为秒（s）。比秒小的常用单位还有毫秒（ms）、微秒（μs）和纳秒（ns）。它们之间的换算关系为

$$1\text{s}=10^3\ \text{ms}=10^6\ \mu\text{s}=10^9\ \text{ns}$$

周期越小，交流电变化的时间越短，变化的速度越快。

2）频率：交流电在 1s 内完成周期性变化的次数叫频率。用符号 f 表示，单位为赫兹（Hz）。常用的单位还有千赫（kHz）和兆赫（MHz）。它们之间的换算关系为

$$1\text{Hz}=10^{-3}\ \text{kHz}=10^{-6}\ \text{MHz}$$

根据周期和频率的定义可知，周期和频率互为倒数，即

$$f=\frac{1}{T} \tag{5-6}$$

我国和世界上大多数国家工农业生产和生活所用的交流电频率都是 50Hz，称为工频交流电；日本、德国等少数国家采用的交流电频率为 60Hz。

3）角频率：交流电每秒内变化的电角度称为角频率。用符号 ω 表示，单位为弧度 / 秒（rad/s）。

$$\omega=2\pi f=\frac{2\pi}{T} \tag{5-7}$$

3. 相位和相位差

1）相位：交流电在 t 时刻线圈平面与中性面的夹角称为正弦交流电的相位或相位角，用符号 $\omega t+\varphi_0$（或用 α）表示。

t=0 时的相位称为初相位或初相角，符号为 φ_0，表示正弦交流电的起始时刻。交流电的初相可以为正、负或零。初相一般用弧度表示，也可用角度表示。为了避免混乱，规定初相角的取值为 $-\pi \leqslant \varphi_0 \leqslant \pi$（或 $-180° \leqslant \varphi_0 \leqslant 180°$）。

2）相位差：相位差是指两个同频率交流电的相位之差，用 $\Delta\varphi$ 表示。即

$$\Delta\varphi=\varphi_2-\varphi_1 \tag{5-8}$$

因为频率相同，所以相位差实际上就是初相位之差。根据相位差，两个正弦交流电相位之间的关系，有以下几种。

①超前、滞后。若 $0 < \Delta\varphi=\varphi_2-\varphi_1 < 180°$（或 $-180° < \Delta\varphi=\varphi_1-\varphi_2 < 0$），则第二个正弦量比第一个正弦量先达到最大值，称前者的相位超前后者，或者说后者的相位滞后前者。

②同相。若 $\Delta\varphi=\varphi_2-\varphi_1=0$，则两个正弦量同时达到最大值，称两个正弦量同相。

③反相。若 $\Delta\varphi=\varphi_2-\varphi_1=\pm 180°$，则一个正弦量达到最大值时，另一个正弦量正好达到负的最大值，称这两个正弦量反相。

④正交。若 $\Delta\varphi=\varphi_2-\varphi_1=\pm 90°$，则一个正弦量达到零值时，另一个正弦量正好达到正（或负）的最大值，称这两个正弦量正交。

注意

不同频率的正弦量不存在相位差的概念。

【例 5-1】 已知两个正弦电动势分别为 $e_1=3\sqrt{2}\sin\left(314t+\frac{\pi}{3}\right)$ V，$e_2=4\sqrt{2}\sin$

$(314t+\frac{\pi}{6})$ V。

求：（1）各电动势的最大值和有效值；

（2）周期、频率；

（3）相位、初相位；

（4）说明 e_1、e_2 之间的相位关系。

【解】（1）最大值 $E_{m1}=3\sqrt{2}$ V　$E_{m2}=4\sqrt{2}$ V

有效值 $E_1=\frac{3\sqrt{2}}{\sqrt{2}}$ V=3V　$E_2=\frac{4\sqrt{2}}{\sqrt{2}}$ V =4V

（2）周期 $T_1=\frac{2\pi}{\omega_1}=\frac{2\times3.14}{314}$ s=0.02s　$T_2=\frac{2\pi}{\omega_2}=\frac{2\times3.14}{314}$ s=0.02s

频率　$f_1=\frac{1}{T_1}=\frac{1}{0.02}$ Hz =50Hz　$f_2=\frac{1}{T_2}=\frac{1}{0.02}$ Hz =50Hz

（3）相位 $\alpha_1=314t+\frac{\pi}{3}$　$\alpha_2=314t+\frac{\pi}{6}$

初相位 $\varphi_1=\frac{\pi}{3}$　$\varphi_2=\frac{\pi}{6}$

（4）相位关系

由 $\Delta\varphi=\varphi_2-\varphi_1=\frac{\pi}{6}-\frac{\pi}{3}=-\frac{\pi}{6}$可知：$e_2$ 滞后 e_1 $\frac{\pi}{6}$（或 e_1 超前 e_2 $\frac{\pi}{6}$）

综上所述，从式（5-2）可以看出：一个正弦交流电可由三个特征量来确定，最大值反映了正弦量的变化范围；角频率反映了正弦量的变化快慢；初相位反映了正弦量的起始状态。因此，常把最大值（或有效值）、角频率（或频率、周期）和初相位称为交流电的三要素。

5.2 正弦交流电的表示法

正弦交流电的表示法有解析法、波形图法和旋转矢量法三种，说明如下。

1. 解析法

解析法是用正弦函数来表示交流电的方法，又称为瞬时表达式法。其一般表示形式为

$$e=E_m\sin(\omega t+\varphi_e)$$

$$u=U_m\sin(\omega t+\varphi_u)$$

$$i=I_m\sin(\omega t+\varphi_i)$$

从解析式中可以读出交流电的最大值（E_m、U_m、I_m）、角频率（ωt）和初相位（φ_e、φ_u、φ_i）。

2. 波形图法

波形图法是用正弦函数图像来表示交流电的方法，如图 5-2 所示。

从波形图中可以看出交流电的最大值、周期（角频率）和初相位。其中 $T=t_2-t_1$，$\varphi_0=-\dfrac{2t_1}{T}\pi$。

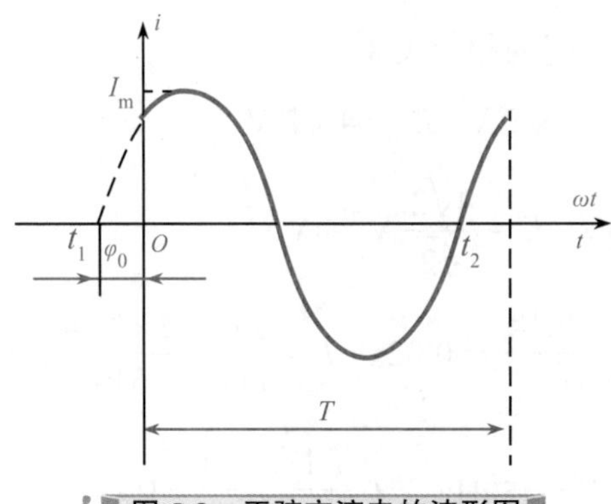

图 5-2 正弦交流电的波形图

3. 旋转矢量法

旋转矢量法是用一个在直角坐标系中绕原点做逆时针方向旋转的矢量来表示正弦交流电的方法。以 $e=E_m\sin(\omega t+\varphi_0)$ 为例，说明如下：

如图 5-3 所示，在平面直角坐标系中，从原点作一矢量，使其长度等于正弦交流电动势的最大值 E_m，矢量与横轴 Ox 正方向的夹角等于正弦交流电动势的初相位 φ_0，矢量以角速度 ω 逆时针方向旋转，在任一时刻与横轴 Ox 正方向的夹角就是正弦交流电动势的相位 $\omega t+\varphi_0$，在纵轴上的投影对应正弦交流电动势的瞬时值。

例如：当 $t=0$ 时，旋转矢量在纵轴上的投影为 e_0，相当于图 5-3b 中电动势波形的 a 点；当 $t=t_1$ 时，矢量与横轴的夹角为 $\omega t_1+\varphi_0$，此时矢量在纵轴上的投影为 e_1，相当于图 5-3b 中电动势波形的 b 点；矢量继续旋转就可得到电动势 e 的波形图。

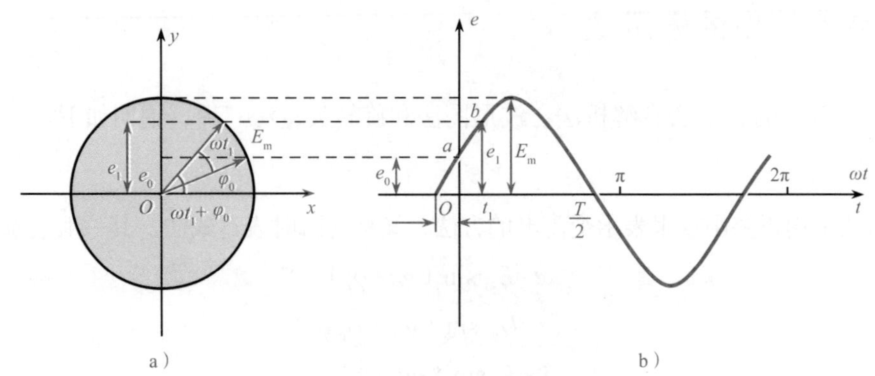

图 5-3 旋转矢量法表示原理

由以上分析可知，正弦量可以用一个旋转矢量来表示。矢量以角速度 ω 沿逆时针方向旋转。显然，对于这样的矢量不可能也没有必要把它的每一瞬间的位置都画出来，只要画出它的起始位置即可。因此，一个正弦量只要它的最大值和初相位确定后，表示它的矢量就可以确定。

注意

交流电本身并不是矢量，因为它们是时间的正弦函数，所以能用旋转矢量的形式来描述它们。为了与速度、力等一般的空间矢量相区别，我们把表示正弦交流电的这一矢量称为相量，故旋转矢量法又称为相量法。并用大写字母上加黑点的符号来表示，如 $\dot{I}_m$、$\dot{U}_m$ 和 $\dot{E}_m$ 分别表示电流、电压和电动势最大值相量。

同频率的几个正弦量的相量，可以画在同一个图上，这样的图称为相量图。画相量图时，首先画出水平正方向，然后根据初相位的正负来确定相量的方向。若某正弦量的初相位为正，则该正弦量用相量表示时，相量应沿水平正方向逆时针方向旋转；若某正弦量的初相位为负，则该正弦量用相量表示时，相量应沿水平正方向顺时针方向旋转。例如有三个同频率的正弦量为 $e=80\sin(\omega t+60°)$ V、$u=40\sin(\omega t+30°)$ V、$i=10\sin(\omega t-30°)$ A，它们的相量图如图 5-4 所示。

由相量图可知：电动势超前电压 30°、电动势超前电流 90°、电压超前电流 60°，用 $\dot{U}$、$\dot{E}$ 和 $\dot{I}$ 表示。用最大值表示的相量图，称为最大值相量图；用有效值表示的相量图，称为有效值相量图，有效值相量图简称相量图。在实际问题中遇到的都是有效值，故把相量图中各个相量的长度缩小到原来的 $\frac{1}{\sqrt{2}}$，就变成有效值，有效值相量用 $\dot{I}$ 表示。

用相量表示的加、减运算可以按平行四边形法则进行运算。

【例 5-2】已知 $i_1=10\sqrt{2}\sin(314t+60°)$ A，$i_2=10\sqrt{2}\sin(314t-60°)$ A。求 $i=i_1+i_2$ 的瞬时表达式。

【解】首先画出 i_1 和 i_2 的相量图，然后按平行四边形法则画出合相量 i，如图 5-5 所示。

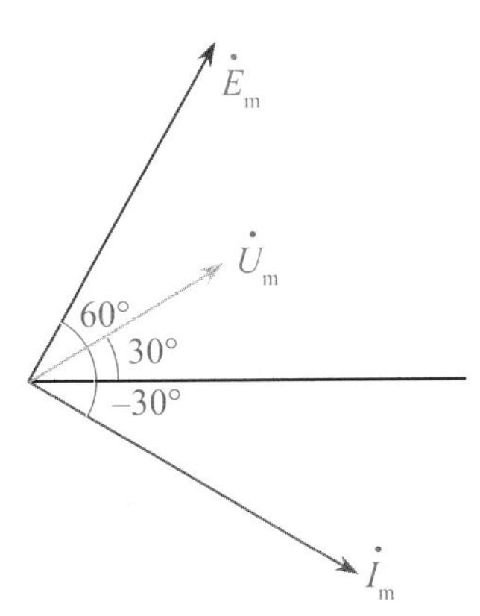

图 5-4　电压、电动势、电流相量图

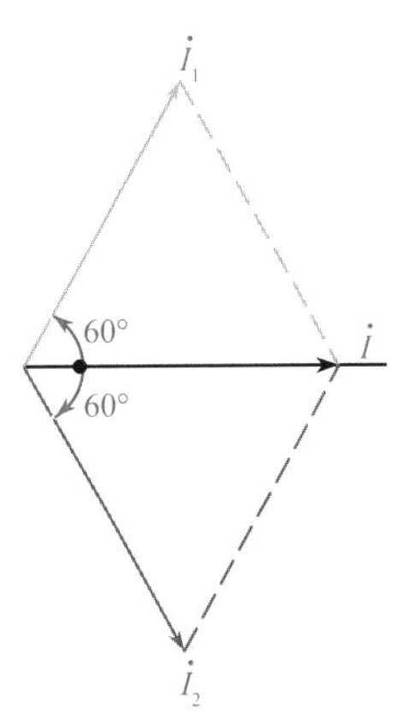

图 5-5　例 5-2 相量图

由相量图求得：$I=I_1=I_2=10\text{A}$（等边三角形）$\varphi_i=0$

则 $$i=i_1+i_2=10\sqrt{2}\sin 314t\,\text{A}$$

在计算两个同频率正弦量相减（如 $i=i_1-i_2$）时，只要把 i_2 的相量旋转 180° 后，再用平行四边形法则来计算即可。即 $i=i_1-i_2=i_1+(-i_2)$。

由以上分析可知：相量法在计算和决定几个同频率交流电之和或差的时候，比解析法和波形图法要简单得多，而且比较直观，同时在相量图中各相量之间的相位关系一目了然。故它是研究交流电的重要工具之一。

5.3 纯电阻电路

只由电阻组成的交流电路叫作纯电阻电路，如图 5-6a 所示。纯电阻电路在通电的状态下，只有发热而没有做机械能的功，即电能不能转化热能为机械能，如白炽电灯发亮、电烙铁、熨斗、电炉等发热；而发动机、电风扇等除了发热以外，还对外做功，这些是非纯电阻电路。

5.3.1 电流与电压的相位关系

在纯电阻电路中，设电阻 R 上的交流电压为

$$u_R=U_{Rm}\sin\omega t$$

实验证明，在任一瞬间通过电阻的电流 i 与加在电阻两端的电压 u_R 符合欧姆定律，即

$$i=\frac{u_R}{R}=\frac{U_{Rm}\sin\omega t}{R}=\frac{U_{Rm}}{R}\sin\omega t \tag{5-9}$$

式（5-9）表明：在纯电阻电路中，电流 i 与电压 u_R 是同频率、同相位的正弦量。它们的相量图如图 5-6b 所示。

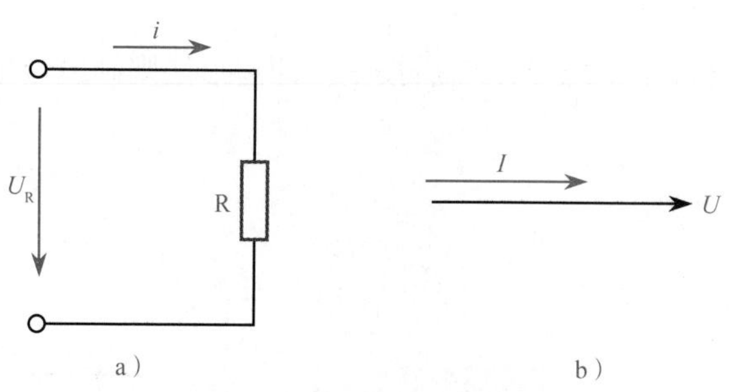

图 5-6　纯电阻电路及其相量图

5.3.2 电流与电压的数量关系

由式（5-9）还可以看出：

$$I_m=\frac{U_{Rm}}{R} \tag{5-10}$$

若把式（5-10）两边同除以$\sqrt{2}$，则得

$$I=\frac{U_R}{R} \tag{5-11}$$

式（5-11）表明：在纯电阻的交流电路中，电流与电压的最大值、有效值也都符合欧姆定律。

5.3.3 电阻电路的功率

在交流电路中，电压和电流都是瞬时变化的，任一瞬间电压与电流的瞬时值的乘积称为瞬时功率，用 p_R 表示，即

$$p_R=u_R i = U_{Rm}\sin\omega t \cdot I_m \sin\omega t = 2U_R I\sin^2\omega t = U_R I - 2U_R I\cos2\omega t \tag{5-12}$$

式（5-12）表明：瞬时功率也是随时间变化的。将电压和电流的瞬时数值逐点相乘，即可画出如图 5-7 所示的瞬时功率曲线。由于电压与电流同相，所以瞬时功率在任一瞬间的数值都是正值或等于零。这说明电阻在电路中始终消耗电能，因此，电阻组件是一种耗能组件。

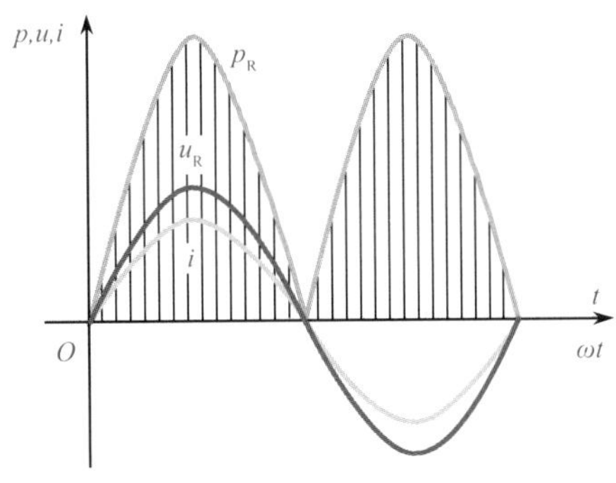

图 5-7 纯电阻电路的瞬时功率曲线

瞬时功率的计算和测量，一般只用于分析能量的转换过程。在工程上，常用平均功率（又称为有功功率）表示电阻消耗功率的大小。所谓平均功率，就是瞬时功率在一个周期内的平均值，用大写字母 P 表示，单位为瓦特（W）。电压、电流用有效值表示时，有功功率 P 的计算与直流电路相同，即

$$P=U_R I=I^2R=\frac{U_R^2}{R} \tag{5-13}$$

【例 5-3】 一个 220V、100W 的白炽灯泡接在电压为 $u=220\sqrt{2}\sin(314t-60°)$ V 的电源上。求流过灯泡的电流，写出电流的瞬时表达式，并画出电压和电流的相量图。

【解】由 $P=\frac{U_R^2}{R}$ 得 $R=\frac{U_R^2}{P}=\frac{220^2}{100}\Omega=484\Omega$

由 $P=I^2R$ 得　　$I=\sqrt{\frac{P}{R}}=\sqrt{\frac{100}{484}}\text{A}\approx 0.45\text{A}$

由 $I_m=\sqrt{2}I$ 得　　$I_m=\sqrt{2}\times 0.45\text{A}\approx 0.78\text{A}$

因为在纯电阻电路中，电流与电压同频率、同相位，所以该电流的瞬时表达式为

$$i=0.78\sin(314t-60°)\text{A}$$

其电压和电流的相量图如图 5-8 所示。

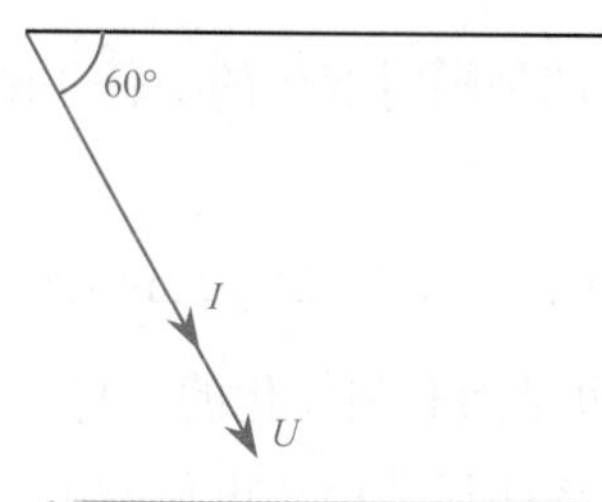

图 5-8　例 5-3 相量图

5.4 纯电感电路

任何电感线圈都含有一定的电阻，由于其电阻较小，通常忽略不计或将电感线圈的电阻集中起来，视电感线圈为电阻组件与电感组件串联。首先讨论忽略电阻的电感线圈（称为纯电感）。

5.4.1 电流与电压的相位关系

如图 5-9a 所示，在纯电感电路中，设流过电感 L 中的交流电流为

$$i=I_m\sin\omega t$$

加在电感线圈两端的电压为

$$u_L=\omega L I_m\sin\left(\omega t+\frac{\pi}{2}\right)\tag{5-14}$$

式（5-14）表明：在纯电感电路中，电流 i 与电压 u_L 的频率相同，但在相位上，电压超前电流$\frac{\pi}{2}$。其相量图如图 5-9b 所示。

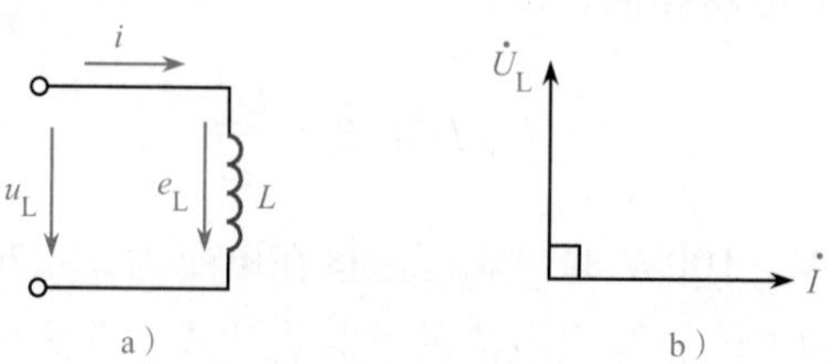

图 5-9　纯电感电路及其相量图

5.4.2 电流与电压的数量关系

由式（5-14）可知：
$$U_{Lm}=\omega LI_m \qquad (5\text{-}15)$$

若把式（5-15）两边同除以$\sqrt{2}$，则得

$$I=\frac{U_L}{\omega L} \qquad (5\text{-}16)$$

令
$$X_L=\omega L=2\pi fL \qquad (5\text{-}17)$$

则式（5-16）可表示为

$$I=\frac{U_L}{X_L} \qquad (5\text{-}18)$$

式（5-18）表明：在纯电感的交流电路中，电流与电压的关系也符合欧姆定律。

X_L 表示电感线圈对交流电流阻碍作用大小的一个物理量，称为感抗，单位为欧姆（Ω）。由式（5-17）可知，频率越高，感抗越大；频率越低，感抗越小，两者成正比。对于直流电来说，由于频率为零，则感抗也为零，即电感在直流电路中相当于短路。因此，电感有“通直流，阻交流”和“通低频，阻高频”的特性。

注意

感抗 X_L 只等于电感组件上电压与电流的最大值或有效值之比，不等于它们的瞬时值之比，这是因为 u_L 和 i 相位不同，而且感抗只对正弦电流才有意义。

5.4.3 电感电路的功率

纯电感电路中的瞬时功率为

$$\begin{aligned}p_L&=u_L i\\&=U_{Lm}\sin\left(\omega t+\frac{\pi}{2}\right)\cdot I_m\sin\omega t\\&=2U_L I\sin\omega t\sin\left(\omega t+\frac{\pi}{2}\right)\\&=U_L I\sin2\omega t\end{aligned} \qquad (5\text{-}19)$$

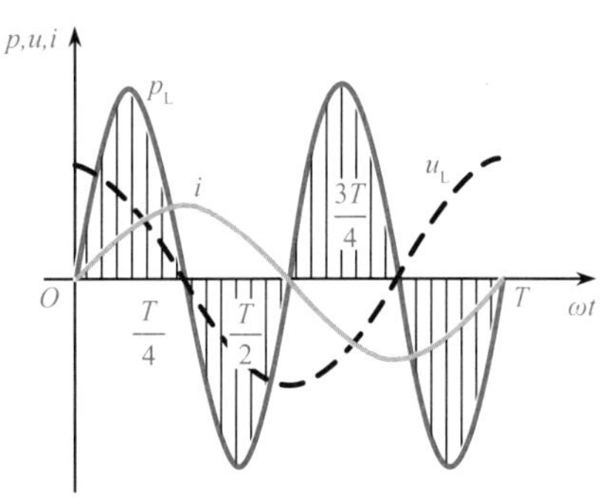

图 5-10　纯电感电路的瞬时功率曲线

由此可知，瞬时功率也是一条正弦曲线，其频率为电源频率的两倍，波形图如图 5-10 所示。由图可见，在电流变化的一个周期内，瞬时功率变化两周，在第一和第三个$\frac{1}{4}$周期内，p_L 为正值，即电感线圈吸收电能并转换成磁场能，且将磁场能储存在线圈的磁场中。在第二和第四个$\frac{1}{4}$周期内，p_L 为负值，即电感线圈释放磁场能并转换为电能还给电源。这样，在一个周期内纯电感电路的平均功率为零，

也就是说，在纯电感电路中，电感组件是不消耗电源的任何能量的，只是与电源进行着能量交换。因此电感组件是储能组件。

电感组件与电源之间进行能量交换的瞬时功率的最大值，称为电感组件的无功功率，用符号 Q_L 表示，单位为乏（var），其数学表达式为

$$Q_L = U_L I = I^2 X_L = \frac{U_L^2}{X_L} \tag{5-20}$$

注意

“无功”的含义是“交换”而不是“消耗”，它是相对“有功”而言的，决不能理解为“无用”。无功功率在生产实践中占有很重要的地位，具有电感性质的变压器、电动机等设备都是靠电磁转换工作的。

【例 5-4】某电阻可以忽略的电感线圈，其电感 L=100mH，把它接到 $u=220\sqrt{2}\sin(314t-60°)$ V 的电源上，试写出电流的瞬时表达式，画出电流与电压的相量图，并求电路的无功功率。

【解】由 $u=220\sqrt{2}\sin(314t-60°)$ V 可知：

$$U_L=220\text{ V} \qquad \omega=314\text{rad/s} \qquad \varphi_u=-60°$$

由 $X_L=\omega L$ 得 $\qquad X_L=314\times100\times10^{-3}\Omega=31.4\Omega$

由 $I=\dfrac{U_L}{X_L}$ 得 $\qquad I=\dfrac{220}{31.4}\text{A}\approx7\text{A}$

因为在纯电感电路中，电压超前电流 90°，即 $\varphi_u-\varphi_i=90°$

所以 $\varphi_i=\varphi_u-90°=-60°-90°=-150°$

则 $i=I_m\sin(\omega t+\varphi_i)=7\sqrt{2}\sin(314t-150°)$ A

电流与电压的相量图如图 5-11 所示。

由 $Q_L=U_L I$ 可知 $\quad Q_L=220\times7\text{var}=1\,540\text{var}$

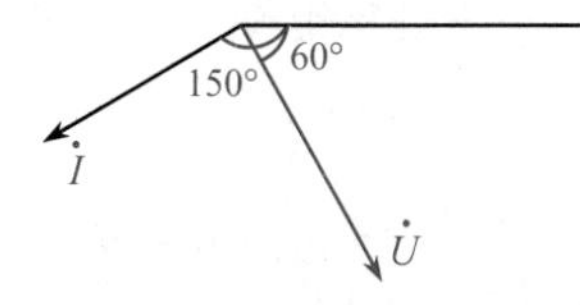

图 5-11 例 5-4 相量图

5.5 纯电容电路

在交流电路中，如果只用电容器作负载，而且电容器的绝缘电阻很大，介质的损耗可以忽略，那么这个电路就称为纯电容电路，如图 5-12a 所示。

5.5.1 电流与电压的相位关系

在纯电容电路中，设加在电容器 C 两端的交流电压为

$$u_C=U_{Cm}\sin\omega t$$

通过实验和计算可以证明，此时流过电容器 C 的电流为

$$i = \omega C U_{Cm} \sin(\omega t + \frac{\pi}{2}) \quad (5\text{-}21)$$

式（5-21）表明：在纯电容电路中，电流 i 与电压 u_C 的频率相同，但在相位上，电压滞后电流$\frac{\pi}{2}$。它们的相量图如图 5-12b 所示。

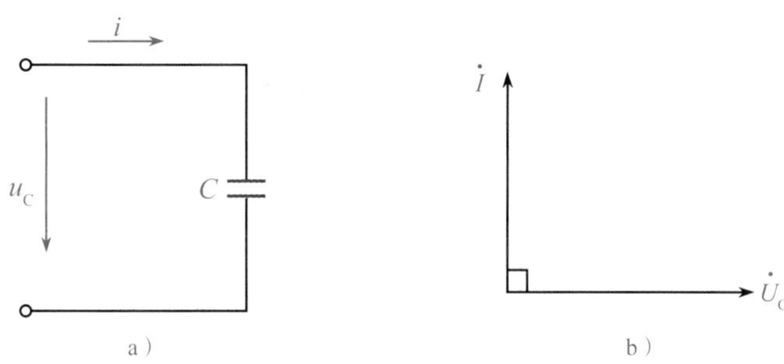

图 5-12　纯电容电路及其相量图

5.5.2 电流与电压的数量关系

由式（5-21）可知：$I_m=\omega CU_{Cm}$　（5-22）

把式（5-22）等式两边同除以$\sqrt{2}$，则得

$$I=\omega CU_C \quad (5\text{-}23)$$

令

$$X_C=\frac{1}{\omega C}=\frac{1}{2\pi fC} \quad (5\text{-}24)$$

则式（5-16）可表示为

$$I=\frac{U_C}{X_C} \quad (5\text{-}25)$$

在纯电容的交流电路中，电流与电压的演算也符合欧姆定律。

X_C 表示电容器对交流电流阻碍作用大小的一个物理量，称为容抗，单位为欧姆（Ω）。从式（5-24）可知，对于交流电，频率越高，容抗越小；频率越低，容抗越大，两者成反比。对于直流电，因 $f=0$，$X_C=\infty$，在直流电路中电容器可视为断路。因此，电容器有“通交流、隔直流，通高频、阻低频”的特性。

5.5.3 电容电路的功率

纯电容电路中的瞬时功率为

$$\begin{aligned} p_C &= u_C i \\ &= U_{Cm}\sin\omega t \cdot I_m \sin(\omega t+\frac{\pi}{2}) \\ &= 2U_C I \sin\omega t \sin(\omega t+\frac{\pi}{2}) \\ &= U_C I \sin 2\omega t \end{aligned} \quad (5\text{-}26)$$

由此可知，电容器的瞬时功率与电感的瞬时功率一样，也是一条正弦曲线，其频率为电源频率的两倍，波形图如图 5-13 所示。由图可见，纯电容电路的平均功率为零，但是电容与电源之间进行着能量的交换。在第一和第三个$\frac{1}{4}$周期内，电容器吸收电源能量并以电场能的形式储存起来；在第二和第四个$\frac{1}{4}$周期内，电容器又向电源释放能量。和纯电感电路一样，瞬时功率的最大值定义为电路的无功功率，用来表示电容器与电源交换能量的规模。其数学表达式为

$$Q_C = U_C I = I^2 X_C = \frac{U_C^2}{X_C} \tag{5-27}$$

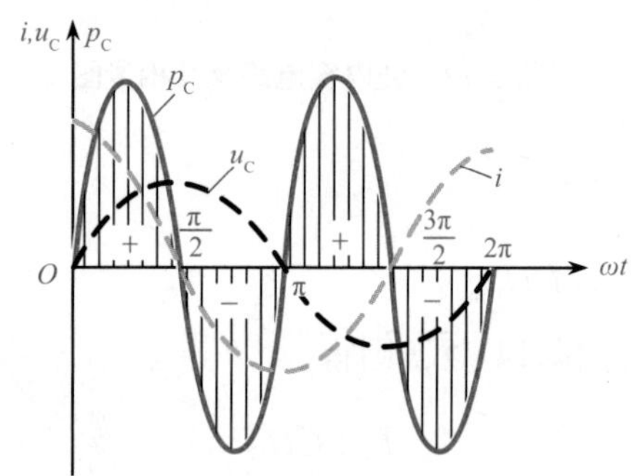

图 5-13　纯电容电路的瞬时功率曲线

【例 5-5】若把一个电容量为 10μF 的电容器，接到电压为 $u=220\sqrt{2}\sin(314t-60°)$ V 的电源上，试写出电流的瞬时表达式，画出电流与电压的相量图，并求电路的无功功率。

【解】由 $u=220\sqrt{2}\sin(314t-60°)$ V 可知：

$$U_C=220\text{ V} \qquad \omega=314\text{rad/s} \qquad \varphi_u=-60°$$

由 $X_C=\frac{1}{\omega C}$ 得　　$X_L=\frac{1}{314\times10\times10^{-6}}\ \Omega\approx318\Omega$

由 $I=\frac{U_C}{X_C}$ 得　　$I=\frac{220}{318}\text{ A}\approx0.7\text{A}$

因为在纯电容电路中，电压滞后电流 90°，即 $\varphi_i-\varphi_u=90°$

所以　　$\varphi_i=\varphi_u+90°=-60°+90°=30°$

则　　$i=I_m\sin(\omega t+\varphi_i)=0.7\sqrt{2}\sin(314t+30°)$ A

电流与电压的相量图如图 5-14 所示。

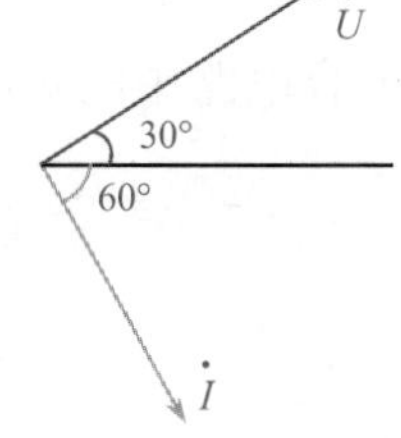

图 5-14　例 5-5 相量图

由 $Q_C=U_C I$ 可知　　$Q_C=220\times0.7\text{var}=154\text{var}$

5.6 *RL* 串联电路

当线圈的电阻不能忽略时，就构成了由电阻 R 和电感 L 串联的交流电路，简称 *RL* 串联电路。工厂里常见的电动机、变压器以及日常生活中的荧光灯等都可以看成是一个电阻与电感串联的电路。

5.6.1 电流与电压的相位关系

如图 5-15a 所示，设流过 *RL* 串联电路的电流 $i=I_m \sin\omega t$，则

电阻两端的电压：$u_R=U_{Rm}\sin\omega t$

电感两端的电压：$u_L=U_{Lm}\sin\left(\omega t+\dfrac{\pi}{2}\right)$

由基尔霍夫电压定律可得：$u=u_R+u_L=U_{Rm}\sin\omega t+U_{Lm}\sin\left(\omega t+\dfrac{\pi}{2}\right)$

RL 串联电路的相量图如图 5-15b 所示。根据相量的加法运算可知，电阻两端电压 U_R、电感两端电压 U_L 和串联电路的总电压 U 三者之间构成了一个直角三角形，称为电压三角形。则

$$U=\sqrt{U_R^2+U_L^2} \tag{5-28}$$

总电压超前电流

$$\varphi=\arctan\frac{U_L}{U_R} \tag{5-29}$$

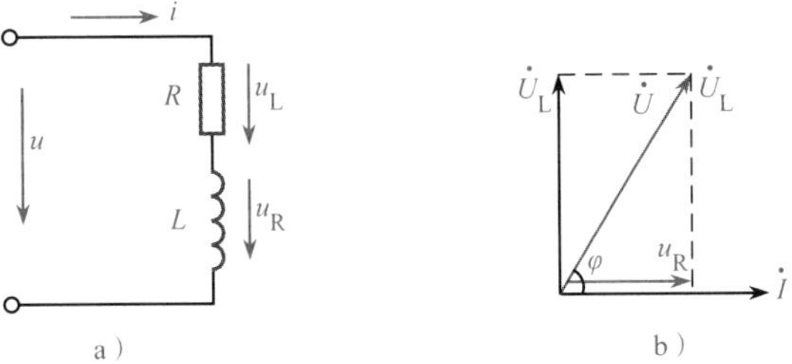

图 5-15　*RL* 串联电路和相量图

在交流电路中，若总电压的相量超前总电流，称为感性电路；此时交流电路的负载称为感性负载。

5.6.2 电流与电压的数量关系

由于在纯电阻电路中 $U_R=IR$，在纯电感电路中 $U_L=IX_L$，则在 *RL* 串联电路中，由式（5-28）可得

$$U=\sqrt{U_R^2+U_L^2}=\sqrt{(IR)^2+(IX_L)^2}=I\sqrt{R^2+X_L^2}$$

即

$$I=\frac{U}{\sqrt{R^2+X_L^2}}$$

令 $Z=\sqrt{R^2+X_L^2}$，则在 RL 串联电路中，电流与电压的数量关系为

$$I=\frac{U}{Z} \tag{5-30}$$

式（5-30）表明：在 RL 串联的交流电路中，电流与电压的演算也符合欧姆定律。式中，Z 称为电路的阻抗，它表示电阻和电感串联电路对交流电的总阻碍作用，单位为欧姆（Ω）。

由 $Z=\sqrt{R^2+X_L^2}$ 可见，电阻 R、感抗 X_L 和阻抗 Z 三者之间也构成一个与图 5-15b 相似的三角形，称为阻抗三角形，其夹角为

$$\varphi=\arctan\frac{X_L}{R} \tag{5-31}$$

注意

电压三角形是相量三角形，而阻抗三角形则不是相量三角形。

5.6.3 功率与功率因数

由于电阻是耗能组件，而电感是储能组件，因此在 RL 串联电路中的功率既有有功功率，又有无功功率，说明如下。

1. 有功功率

在 RL 串联电路中，电阻是耗能组件，所以电阻消耗的功率称为有功功率，即

$$P=U_R I=I^2R=\frac{U_R^2}{R}$$

由图 5-15b 可知：$U_R=U\cos\varphi$，则 $P=U_R I=IU\cos\varphi$ （5-32）

2. 无功功率

在 RL 串联电路中，电感是储能组件，只与电源做能量的交换，所以电感所消耗的功率称为无功功率，即

$$Q=U_L I=I^2X_L=\frac{U_L^2}{X_L}$$

由图 5-15b 可知：$U_L=U\sin\varphi$，则 $Q=U_L I=IU\sin\varphi$ （5-33）

3. 视在功率

视在功率定义为输出的总电流与总电压有效值的乘积，用 S 表示，单位为伏安（V·A）或千伏安（kV·A），即

$$S=IU \tag{5-34}$$

视在功率代表电源所能提供的功率。许多电气设备（如变压器）是按照一定的额定

电压和额定电流来设计，所以通常用视在功率来表示设备的容量。

有功功率、无功功率与视在功率三者之间的关系也构成一个直角三角形，称为功率三角形。如图 5-16 所示，功率三角形也不是相量三角形，但与电压三角形、阻抗三角形相似。

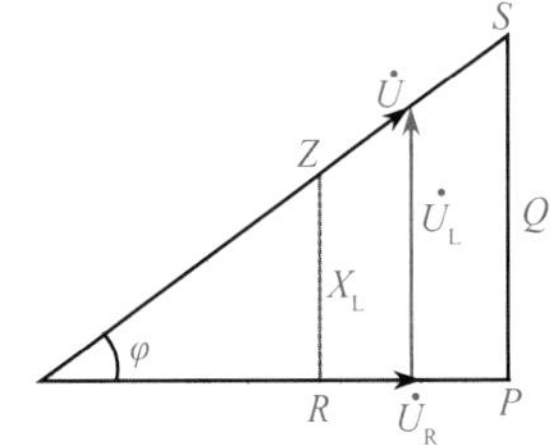

图 5-16　*RL* 串联的电压三角形、阻抗三角形和功率三角形

4. 功率因数

由功率三角形可知，电源提供的功率不能被感性负载完全吸收。为了反映电源的利用率，常把有功功率与视在功率的比值称为电路的功率因数，用 λ 表示，即

$$\lambda = \frac{\text{有功功率}}{\text{视在功率}}$$

由功率三角形、阻抗三角形和电压三角形可知：

$$\lambda=\cos\varphi=\frac{P}{S}=\frac{R}{Z}=\frac{U_R}{U} \tag{5-35}$$

【例 5-6】 将一个电感为 1.65H、电阻为 300Ω 的线圈串联接到电压为 $u=220\sqrt{2}\sin(314t-60°)$ V 的电源上，试求电路的有功功率、无功功率、视在功率和功率因数。

【解】由 $u=220\sqrt{2}\sin(314t-60°)$ V 可知：

$$U=220\text{ V}\qquad \omega=314\text{rad/s}\qquad \varphi_u=-60°$$

由 $X_L=\omega L$ 得　　$X_L=314\times1.65\Omega=518.1\Omega$

由 $Z=\sqrt{R^2+X_L^2}$ 得　　$Z=\sqrt{300^2+518.1^2}\ \Omega\approx600\Omega$

由 $I=\dfrac{U}{Z}$ 得　　$I=\dfrac{220}{600}\text{ A}=0.365\text{A}$

由 $P=I^2R$ 得　　$P=0.365^2\times300\text{ W}\approx40\text{W}$

由 $Q=I^2X_L$ 得　　$Q=0.365^2\times518.1\text{var}\approx70\text{var}$

由 $S=IU$ 得　　$S=0.365\times220\text{V}\cdot\text{A}\approx80\text{V}\cdot\text{A}$

由 $\cos\varphi=\dfrac{P}{S}$ 得　　$\cos\varphi=\dfrac{40}{80}=0.5$

由式（5-35）可知：在电源提供的功率为定值时，电路的功率因数越大，则电路的有功功率就越大，两者成正比，即电源所发出的电能转换为热能或机械能就越多，而电源与电感或电容之间相互交换的能量就越少，电源的利用率就越高。由式（5-32）可知：在同一电压下，要输送同一功率，功率因数越大，则线路中电流越小，即线路中的损失也越小。因此，在电力工程上，力求电路的功率因数接近于 1。

【例 5-7】某变电所输出的电压为 220V，额定视在功率为 220kV·A。如果给电压为 220V、功率因数为 0.75、额定功率为 33kW 的单位供电，问能供给几个这样的单位？若把功率因数提高到 0.9，又能供给几个这样的单位？

【解】由 $S=IU$ 得，变电所能够提供的总电流为

$$I_N=\frac{S}{U}=\frac{220\times10^3}{220}\text{A}=1\,000\text{A}$$

（1）由 $P=IU\cos\varphi$ 得，当 $\cos\varphi=0.75$ 时，一个单位所需电源提供的电流为

$$I=\frac{P}{U\cos\varphi}=\frac{33\times10^3}{220\times0.75}\text{A}=200\text{A}$$

所以变电所能供给这样的单位个数为

$$\frac{I_N}{I}=\frac{1\,000}{200}=5\text{（个）}$$

（2）由 $P=IU\cos\varphi$ 得，当 $\cos\varphi=0.9$ 时，一个单位所需电源提供的电流为

$$I=\frac{P}{U\cos\varphi}=\frac{33\times10^3}{220\times0.9}\text{A}\approx166.67\text{A}$$

所以变电所能供给这样的单位个数为

$$\frac{I_N}{I}=\frac{1\,000}{166.67}\approx6\text{（个）}$$

目前提高电路的功率因数常采用以下两种方法：

1）提高自然功率因数，避免大马拉小车，即合理地选用电动机，不要用大容量的电动机来带动小功率负载。另外，尽量不要让电动机空转。

2）在感性负载两端并联适当的电容器。

※5.7 *RLC* 串联电路

5.7.1 串联电路

图 5-17 所示为 *RLC* 串联电路。在实际的电路上应用较多，如无线电技术中的电压谐振电路等，下面对这个电路进行说明。

1. 电流与电压的相位关系

设流过 *RLC* 串联电路的电流 $i=I_m\sin\omega t$，则

电阻两端的电压：$u_R=U_{Rm}\sin\omega t$

电感两端的电压：$u_L=U_{Lm}\sin\left(\omega t+\frac{\pi}{2}\right)$

电容器两端的电压：$u_C=U_{Cm}\sin\left(\omega t-\frac{\pi}{2}\right)$

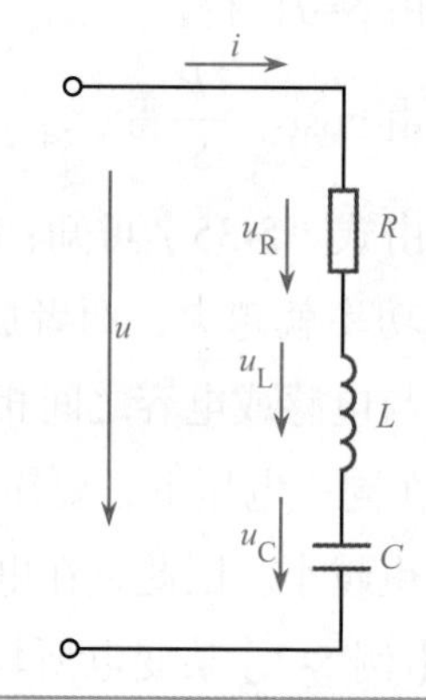

图 5-17 *RLC* 串联交流电路

由基尔霍夫电压定律可得

$$u=u_R+u_L+u_C=U_{Rm}\sin\omega t+U_{Lm}\sin\left(\omega t+\frac{\pi}{2}\right)+U_{Cm}\sin\left(\omega t-\frac{\pi}{2}\right)$$

图 5-18 所示为电流和电阻两端电压、电感两端电压、电容器两端电压的相量关系。根据相量的加法运算可知，电阻两端电压 U_R、电感两端电压 U_L 与电容器两端电压 U_C 的差值 U_X、串联电路的总电压 U 三者之间构成了一个直角三角形，即

$$U=\sqrt{U_R^2+(U_L-U_C)^2} \tag{5-36}$$

电压与电流之间的相位差为

$$\varphi=\arctan\frac{U_L-U_C}{U_R}=\arctan\frac{IX_L-IX_C}{IR}=\arctan\frac{X_L-X_C}{R}=\arctan\frac{X}{R} \tag{5-37}$$

式中，$X=X_L-X_C$ 称为电抗，表示感抗与容抗的差值，单位为欧姆（Ω）。

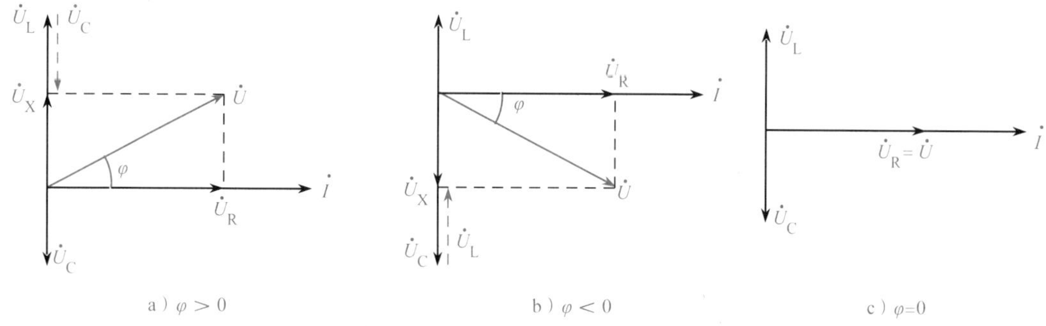

图 5-18　*RLC* 串联交流电路的电流与电压的相量图

由式（5-37）可知，*RLC* 串联电路中电压与电流之间的相位关系取决于电阻、电感和电容。

1）当 $X_L>X_C$ 时，$U_L>U_C$，$\varphi>0$，这时 *RLC* 串联电路的总电压超前电流 φ 角，这样的电路称为感性电路，其负载称为感性负载，相量图如图 5-18a 所示。

2）当 $X_L<X_C$ 时，$U_L<U_C$，$\varphi<0$，这时 *RLC* 串联电路的总电压滞后电流 φ 角，这样的电路称为容性电路，其负载称为容性负载，相量图如图 5-18b 所示。

3）当 $X_L=X_C$ 时，$U_L=U_C$，$\varphi=0$，这时 *RLC* 串联电路的总电压与电流同相位，这样的电路称为阻性电路，并称电路的这种状态为谐振，相量图如图 5-18c 所示。

2. 电流与电压的数量关系

由于在纯电阻电路中 $U_R=IR$，在纯电感电路中 $U_L=IX_L$，在纯电容电路中 $U_C=IX_C$，则在 *RLC* 串联电路中，由式（5-36）可得

$$U=\sqrt{U_R^2+(U_L-U_C)^2}=\sqrt{(IR)^2+(IX_L-IX_C)^2}=I\sqrt{R^2+(X_L-X_C)^2}=I\sqrt{R^2+X^2}$$

令 $Z=\sqrt{R^2+X^2}$，则在 *RLC* 串联电路中电流与电压的数量关系为

$$I=\frac{U}{Z} \tag{5-38}$$

式（5-38）表明：在 *RLC* 串联的交流电路中，电流与电压符合欧姆定律。式中 $Z=\sqrt{R^2+X^2}$ 称为电路的阻抗，单位为欧姆（Ω）。

由 $Z=\sqrt{R^2+X^2}$ 可见，电阻 *R*、电抗 *X* 和阻抗 *Z* 三者之间也构成一个与图 5-18 相似的三角形，称为阻抗三角形，如图 5-19 所示。

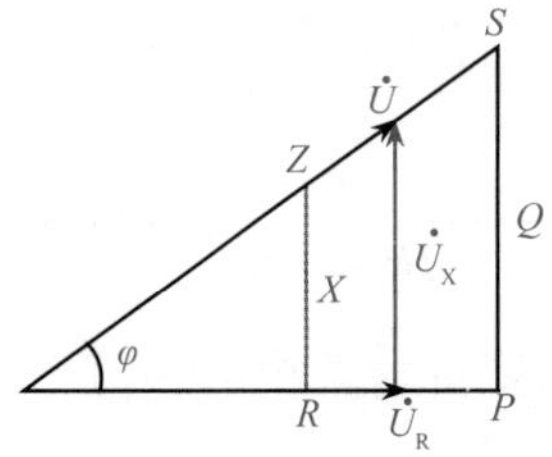

图 5-19　阻抗三角形、电压三角形和功率三角形

3. 电路的功率和功率因数

1）有功功率：在 *RLC* 串联电路中，只有电阻是耗能组件，因此电阻消耗的功率就是该电路的有功功率，即

$$P=U_R I=I^2R=\frac{U_R^2}{R}=IU\cos\varphi \tag{5-39}$$

2）无功功率：在 *RLC* 串联电路中，因为电感和电容都与电源进行能量交换，并没有功率消耗，两者皆为无功功率。由图 5-18 可知，电感两端的电压 U_L 与电容器两端的电压 U_C 是反相的，这表示瞬时功率变化状态是相反的，即当 $Q_L=U_L I$ 为正值（电感吸收能量）时，$Q_C=U_C I$ 为负值（电容器释放能量）；当 $Q_C=U_C I$ 为正值（电容器吸收能量）时，$Q_L=U_L I$ 为负值（电感释放能量）。它们之间进行能量交换的差值才与电源进行交换，即只有电感和电容相互交换能量的不足部分，才与电源进行交换，所以整个电路的无功功率为

$$Q=Q_L-Q_C=U_L I-U_C I=(U_L-U_C)I=U_X I=UI\sin\varphi \tag{5-40}$$

3）视在功率：根据视在功率的定义可知

$$S=UI \tag{5-41}$$

单位是伏安（V·A）。

由式（5-39）、式（5-40）和式（5-41）可得

$$S=\sqrt{P^2+Q^2}=\sqrt{P^2+(Q_L-Q_C)^2} \tag{5-42}$$

由式（5-42）可见，在 *RLC* 串联电路中，有功功率、无功功率和视在功率三者之

间也构成了一个直角三角形，称为功率三角形，如图 5-19 所示。

由图 5-19 可知，电压三角形、阻抗三角形和功率三角形相似，但电压三角形是相量三角形，而阻抗三角形和功率三角形不是相量三角形，且

$$\varphi=\arctan\frac{Q}{P}=\arctan\frac{Q_{\mathrm{L}}-Q_{\mathrm{C}}}{P} \tag{5-43}$$

4）电路的功率因数：

$$\lambda=\cos\varphi=\frac{P}{S}=\frac{R}{Z}=\frac{U_{\mathrm{R}}}{U} \tag{5-44}$$

5.7.2 串联谐振

在前面介绍的 *RLC* 串联电路中，当电路中的感抗与容抗相等时，整个电路呈现纯电阻特性。当电路总电压 u 与电路中的电流 i 相位相同时，电路产生谐振，称为串联谐振。

1. 谐振条件和谐振频率

根据谐振概念，由图 5-18c 可知：

$$\varphi=\arctan\frac{U_{\mathrm{L}}-U_{\mathrm{C}}}{U_{\mathrm{R}}}=\arctan\frac{IX_{\mathrm{L}}-IX_{\mathrm{C}}}{IR}=\arctan\frac{X_{\mathrm{L}}-X_{\mathrm{C}}}{R}=0$$

则 *RLC* 电路发生串联谐振的条件是

$$X_{\mathrm{L}}=X_{\mathrm{C}} \tag{5-45}$$

即

$$\omega L=\frac{1}{\omega C}$$

若谐振时的频率用 f_0 表示，则

$$2\pi f_0 L=\frac{1}{2\pi f_0 C}$$

所以，谐振频率为

$$f_0=\frac{1}{2\pi\sqrt{LC}} \tag{5-46}$$

由式（5-46）可知，串联谐振的频率 f_0 由电路组件的参数 L、C 决定。当电路中的电感量和电容量为一定时，f_0 就有确定的数值，称为固有频率。

2. 调谐方式

使电路满足谐振条件的方法称为调谐方式，调谐方式常用以下两种方法：

1）保持电路参数不变，改变电源的工作频率，使电路发生谐振。

由式（5-46）可知，串联电路的谐振频率 f_0 仅取决于电路中电感与电容的大小，只

有当电源的工作频率与电路的固有频率相等时，电路才能发生谐振。

2）调整电路参数 L 或 C，使电路谐振。

当电源频率一定时，由式（5-46）可知，调整电路参数 L 或 C，使电路的固有频率等于电源的频率，电路同样也会发生谐振。例如：收音机的输入回路就是一个串联谐振电路，通过改变输入回路电容的大小，使回路与某一电台的发射频率发生谐振，以达到选择该电台信号的目的。

3. 串联谐振电路的特点

1）串联谐振时，电路阻抗最小，且呈纯阻性

$$Z_0=\sqrt{R^2+(X_L-X_C)^2}=R \tag{5-47}$$

2）电路中电流最大，并与电压同相。谐振电流为

$$I_0=\frac{U}{Z}=\frac{U}{R} \tag{5-48}$$

3）电阻两端电压等于总电压，电感和电容两端的电压相等，其大小为总电压的 Q 倍。

$$U_R=I_0R=\frac{U}{R}\cdot R=U \tag{5-49}$$

$$U_L=U_C=I_0X_L=I_0X_C=\frac{U}{R}\cdot\omega_0L=\frac{U}{R}\cdot\frac{1}{\omega_0C}=QL \tag{5-50}$$

式中，Q 称为电路的品质因数，其值为

$$Q=\frac{\omega_0L}{R}=\frac{1}{\omega_0CR} \tag{5-51}$$

由于一般串联电路的电阻值很小，所以电路的 Q 值比较大，其值约为几十到几百。因为串联谐振时，电感和电容组件两端可能会产生比总电压高出 Q 倍的高电压，因此串联谐振也叫作电压谐振。线圈的电阻越小，电路消耗的能量也越小，则表示电路品质好，品质因数高；线圈的电感量越大，储存的能量也就越多，而损耗一定时，同样也说明电路品质好，品质因数高。

4）谐振时，只有电路中的电阻在消耗功率，电源与电路之间不再进行能量交换，而电感与电容之间进行磁场能与电场能的交换。

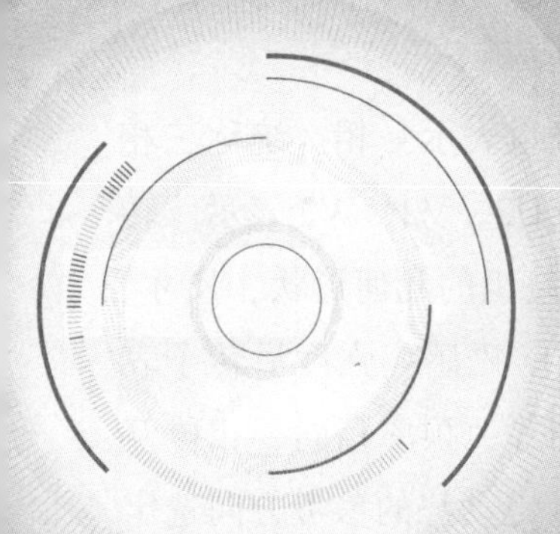

第6章 三相正弦交流电路

学习目标

- 了解三相正弦交流电的产生，理解相序的意义。
- 了解三相交流电的特点和表示方法。
- 了解三相电源绕组及三相负载的连接。
- 理解对称三相电路中相电压与线电压、相电流与线电流的关系。

6.1 三相交流电源

目前，电能的生产、输送和分配大都采用三相交流电。采用三相电源供电的主要原因有以下两个。

1）在输送功率、电压和距离相同，功率因数和线路损耗相等的情况下，采用三相输电比用单相输电可节约25%的材料。

2）作为生产机械主要动力的电动机，三相电动机比同容量的单相电动机结构简单、性能好、工作可靠、造价低。

三相电源是由三个频率相同、幅值相同、相位互差120°的正弦电压源按一定方式连接而成的。由三相电源供电的电路称为三相电路。第5章讨论的单相交流电路是对应三相电路中的一相。

6.1.1 三相对称电动势的产生

三相电动势由三相交流发电机产生。图6-1a为三相交流发电机的结构示意图，它主要由定子和转子构成。在定子中嵌入了三个绕组，每一个绕组表示一相，统称三相绕组。三相绕组的始端分别用 U1、V1、W1 表示，末端分别用 U2、V2、W2 表示。转子是一对磁极的电磁铁，它以角速度 ω 逆时针方向旋转。若各绕组的几何形状、尺寸、匝数均相同，如图 6-1b 所示，安装时三个绕组彼此相隔 120°，磁感应强度沿转子表面按正弦规律分布，则在三相绕组中可以分别感应出最大值相等、频率相同、相位互差 120° 的三个正弦电动势 e_U、e_V、e_W，称为对称三相电动势。电动势的参考方向选定为绕组的末端指向始端，如图 6-1c 所示。

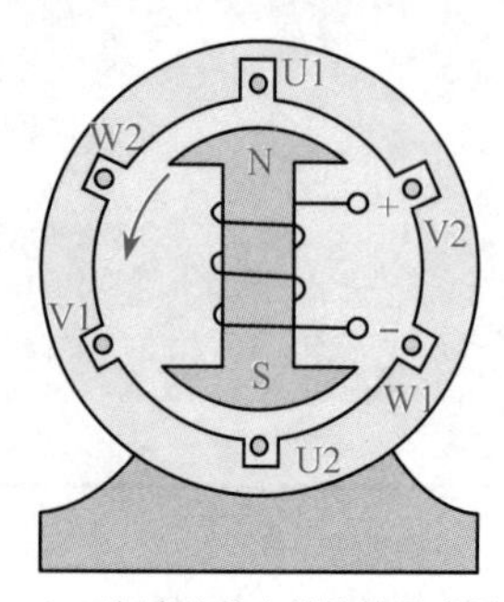

a）三相交流发电机结构示意图

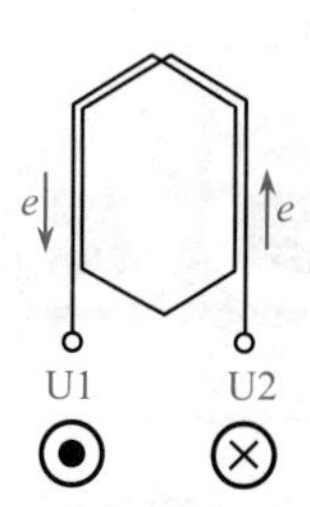

b）定子绕组

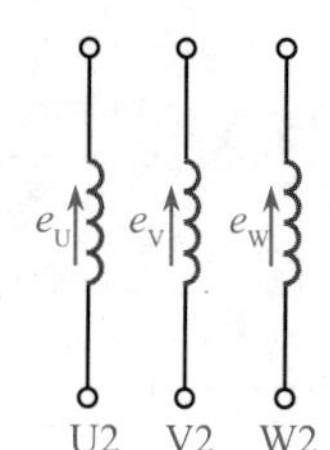

c）对称三相定子绕组及电动势

图 6-1　三相交流发电机

6.1.2 三相对称电动势的表示法

若以三相对称电动势中的 U 相绕组电动势的初相位为零，并规定三相电动势的正方向都是从末端指向始端，则三相对称电动势的解析式为

$$\left.\begin{aligned} e_U &= E_m \sin\omega t \\ e_V &= E_m \sin(\omega t - 120°) \\ e_W &= E_m \sin(\omega t - 240°) = E_m \sin(\omega t + 120°) \end{aligned}\right\} \quad (6\text{-}1)$$

波形图和相量图如图 6-2a 和图 6-2b 所示。

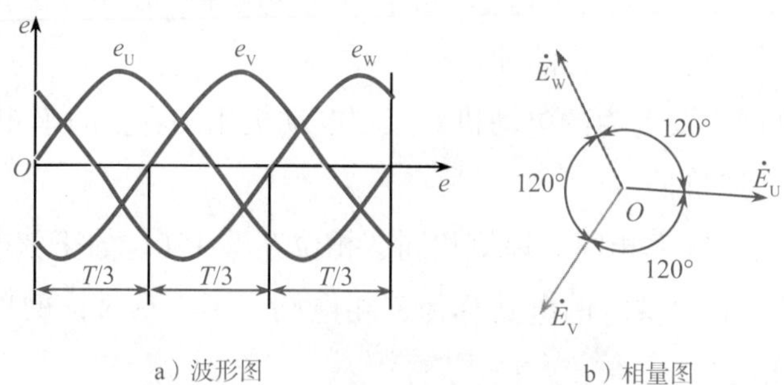

a）波形图　　b）相量图

图 6-2　三相交流电的波形图和相量图

由相量图可知，三个电动势的相量和为零。由波形图可知，三相对称电动势在任一瞬间的代数和为零，即

$$e_U+e_V+e_W=0 \tag{6-2}$$

6.1.3 相序

由三相对称电动势的波形图可知，三相电动势达到最大值的时间是不同的，通常把三相电动势依次达到正向最大值的顺序称为相序。若相序为 U—V—W—U，则称为正序或顺序，如图 6-2 所示；若相序为 V—U—W—V，则称为负序或逆序。工程上通用的相序是正序。

为使电力系统能够安全可靠地运行，通常统一规定相序的技术标准，一般配电盘上用黄色标出 U 相，用绿色标出 V 相，用红色标出 W 相。

6.1.4 三相交流电源的连接

三相发电机的三相绕组按照一定的连接方式向外送电，其连接方法有两种，一种是星形联结（Y），另一种是三角形联结（△）。

1. 电源的星形联结

将发电机三相绕组的末端 U2、V2、W2 连接在一起成为一个公共点，始端 U1、V1、W1 分别与负载相连，称为三相电源的星形联结，用符号 Y 表示，如图 6-3a 所示。从始端 U1、V1、W1 引出的三根线称为相线或端线，俗称火线；末端接成的一点称为中性点，简称中点，用 N 表示；从中性点引出的输电线称为中性线。低压供电系统的中性点是直接接地的，把接大地的中性点称为零点，而把接地的中性线称为零线。

根据 GB4728.11—2008，三根相线和中性线分别用符号 L1、L2、L3 和 N 表示，如图 6-3b 所示。有时为了简便，常把图 6-3a 画成图 6-3b 的形式。

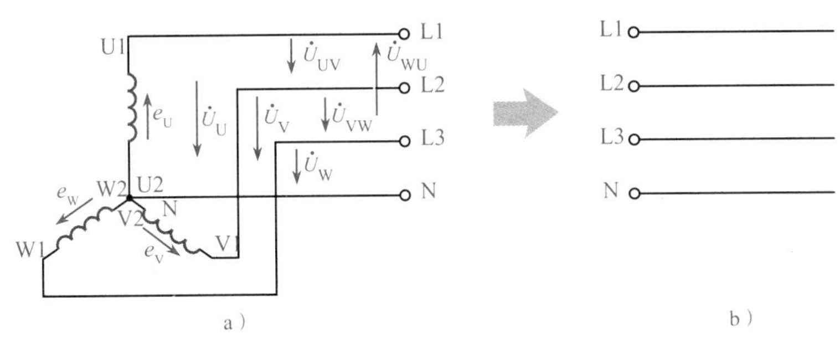

图 6-3　星形联结的三相四线制

由三根相线和一根中性线所组成的输电方式称为三相四线制（通常在低压配电中采用）；只有三根相线所组成的输电方式称为三相三线制（通常在高压输电工程或三相电动机供电中采用）。

每相绕组始端与末端之间的电压（即相线与中性线之间的电压）称为相电压，用相量 $\dot{U}_U$、$\dot{U}_V$、$\dot{U}_W$ 或符号 U_P 表示。相电压的参考方向规定为始端指向末端。因为三个电动势的最大值相等，频率相同，相位互差 120°，所以三个相电压的最大值也相等，频率也相同，相互之间的相位差也均为 120°，即三相电压是对称的。

任意两相始端之间的电压（即相线与相线之间的电压）称为线电压，用相量 $\dot{U}_{UV}$、$\dot{U}_{VW}$、$\dot{U}_{WU}$ 或符号 U_L 表示。规定线电压的参考方向是自第一个下标指向第二个下标，如 $\dot{U}_{UV}$ 的方向为自 U 相指向 V 相。三相电源绕组接成星形时的线电压与相电压的关系说明如下。

根据基尔霍夫电压定律可知：

$$\left.\begin{aligned} \dot{U}_{UV}&=\dot{U}_U-\dot{U}_V \\ \dot{U}_{VW}&=\dot{U}_V-\dot{U}_W \\ \dot{U}_{WU}&=\dot{U}_W-\dot{U}_U \end{aligned}\right\} \tag{6-3}$$

作出相电压的相量图，然后根据相量 $\dot{U}_U$、$\dot{U}_V$、$\dot{U}_W$，依据式（6-3）分别作出线电压的相量 $\dot{U}_{UV}$、$\dot{U}_{VW}$、$\dot{U}_{WU}$，如图 6-4 所示。从图中可以看出：线电压的有效值是相电压的有效值的$\sqrt{3}$倍，即 $U_L=\sqrt{3}\,U_P$；在相位上线电压超前对应的相电压 30°；当相电压对称时，线电压也对称。在低压配电系统中，利用这个特点，通过三相四线制线路可以提供两种电压。照明、家用电器等民用所需要的 220V 电压，是取自三相供电线路的相电压。而对于三相电动机，则可根据需要取用三相电源的线电压。$U_{线}=\sqrt{3}\times 220\text{V}=380\text{V}$。

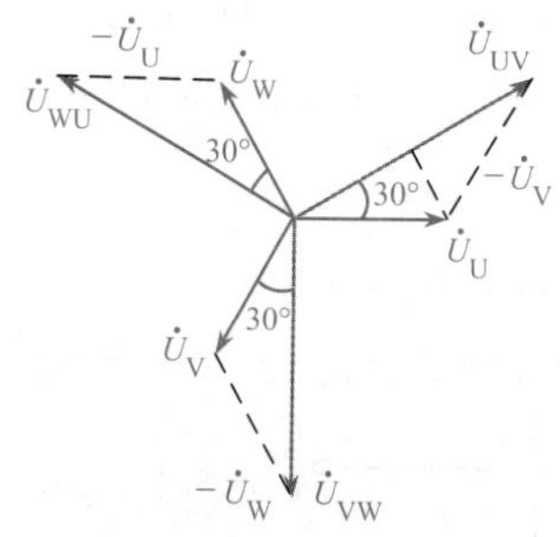

图 6-4　三相电源星形联结时的电压相量图

注意

高压电路的电压值，一般是指线路的线电压。例如 10kV 线路，其线路的线电压为 10kV。

2. 电源的三角形联结

将发电机一相绕组的末端与相邻的另一相绕组的始端依次相连，然后由三个连接点引出三根导线向外供电，这种连接方法就称为三相电源的三角形联结，用符号△表示，如图 6-5 所示。

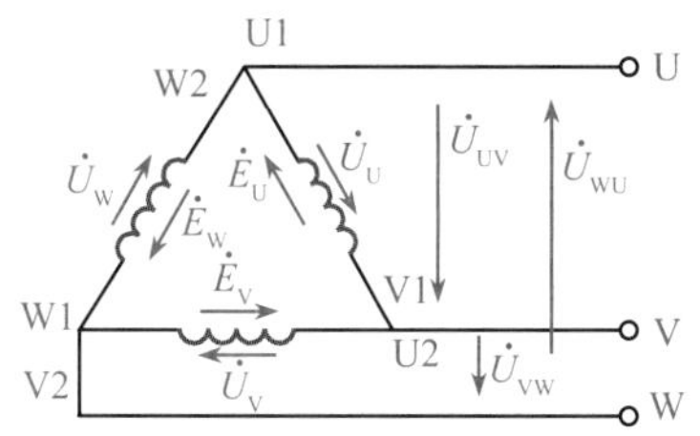

图 6-5　电源绕组的三角形联结

由图 6-5 可知，三相发电机绕组作三角形联结时，线电压与相电压相等，即

$$U_L=U_P \tag{6-4}$$

若三相电动势为对称三相正弦电动势，则根据基尔霍夫电压定律可知，三角形闭合回路的总电动势等于零，即

$$e_U+e_V+e_W=0 \tag{6-5}$$

$$\dot{E}=\dot{E}_U+\dot{E}_V+\dot{E}_W=0 \tag{6-6}$$

由式（6-6）可知，发电机三相绕组接成三角形，要求三相电动势绝对对称，绕组回路不得产生环流，否则就将烧毁发电机，这是不易做到的，所以实际上三相发电机绕组一般不采用三角形联结，但供电系统中的三相变压器绕组有时采用三角形联结。

※6.2 三相负载的联结

在三相电源上的负载称为三相负载。三相负载由三部分组成，每一部分称为一相负载。三相负载既可以是一个整体，如三相电动机；也可以是独立的三个单相负载，如荧光灯、单相电动机以及多种家用电器等。

在三相负载中，如果每相负载的阻抗相等，如三相电动机、大功率三相电炉等，称为三相对称负载，否则，称为三相不对称负载，如三相照明电路中的负载。三相电路负载的连接方式也有两种：星形联结和三角形联结。

6.2.1 三相负载的星形联结

把三相负载的一端连接在一起再接到电源的中性线上，另外一端则分别接到三相电源，就构成了三相负载的星形（Y）联结，如图 6-6a 所示。

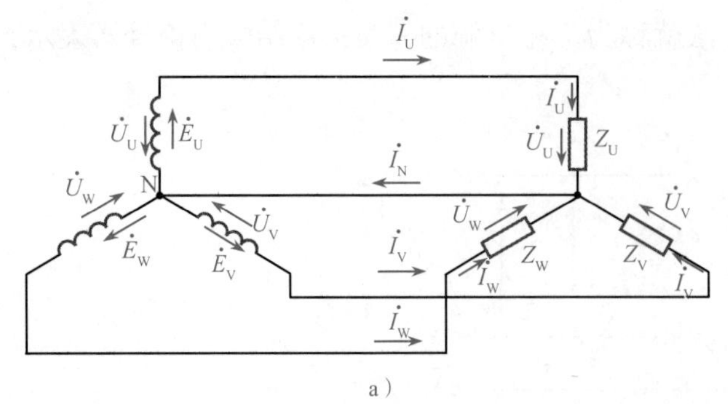

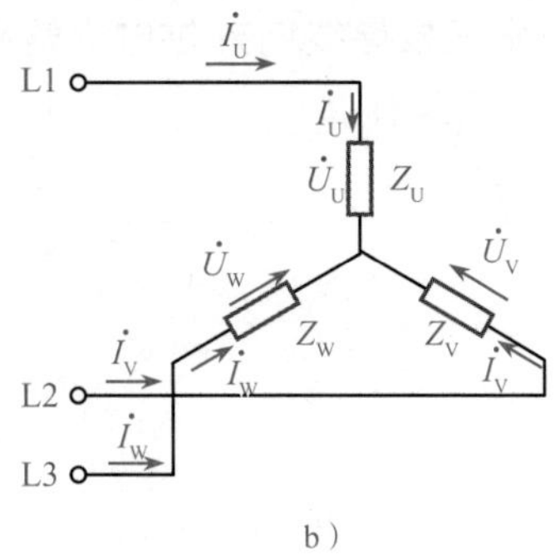

图 6-6　三相负载的星形联结

从图 6-6 中可知，若略去输电线上的电压降，则各相负载的相电压（即各相负载两端的电压）等于电源的相电压。电源的线电压等于负载相电压的$\sqrt{3}$倍，即

$$U_{\text{YL}}=\sqrt{3}\,U_{\text{YP}} \tag{6-7}$$

三相电路中，流过每根相线的电流称为线电流，用符号 I_{U}、I_{V}、I_{W} 表示，统记为 I_{L}，其方向由电源流向负载；流过每相负载的电流称为相电流，用符号 I_{u}、I_{v}、I_{w} 表示，统记为 I_{P}，其方向与相电压方向一致；流过中性线的电流称为中性线电流，用符号 I_{N} 表示，其方向由负载的中点流向电源的中点。由图 6-6a 可以看出，三相负载作星形联结时，电源的线电流等于负载相电流，即

$$I_{\text{YL}}=I_{\text{YP}} \tag{6-8}$$

三相电路中的每一相负载相当于单相电路，假设某相负载的阻抗为 Z_{P}，则相电流为

$$I_{\text{P}}=\frac{U_{\text{P}}}{Z_{\text{P}}} \tag{6-9}$$

由图 6-6a，根据基尔霍夫电流定律，可得

$$\dot{I}_{\text{N}}=\dot{I}_{\text{u}}+\dot{I}_{\text{v}}+\dot{I}_{\text{w}} \tag{6-10}$$

在三相对称电路中，由于各负载的阻抗相等，由式（6-9）可知，流过各相负载的电流皆相等，因每相负载间的相位差为 120°，其相量图如图 6-7 所示。

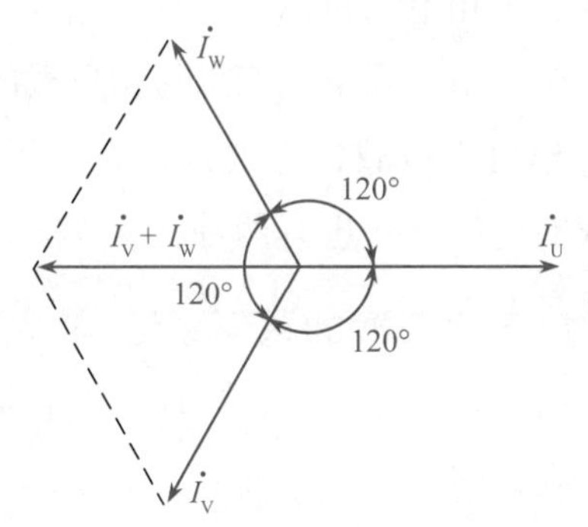

图 6-7　三相对称负载的三相电流相量图

由图 6-7 可知，$\dot{I}_{\text{N}}=\dot{I}_{\text{u}}+\dot{I}_{\text{v}}+\dot{I}_{\text{w}}=0$。即三相负载对称时，中性线电流为零，因此取消中性线也不会影响三相电路的工作，这时三相四线制就变成了三相三线制，如图 6-6b 所示。通常在

高压输电时，由于三相负载都是对称的三相变压器，所以采用三相三线制供电；如工厂中广泛使用的三相交流电动机、三相电炉等对称负载，也采用三相三线制供电。

当三相负载不对称时，各相电流的大小就不相等，相位差也不一定是 120° 了，因此，当中性线电流不等于零时，中性线绝不能断开，而必须采用三相四线制供电。

有中性线时，即使三相负载不对称，三相负载仍然工作在三相对称电压；无中性线时，不对称的各相负载电压的情况就变得复杂了。阻抗大的负载，其电压也大；阻抗小的负载，其电压也小。因此，若某相负载承受较高的电压值，可能造成该相负载烧坏；若某相负载承受较低的电压值，则该相负载就不能正常工作。如居民众多用户家中的电器同时烧坏，大部分是由于三相四线制的中性线出了问题。

综上所述，三相四线制中的中性线的作用是使星形联结的三相不对称负载的相电压保持相等。在三相四线制中，规定中性线上不允许安装开关和熔断器，有时中性线还采用钢芯导线来加强其机械强度，以免断开。另一方面，在连接三相负载时，应尽量使其平衡，以减小中性线电流。例如：在三相照明电路中，就应将照明的电灯平均分接在三相上，而不要全部集中接在某一相或两相上。

【例 6-1】星形联结的三相异步电动机接在线电压为 380V 的三相电源上，若三相异步电动机每相负载的电阻为 30Ω，感抗为 40Ω，求负载的相电压、相电流和线电流。

已知：$U_{\Upsilon L}=380\text{V}$，$R=30\Omega$，$X_L=40\Omega$。求：$U_{\Upsilon P}$、$I_{\Upsilon L}$、$I_{\Upsilon P}$。

【解】由 $Z=\sqrt{R^2+X_L^2}$ 可知

$$Z_P=\sqrt{R^2+X_L^2}=\sqrt{30^2+40^2}\ \Omega=50\Omega$$

因为在星形联结的三相负载中：$U_{\Upsilon L}=\sqrt{3}\,U_{\Upsilon P}$、$I_{\Upsilon L}=I_{\Upsilon P}$

所以

$$U_{\Upsilon P}=\frac{U_{\Upsilon L}}{\sqrt{3}}=\frac{380}{\sqrt{3}}\ \text{V}=220\text{V}$$

由 $I_P=\dfrac{U_P}{Z_P}$ 得

$$I_{\Upsilon L}=I_{\Upsilon P}=\frac{U_{\Upsilon P}}{Z_P}=\frac{220}{50}\ \text{A}=4.4\text{A}$$

6.2.2 三相负载的三角形联结

三相对称负载依次连接，形成闭合回路，并将三个连接点分别与三相电源的三根相线连接的方式，称为三相负载的三角形（△）联结，如图 6-8 所示。三相负载三角形联结时线电压、相电压、线电流、相电流的定义和正方向的规定与星形联结时相同。

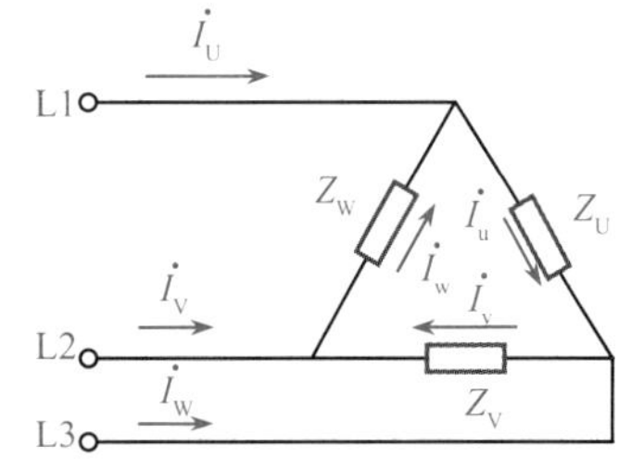

图 6-8　三相负载的三角形联结

从图 6-8 中可以看出，三相负载作三角形联结时，电源的线电压等于负载的相电压，即

$$U_{\triangle L}=U_{\triangle P} \tag{6-11}$$

线电流与相电流之间的关系，可根据基尔霍夫电流定律，求解步骤如下：

1）以 U 相为基准相量，三相相电流的相量分别为 $\dot{I}_u$、$\dot{I}_v$、$\dot{I}_w$。

2）根据基尔霍夫电流定律，线电流与相电流的相量关系为

$$\dot{I}_U=\dot{I}_u-\dot{I}_w=\dot{I}_u+(-\dot{I}_w)$$

$$\dot{I}_V=\dot{I}_v-\dot{I}_u=\dot{I}_v+(-\dot{I}_u)$$

$$\dot{I}_W=\dot{I}_w-\dot{I}_v=\dot{I}_w+(-\dot{I}_v)$$

利用平行四边形法则，线电流 $\dot{I}_U$、$\dot{I}_V$、$\dot{I}_W$ 的相量关系如图 6-9 所示。

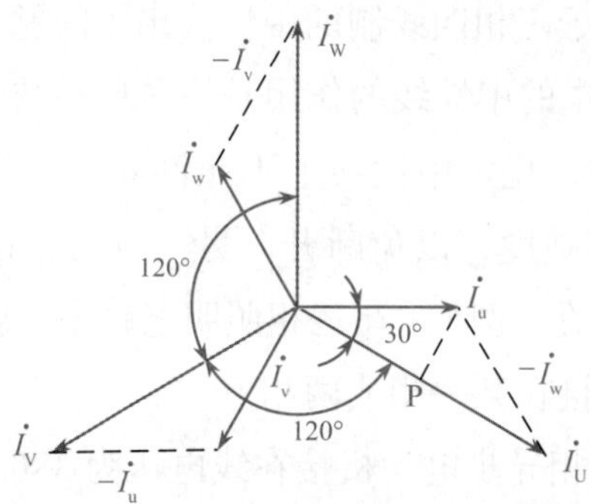

图 6-9　三相对称负载作三角形联结时线电流和相电流的相量图

由相量图可知：当三相相电流对称时，其三相线电流也是对称的（即大小相等、频率相同、相位互差 120°），并且线电流的相位滞后与之对应的相电流 30°。

由相量图，其相位关系为

$$\cos 30° = \frac{\frac{1}{2}I_U}{I_u}$$

$$I_U=\sqrt{3}\,I_u$$

由上式可知，对称的三相负载作三角形联结时，线电流等于相电流的$\sqrt{3}$倍，即

$$I_{\triangle L}=\sqrt{3}\,I_{\triangle P} \tag{6-12}$$

三相负载既可以作星形联结，也可以作三角形联结。具体的联结方式，应根据负载的额定电压和电源电压的数值而定，务必使每相负载所承受的电压等于其额定电压。例如：对线电压为 380V 的三相电源，当每相负载的额定电压为 220V 时，该三相负载应接成星形；当每相负载的额定电压为 380V 时，该三相负载应接成三角形。

6.3 三相负载功率的计算

在三相电路中，设三相负载的相电压分别为 U_U、U_V、U_W，相电流分别为 I_u、I_v、

I_w，各相的功率因数分别为 $\cos\varphi_u$、$\cos\varphi_v$、$\cos\varphi_w$，则各相负载的有功功率为

$$P_U=I_u U_U\cos\varphi_u$$

$$P_V=I_v U_V\cos\varphi_v$$

$$P_W=I_w U_W\cos\varphi_w$$

三相负载总的有功功率为

$$P=P_U+P_V+P_W=I_uU_U\cos\varphi_u+I_vU_V\cos\varphi_v+I_wU_W\cos\varphi_w$$

在对称三相电路中，无论负载是星形联结还是三角形联结，由于各相负载阻抗相等、各相电压大小相等、各相电流也相等，所以三相功率为

$$P=P_U+P_V+P_W=3P_U=3I_PU_P\cos\varphi=\sqrt{3}I_LU_L\cos\varphi \qquad (6\text{-}13)$$

式中，φ 为三相对称负载中任意一相中的相电压与相电流之间的相位差，$\cos\varphi$ 称为三相对称负载的功率因数。

注意

式（6-13）中的 φ 为负载相电压与相电流之间的相位差，而不是线电压与线电流之间的相位差。另外，负载作三角形联结时的线电流和线电压并不等于作星形联结时的线电流和线电压。

同理，对称三相电路的无功功率为

$$Q=3I_PU_P\sin\varphi=\sqrt{3}I_LU_L\sin\varphi \qquad (6\text{-}14)$$

对称三相电路的视在功率为

$$S=3I_PU_P=\sqrt{3}I_LU_L \qquad (6\text{-}15)$$

【例 6-2】 有一三相对称负载，每相负载的电阻为 3Ω，电抗为 4Ω，接到线电压为 380V 的三相电源中，试分别计算该负载作星形联结和作三角形联结时的相电流、线电流及有功功率，并做比较。

已知：$U_L=380\text{V}$，$R=3\Omega$，$X=4\Omega$。求：I_{YP}、I_{YL}、$I_{\triangle P}$、$I_{\triangle L}$、P_Y、$P_\triangle$。

【解】由 $Z=\sqrt{R^2+X^2}$ 可知

$$Z_P=\sqrt{R^2+X^2}=\sqrt{3^2+4^2}\ \Omega=5\Omega$$

由 $\cos\varphi=\dfrac{R}{Z}$ 得

$$\cos\varphi=\frac{3}{5}=0.6$$

（1）负载作星形联结时：

由 $U_{YL}=\sqrt{3}U_{YP}$ 可知

$$U_{\curlyvee P}=\frac{U_L}{\sqrt{3}}=\frac{380}{\sqrt{3}}\text{V}\approx 220\text{V}$$

则由 $I_P=\dfrac{U_P}{Z_P}$得

$$I_{\curlyvee P}=\frac{220}{5}\text{A}=44\text{A}=I_{\curlyvee L}$$

由 $P=3I_PU_P\cos\varphi$ 得

$$P_{\curlyvee}=3\times 44\times 220\times 0.6\text{W}=17\ 424\text{W}$$

（2）负载作三角形联结时：

由 $U_{\triangle L}=U_{\triangle P}$ 得

$$U_{\triangle P}=U_L=380\text{V}$$

由 $I_P=\dfrac{U_P}{Z_P}$得

$$I_{\triangle P}=\frac{380}{5}\text{A}=76\text{A}$$

由 $I_{\triangle L}=\sqrt{3}\,I_{\triangle P}$ 可知

$$I_{\triangle L}=\sqrt{3}\times 76\text{A}\approx 132\text{A}$$

由 $P=\sqrt{3}\,I_LU_L\cos\varphi$ 得

$$P_{\triangle}=\sqrt{3}\times 132\times 380\times 0.6\text{W}\approx 52\ 126\text{W}$$

（3）两种联结方式的比较：

$$\frac{I_{\triangle P}}{I_{\curlyvee P}}=\frac{76}{44}\approx\sqrt{3}$$

$$\frac{I_{\triangle L}}{I_{\curlyvee L}}=\frac{132}{44}=3$$

$$\frac{P_{\triangle}}{P_{\curlyvee}}=\frac{52\ 126}{17\ 424}\approx 3$$

由以上例题可知，在相同的线电压下，三相负载作三角形联结的有功功率是作星形联结的有功功率的三倍。这是因为负载作三角形联结时的线电流是作星形联结时的线电流的三倍。对于无功功率和视在功率也有同样的结论。

第7章 用电技术

- 了解发电、输电和配电过程，以及电力供电的主要方式和特点。
- 了解供配电系统的基本组成。
- 了解节约用电的方法，树立节约能源的意识。
- 了解保护接地、保护接零的方法和漏电保护器的使用。

7.1 电力供电与节约用电

电能具有易于产生、传输、分配、控制和测量等优点，因此现代生活中电能在工农业生产和人们的日常生活中占有极为重要的地位。而电能的产生到电力的应用，都包含着一系列的变换、传输、保护和控制过程。

7.1.1 电力系统概述

电力工业发展初期，电能是直接在用户附近的发电站（或称发电厂）中生产的，各发电站孤立运行。随着工农业生产和城市的发展，电能的需要量迅速增加，而热能资源（如煤田）和水能资源丰富的地区又往往远离用电比较集中的城市和工矿区，为了解决这个矛盾，就需要在动力资源丰富的地区建立大型发电站，然后将电能远距离输送给电力用户。同时，为了提高供电可靠性以及资源利用的综合经济性，又把许多分散的各种形式的发电站，通过送电线路和变电所联系起来。这种由发电厂、电力网和用户组成的整体系统，称为电力系统。图 7-1 所示是电力系统示意图。

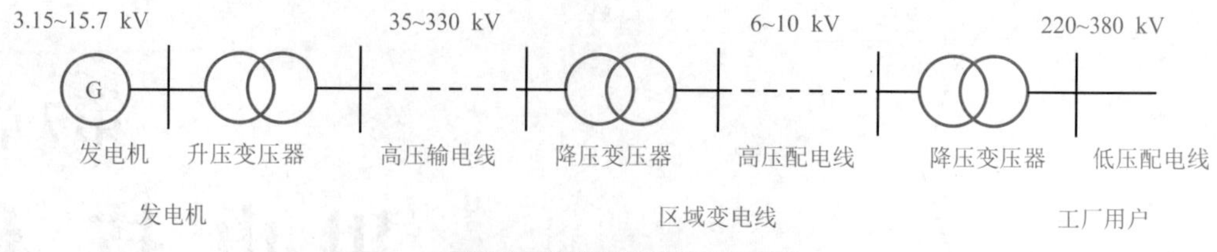

图 7-1 电力系统示意图

电力系统中，由升压和降压变电所和各种不同电压等级的送电线路连接在一起的部分，称为电力网，简称电网。

发电厂所生产的电能，除厂用电和直配线外，大部分由升压变压器升压后，再经高压线路输送给负荷中心。电压越高，输送的容量就越大，输送的距离也越远。目前我国远距离输电电压有3kV、6kV、10kV、35kV、63kV、110kV、220kV、330kV、500kV、750kV十个等级，国家电网公司正在实验1 000kV特高压交流输电。随着电力电子技术的发展，超高压远距离输电也已开始采用直流输电方式，其方法是将发电厂发出的三相交流电整流为直流电，然后远距离输送至终端后，再由电力电子器件将直流电逆变为三相交流电，供用户使用。例如：我国长江葛洲坝水电站的强大电力就是通过直流输电方式送到华东地区的。

10kV及其以下的电力线路称为配电线路。将额定电压为1kV以上电力线路称为“高压线路”，额定电压在1kV以下的电力线路称为“低压线路”。

电能输送到厂矿企业后，经企业总降压变电所降压，通过配电线路输送到各用电设备。根据用电设备对供电可靠性的要求将电力负荷分为三个等级。

1）一级负荷：供电中断将造成人身伤亡危险，或将造成重大政治影响，或造成重大设备损坏且难以修复，将给国民经济带来重大损失以及造成公共场所秩序严重混乱等。

2）二级负荷：停止供电会造成产品的大量减产、大量原材料报废，或将发生重大设备损坏事故，交通运输停顿，公共场所的正常秩序造成混乱等。

3）三级负荷：所有不属于一级及二级负荷的用电设备。

对于一级负荷应有两个独立电源供电，以保证不停电。对于二级负荷为了尽可能保证供电可靠、应由双回线路供电，当取得双回线路有困难时，允许由一回专用线路供电。对于三级负荷的供电方式无特殊要求。由于供电中断影响较小，可以不设置备用电源，但应在不增加投资的情况下，尽力提高供电的可靠性。

7.1.2 计划用电与节约用电

电能的生产与其他产品的生产不同。电能不能大量储存，瞬间生产的电能必须同一瞬间使用，即发电、供电、用电三个环节只能共同存在、共同发生作用。因此，搞好计划用电是电力工业经营管理部门保证电能安全生产和向用电单位正常供电的工作之一。

要做到安全、经济、合理用电，以提高社会和电业本身的经济效益。

从我国能源消耗的情况来看，70%以上消耗在工业部门。因此，计划用电的重点应放在工业。具体方法如下：

1）建立协调供电用电的秩序。

2）生产、经营单位实行避峰、错峰用电和轮休用电等措施。

3）严格控制高耗能电器的使用。

4）加强能源管理和节能降耗的工作。

我国是能源消费大国，节约能源是我国经济和社会发展的一项长远战略方针。节约用电，就是要不断地提高电能利用的技术水平，不白白浪费电能，让每kW·h的电能都发挥出最大的作用。

企业节约用电有以下主要途径：

1）加强工厂供用电系统和科学管理。

2）提高用电设备的效率。

①采用新技术和新材料，如采用红外加热技术、硅酸铝纤维保温、采用节能照明灯等。

②对用电设备进行技术性改造，逐步更新淘汰现有低效率的供、用电设备。

③改造现有工厂供配电系统，以降低线损。

3）合理地使用现有设备，提高用电的功率因数。

4）采用无功功率的补偿装置，提高设备的功率因数。

7.2 用电保护

由于电气设备的绝缘损坏或安装不合理等原因出现金属外壳带电的故障称为漏电。设备漏电时，会使接触设备的人体发生触电，还可能会导致设备的烧毁、电路短路等事故，必须采取一定的防范措施以确保安全。

7.2.1 保护接地

在供电系统中，将电气设备的金属外壳与接地体（埋入地下并直接与大地接触的金属导体）可靠连接称为保护接地。通常接地体为钢管或角铁，接地电阻应小于4Ω。

图7-2为保护接地原理图。当设备漏电，人体触及漏电设备时，相当于人体（电阻为R_b）与接地体（电阻为R_e）并联。由于人体电阻远远大于接地电阻（电阻为$R_b \gg R_e$），所以，漏电电流将经过接地体电阻R_e和线路漏电阻R_1形成回路，导致通过人体的电流非常微小。接地体电阻越小，人体承受的电压也越小，越安全。

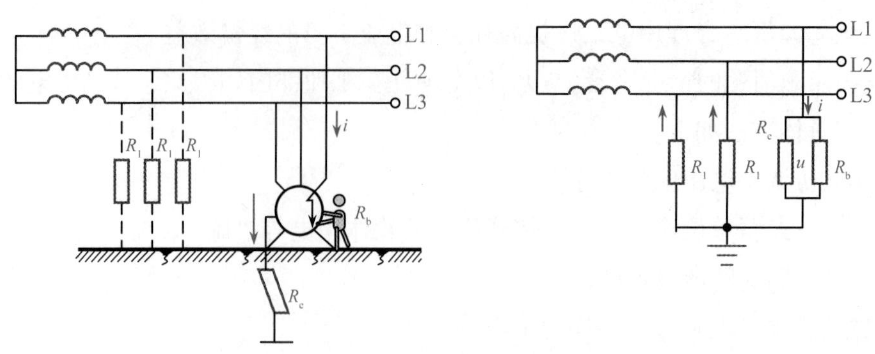

图 7-2 保护接地原理图

7.2.2 保护接零

在电源中性点已接地的三相四线制供电系统中，将电气设备的金属外壳与电源零线相连，这种方法称为保护接零，如图 7-3 所示。

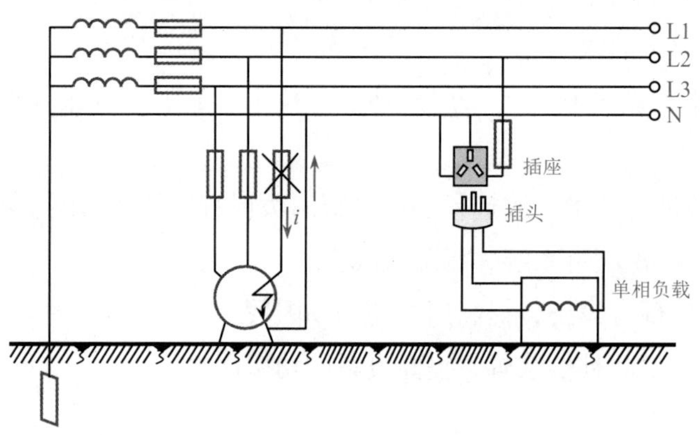

图 7-3 保护接零原理图

当设备的金属外壳接电源零线之后，若设备某相发生外壳漏电故障，就会通过设备外壳形成相线与零线的单相短路，其短路电流足以使该相熔断器熔断，从而切断了故障设备的电源，确保了安全。

当采用保护接零时，电源零线决不允许断开，否则保护失效。因此，除了电源零线上不允许安装开关、熔断器外，在实际应用中，用户端往往将电源零线再重复接地，以防零线断开。重复接地电阻一般小于 10Ω。

对于单相用电设备，一般采用三脚插头和三眼插座，其中一个孔为接零保护线，对应的插头上的插脚稍长于另外两个电源插脚。

7.2.3 漏电保护器

漏电保护器的作用：一是在电气设备（或线路）发生漏电或接地故障时，能在人尚未触及之前就把电源切断；二是当人体触及带电体时，能在 0.1s 内切断电源，从而减轻电流对人体的伤害。

在技术上，漏电保护器用以对低压电网直接触电和间接触电进行有效保护，也可作为三相电动机的断相保护。它有单相的，也有三相的。

根据工作原理可分为电压型、电流型和脉动型三种类型。目前应用广泛的是电流型漏电保护器，如图 7-4 所示。

电子式电流型漏电保护器的保护原理是：当发生漏电故障或触电事故时，电流继电器将漏（触）电信号传给电子放大器，经放大后再给漏电脱扣器，使主开关断开，切断故障电路，以达到保护作用，如图 7-5 所示。

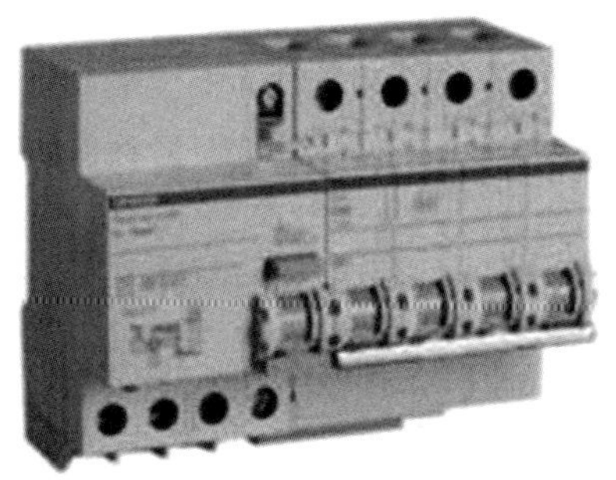

图 7-4 电流型漏电保护器的外形

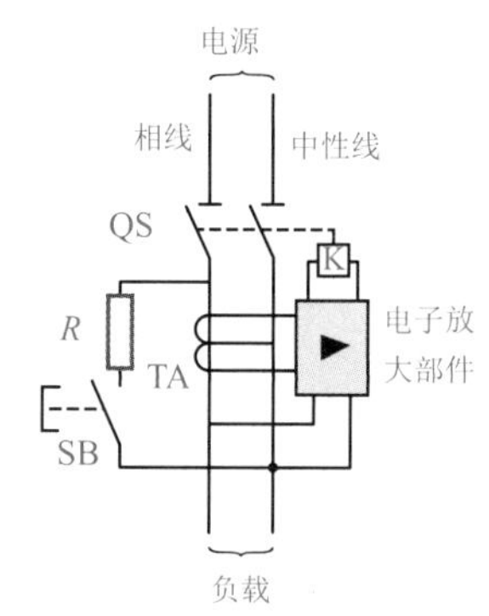

图 7-5 漏电保护器原理图

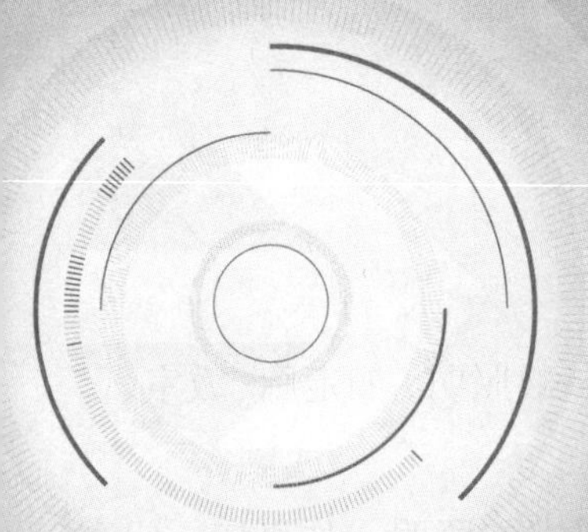

第8章 常用电器

学习目标

- 了解常用的照明光源，掌握白炽灯照明电路和荧光灯照明电路的组成及工作原理。
- 了解变压器的基本结构、额定值及用途，理解变压器的工作原理。
- 了解三相笼型交流异步电动机的基本结构、工作原理和铭牌含义。
- 了解直流电动机的分类、基本结构、工作原理和使用方法。
- 了解常用低压电器的结构、工作原理及应用场合，会根据工作场所合理选用。

8.1 常用照明灯具

8.1.1 照明的概念

1. 电气照明

电气照明在工农业生产和日常生活中占有重要地位。电气照明的重要组成部分是电光源（即照明灯泡）和灯具。照明装置是由电光源、灯具、开关和控制电路等组成。其组成的电路称为照明电路；在照明电路中，用来控制负载运行并进行电路保护的电器称为照明电器。

电光源按发光原理，可分为热辐射光源和气体放电光源两大类，热辐射光源是利用物体受热时辐射发光的原理制造的光源，如白炽灯、卤素灯（碘钨灯和溴碘钨灯）等；气体放电光源是通过气体放电时发光的原理制造的光源，如荧光灯、高压汞灯、高压钠灯和金属卤化物灯等。

常用的照明灯具有白炽灯和荧光灯两大类。

2. 照明的分类

根据实际需要，照明可分为以下三种：

1）一般照明。照度基本均匀分布、无特殊要求的照明称为一般照明，如走廊、教室、办公室等均属于一般照明。

2）局部照明。一般只局限于某工作部位、对光线有方向要求的照明，如机床、钳工台、写字台等工作台灯属于局部照明。

3）混合照明。由一般照明和局部照明共同组成的照明称为混合照明，如对一般金工车间，既要求有对车间大面积均匀布光，又要求有对生产机械进行局部照明。

电气照明应注意以下几点：

①应使各种场合下的工业照度达到规定的标准。

②空间亮度应合理分布。

③照明灯应实用、经济、安全、便于施工和维修，并使照明灯的光色、灯具外形结构与建筑物相协调。

8.1.2 白炽灯照明电路

1. 白炽灯的分类

白炽灯也称为灯泡，是利用电流流过高熔点钨丝后，使之发热而发光的电光源。白炽灯泡分插口式和螺口式两种，其结构如图 8-1 所示。

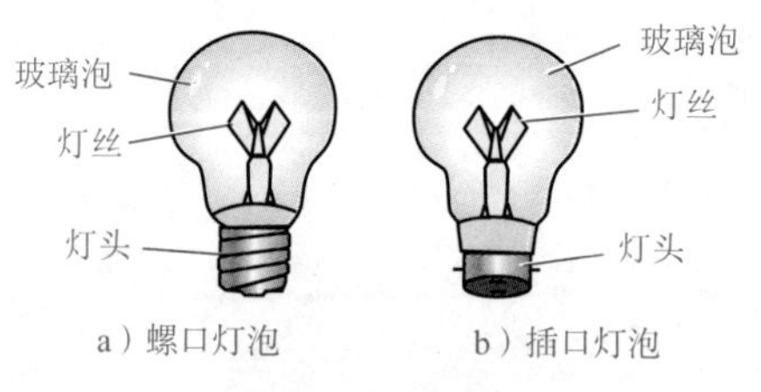

图 8-1 白炽灯

白炽灯的规格以功率标称，由 15W 到 1 500W 不等，其发光效率较低，寿命约为 1 000h。

2. 白炽灯的常用基本电路

白炽灯照明电路比较简单，只要将白炽灯与开关串联到电源上即可。照明电路的电源一般都是来自供电系统的低压配电线路上的一根相线和一根零线（中性线），为 220V、50Hz 的正弦交流电，白炽灯的常用基本电路如图 8-2 所示。

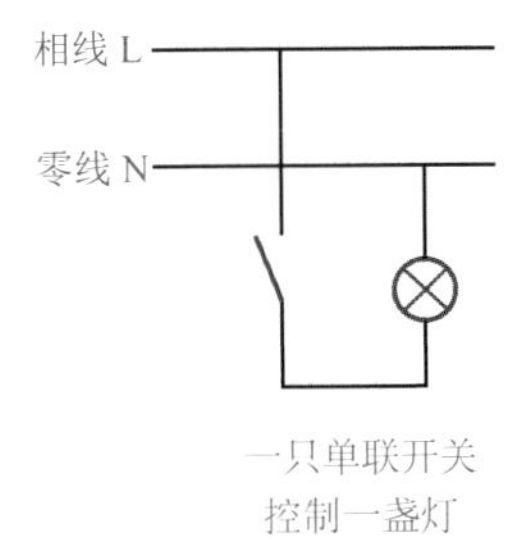

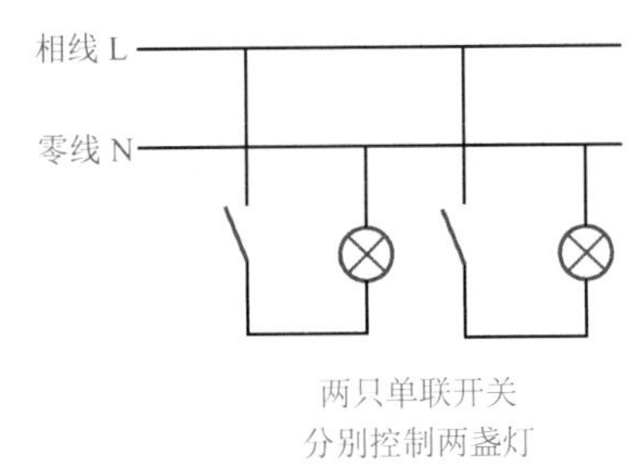

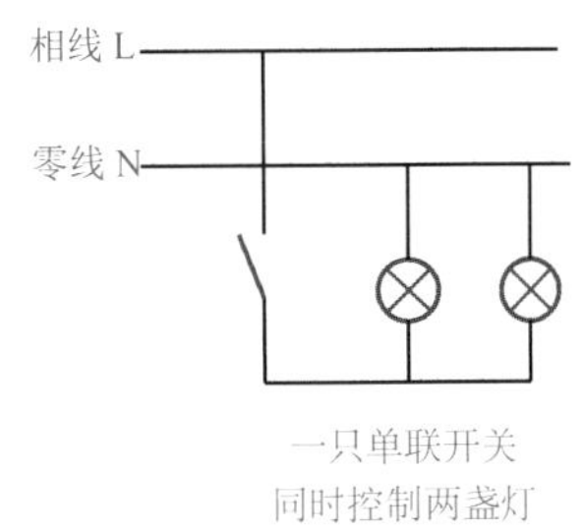

图 8-2 白炽灯的常用基本电路

安装白炽灯的关键是灯座、开关要串联，相线进开关，零线（中性线）进灯座。

除以上常用照明电路外，还有两地开关控制一盏灯电路（或两盏灯），这种电路广泛应用于楼梯、走廊、家庭客厅或厨房。这种电路主要是两个双联开关控制一盏灯，其原理图和接线图如图 8-3 所示。

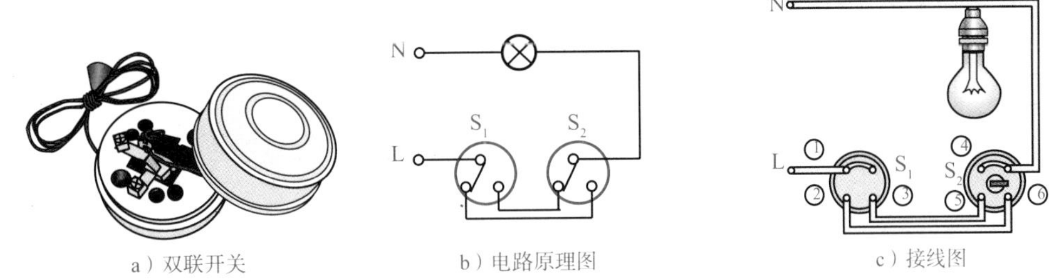

图 8-3 两地开关控制一盏灯电路

8.1.3 荧光灯照明电路

1. 荧光灯照明电路的组成

荧光灯是一种发光效率较高的气体放电光源，光色近似日光，是应用较为普遍的一种照明灯具。它具有照度大、耐用省电、光线散布均匀、灯管表面温度低、使用寿命是白炽灯的 3 倍左右等优点。它由灯管、辉光启动器、镇流器、灯架和灯座等组成，如图 8-4 所示。

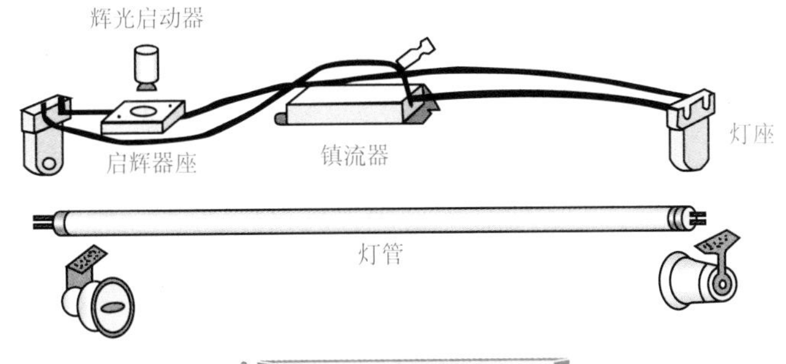

图 8-4 荧光灯的组成

（1）灯管

灯管由玻璃管、灯丝和灯头等组成，灯管内充有少量汞（水银）和惰性气体，管壁内涂有荧光粉。常用的规格有 6W、8W、12W、15W、20W、30W、40W 等。常用的荧光灯管的基本结构如图 8-5 所示。

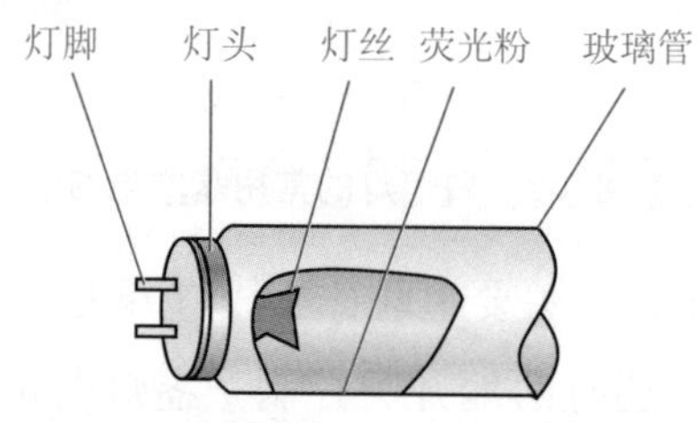

图 8-5　荧光灯管的基本结构

（2）辉光启动器

辉光启动器又叫作启辉器、跳泡。它是由氖泡、小电容、出线脚和外壳构成。氖泡内装有动触片（U 形双金属片）和静触片。

（3）镇流器

镇流器主要由铁芯和电感线圈组成。其主要作用有两个：一是与辉光启动器配合用来启动荧光灯；另一是在荧光灯被点亮后限制灯管的电流。品种有开启式、半封闭式、封闭式三种。规格需与灯管瓦数配合使用。镇流器的结构如图 8-6 所示。

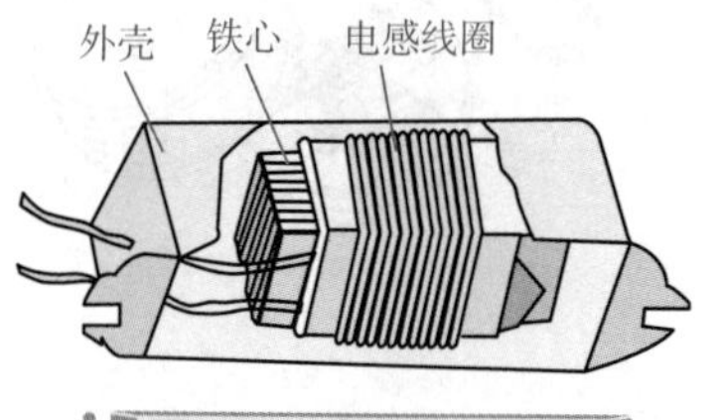

图 8-6　镇流器的结构

（4）灯架

灯架有木制和铁制两种。规格配合灯管长度选用。

（5）灯座

灯座分弹簧式（插入式）和开启式两种。规格与灯架和灯管配合使用。

2. 荧光灯照明电路的常见故障及检修

（1）荧光灯不发光

故障原因：可能是接触不良、辉光启动器损坏或荧光灯灯丝已断、镇流器开路等引起。

处理方法：如属接触不良时，可转动灯管、压紧灯管与灯座之间的接触；如属辉光启动器损坏，可取下辉光启动器用一根导线的两金属头同时接触辉光启动器座的两弹簧片，待取开后荧光灯应发亮，这说明辉光启动器已损坏，应更换辉光启动器；如荧光灯灯丝已断、镇流器开路，可用万用表检查通断的情况，再根据检查情况进行更换或修理。

（2）灯管两端发光但不能正常工作

故障原因：可能是辉光启动器损坏、电压过低、灯管陈旧或气温过低引起。

处理方法：更换辉光启动器或陈旧的灯管；若电压过低则无须处理，只待电压正常后即可正常工作；若气温过低时，可加保护罩提高温度。

（3）灯光闪烁

故障原因：新灯管属质量不好或旧灯管属灯管陈旧等引起。

处理方法：更换灯管。

（4）灯管亮度降低

故障原因：灯管陈旧（灯管发黄或两端发黑）、电压偏低等引起。

处理方法：更换灯管；若电压偏低则无须处理。

（5）灯管发光后在管内旋转或灯管内两端出现黑斑

故障原因：光在管内旋转是某些新灯管出现的暂时现象，灯管内两端出现黑斑是管内水银凝结造成的。

处理方法：若灯管发光后在管内旋转，则开关几次后即可消失；灯管内两端出现黑斑，启动后可以蒸发消除。

（6）荧光灯工作时噪声大

故障原因：镇流器质量较差、硅钢片振动等造成。

处理方法：更换镇流器。

（7）镇流器过热、冒烟

故障原因：镇流器内部线圈匝间短路或散热不好。

处理方法：更换镇流器。

（8）合上荧光灯开关，灯管闪亮后立即熄灭

故障原因：镇流器内部匝间短路。

处理方法：更换镇流器。

8.1.4 节能新型电光源及其应用

城市道路、公共场所和工厂车间照明系统的电光源数量多、功率大、照明时间长，是实施照明节电的重点。从节能的角度来看，几种常用的电光源说明如下。

1. 金属卤化物灯

金属卤化物灯的特点是寿命长、光效高、显色性好，主要用于工业照明、城市亮化工程照明、商业照明、体育场馆照明及道路照明等。

2. 陶瓷金属卤化物灯

陶瓷金属卤化物灯的性能优于一般金属卤化物灯，主要用于商场、橱窗、重点展示及商业街道照明等。

3. 高频无极灯

高频无极灯的特点是超长寿命（40 000~80 000h）、无电极、瞬间启动和再启动、

无频闪、显色性好，主要用于公共建筑、商店、隧道、步行街、高杆路灯、保安和安全照明及其他室外照明等。

4. 发光二极管——LED

LED 是电致发光的固体半导体光源，其特点是高亮度点光源、可辐射各种色光和白光、0~100% 光输出（电子调光）、寿命长、耐冲击和防振动、无紫外（UV）和红外（IR）辐射、低电压下工作（安全）。主要用于交通信号灯、高速道路分界照明、道路护栏照明、汽车尾灯、出口和入口指示灯、桥体或建筑物轮廓照明、家庭照明及装饰照明等。

8.2 变压器

8.2.1 变压器的结构、分类与额定值

1. 变压器的用途

变压器是一种将交流电压升高或降低，并且保持电源频率不变的静止电气设备。变压器的主要功能有：①变电压，如电力变压器；②变电流，如电流互感器；③变阻抗，如电子线路中阻抗匹配的输出变压器。

发电厂要把大量的电能输送到远处的用电地区，就必须用升压变压器把电压升高，以降低线路上的损耗；在用电地区，又必须用降压变压器把电压降低，以适应各种用电设备和安全用电的需要。所以变压器是输配电、电工测量和电子技术等方面不可缺少的、重要的电气设备。

变压器的图形符号为 ，文字符号为“T”。

2. 变压器的分类

变压器常用的分类可归纳为表 8-1 所示。

表 8-1　变压器的分类

分类方法	变压器名称	说明
按用途分类	电力变压器	用于输配电系统作为升压或降压的设备
	仪表用变压器	如电压互感器、电流互感器，用于测量仪表和继电保护装置
	特殊用途变压器	如冶炼用的电炉变压器、电解用的整流变压器、焊接用的电焊变压器等
	控制和电源变压器	如用于电子电路和自动控制系统中的小功率电源变压器、控制变压器和脉冲变压器等
按相数分类	单相变压器	用于单相负荷和三相变压器组
	三相变压器	用于三相系统的升降电压
按绕组数分类	自耦变压器	低压边绕组是高压边绕组的一部分，常用在电压变化不大的系统中
	双绕组变压器	这是变压器绕组的基本形式，广泛应用于两个电压等级的电力系统中
按铁心形式分类	有心式变压器和壳式变压器两种	

（续）

分类方法	变压器名称	说明
按冷却方式分类	油浸式变压器	靠绝缘油进行冷却
	干式变压器	依靠辐射和空气对流进行冷却，一般容量较小
	充气式变压器	变压器的器身放在封闭的铁箱内，箱内充以绝缘性能好、传递快的化学气体

3. 变压器的基本结构

变压器的基本部件是铁心和绕组，大型变压器还有油箱及其他附件，如图 8-7 所示。

（1）变压器的铁心

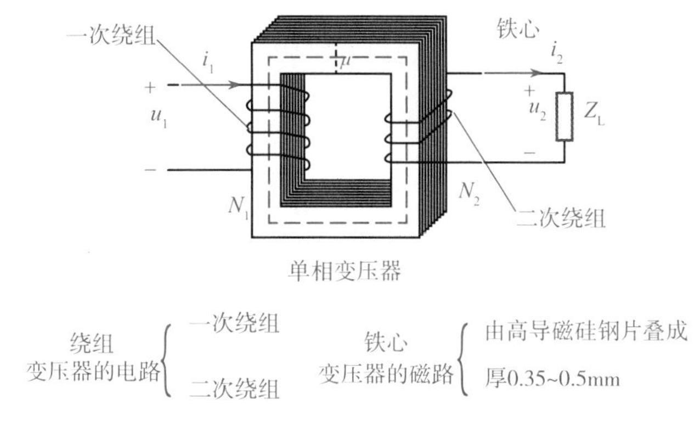

图 8-7 变压器的结构

铁心主要用于构成变压器的磁路和支撑变压器的绕组。铁心分铁心柱和铁轭两部分，铁心柱上套装绕组，铁轭使整个磁路构成闭合回路。为了减少铁心中的涡流损耗，铁心一般用高导磁率的硅钢片叠成，分热轧和冷轧两种，其厚度为 0.35 ~ 0.5mm。硅钢片的两面涂以绝缘漆，以使片与片之间绝缘。

（2）绕组

绕组在变压器中常称为线圈，是变压器的重要组成部分，一般用有绝缘的铜导线或铝导线绕制而成。

8.2.2 变压器的工作原理

图 8-8 所示是单相变压器的原理图，为了分析方便，规定与一次侧（旧称为初级）有关的各量，在其符号的右下角均标注 1，如 e_1、u_1、U_1、I_1、N_1、P_1 等，规定与二次侧（旧称次级）有关的各量，在其符号的右下角均标注 2，如 e_2、u_2、U_2、I_2、N_2、P_2 等。

当变压器一次侧接入交流电源后，在一次侧绕组中就有交流电流通过，于是在铁心中产生交变磁通，称为主磁通。主磁通集中在铁心中，极少一部分在绕组外闭合，称为漏磁通，为讨论问题方便可忽略不计。所以，可认为一次侧、二次侧绕组同受主磁通作用。根据电磁感应定律，一次侧、二次侧绕组都将产生感应电动势。如果二次侧接有负载构成闭合回路，就有感应电流流过负载。

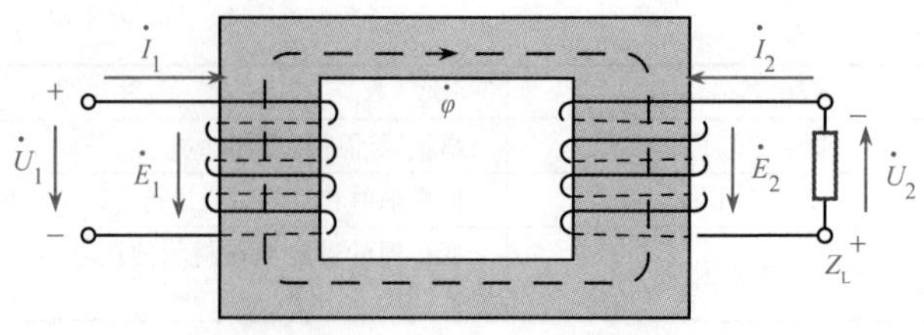

图 8-8　变压器的工作原理

（1）变压原理

设一次侧、二次侧绕组的匝数分别为 N_1、N_2。两个绕组中产生的感应电动势分别为 e_1、e_2。若主磁通随时间的变化率为 $\frac{\Delta\varphi}{\Delta t}$，依电磁感应定律可得

$$e_1=-N_1\frac{\Delta\varphi}{\Delta t}$$

$$e_2=-N_2\frac{\Delta\varphi}{\Delta t}$$

又因感应电动势与感应电压反相，所以

$$u_1=e_1=-N_1\frac{\Delta\varphi}{\Delta t}$$

$$u_2=e_2=-N_2\frac{\Delta\varphi}{\Delta t}$$

如不考虑相位关系，则有效值之间的关系为

$$\frac{U_1}{U_2}=\frac{N_1}{N_2}=n \tag{8-1}$$

式中，U_1 为一次侧交流电压的有效值；U_2 为二次侧交流电压的有效值；N_1 为一次侧绕组的匝数；N_2 为二次侧绕组的匝数；n 为一次侧、二次侧的电压比或匝数比。

由式（8-1）可知，变压器一次侧、二次侧绕组的电压比等于匝数比 n。当 $n>1$ 时，$N_1>N_2$，$U_1>U_2$，称为降压变压器；当 $n<1$ 时，$N_1<N_2$，$U_1<U_2$，称为升压变压器。

（2）变流原理

变压器在变压过程中只起能量传递的作用，无论变换后的电压是升高还是降低，电能都不会增加。根据能量守恒定律，在忽略损耗时，变压器的输出功率 P_2 应与变压器从电源中获得的功率 P_1 相等，即 $P_1=P_2$。

$$I_1U_1=I_2U_2 \text{ 或 } \frac{I_1}{I_2}=\frac{U_2}{U_1}=\frac{N_2}{N_1}=\frac{1}{n} \tag{8-2}$$

式（8-2）说明，变压器工作时，其一次侧、二次侧绕组的电流比与一次侧、二次侧绕组的电压比或匝数比成反比，而且一次侧的电流随着二次侧电流的变化而变化。

（3）阻抗变换原理

变压器除能改变交变电压、电流的大小外，还能变换交流阻抗，这在电信工作中有

着广泛的应用。

如图8-9所示，若把这个带负载的变压器看成是一个新的负载并以 R'_{fz} 表示，则对于无损耗的变压器来说，其一、二次功率相等，即

$$I_1^2R'_{fz}=I_2^2R_{fz}$$

将公式 $I_1=\frac{N_2}{N_1}I_2$ 代入 $I_1^2R'_{fz}=I_2^2R_{fz}$ 得

$$R'_{fz}=\left(\frac{N_1}{N_2}\right)^2R_{fz}=n^2R_{fz}$$

上式说明，负载 R'_{fz} 接在变压器的二次侧上，从电源中获取的功率和负载 $R'_{fz}=n^2R_{fz}$，直接接在电源上所获取的功率是完全相同的。另外，变压器一次侧交流等效电阻 R'_{fz} 的大小，不但与变压器二次侧的负载 R_{fz} 成正比，而且与变压器的电压比 n 的二次方成正比，即

$$n=\sqrt{\frac{R'_{fz}}{R_{fz}}} \tag{8-3}$$

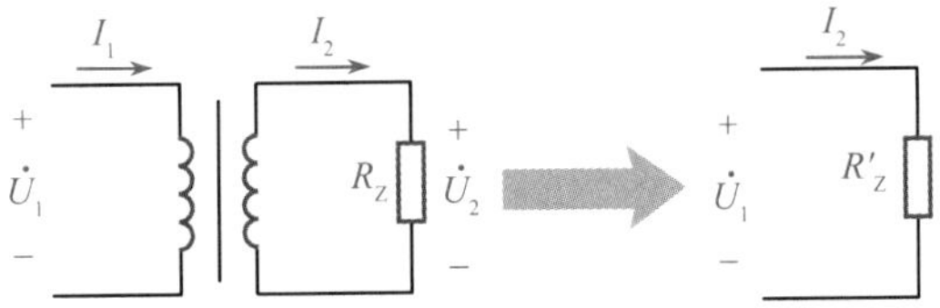

图8-9 变压器的阻抗变换作用

【例8-1】有一台降压变压器，一次绕组电压为220 V，二次绕组电压为110 V，一次绕组为2 200匝，若二次绕组接入阻抗值为10Ω 的阻抗，问变压器的电压比、二次绕组匝数、一次和二次绕组中的电流各为多少?

【解】

$$n=\frac{U_1}{U_2}=\frac{220}{110}=2$$

$$N_2=\frac{N_1U_2}{U_1}=\frac{2\,200\times110}{220}=1\,100\text{（匝）}$$

$$I_2=\frac{U_2}{|Z_L|}=\frac{110}{10}\text{A}=11\text{A}$$

$$I_1=\frac{N_2}{N_1}I_2=\frac{1\,100}{2\,200}\times11\text{A}=5.5\text{A}$$

【例8-2】如图8-10所示，交流信号源的电动势 E=120V，内阻 R_0=800Ω，负载为扬声器，其等效电阻为 R_L=8Ω。

（1）当 R_L 折算到一次侧的等效电阻时，求变压器的匝数比和信号源输出的功率；

（2）当将负载直接与信号源连接时，信号源输出多大功率？

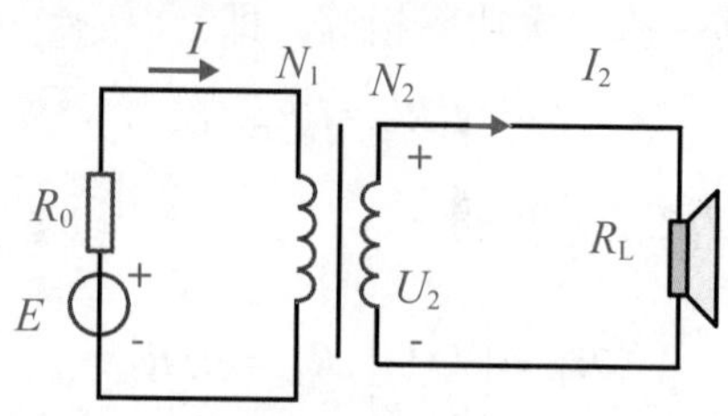

图 8-10 例 8-2 电路图

【解】（1）变压器的匝数比为 $n=\dfrac{N_1}{N_2}=\sqrt{\dfrac{R'_L}{R_L}}=\sqrt{\dfrac{800}{8}}=10$

信号源的输出功率为 $P=\left(\dfrac{E}{R_0+R'_L}\right)^2\times R'_L=\left(\dfrac{120}{800+800}\right)^2\times 800\text{W}=4.5\text{W}$

（2）将负载直接接到信号源上时，输出功率为

$$P=\left(\frac{E}{R_0+R_L}\right)^2 R_L=\left(\frac{120}{800+8}\right)^2\times 8\text{W}=0.176\text{W}$$

结论：接入变压器以后，输出功率大大提高。因此在电子电路中，常利用阻抗匹配实现最大输出功率。

8.2.3 变压器的功率和效率

1. 变压器的功率

变压器的额定容量，即表示变压器允许传递的最大功率。一般用视在功率来表示，即 S_N。单位为瓦或千瓦。

单相变压器：$S_N=U_{2N}I_{2N}\approx U_{1N}I_{1N}$ （8-4）

三相变压器：$S_N=\sqrt{3}\,U_{2N}I_{2N}\approx\sqrt{3}\,U_{1N}I_{1N}$ （8-5）

2. 变压器的功率损耗

变压器的功率损耗包括铁损耗和铜损耗两部分。

1）铁损耗：是指变压器铁心中的磁滞损耗和涡流损耗。当外加电压与工作磁通一定时，铁损耗也是一定的，因此铁损耗为固定损耗。

2）铜损耗：电流通过绕组时，在线圈电阻上产生的功率损耗。铜损耗的大小随通过绕组的电流变化而变化，因此铜损耗为可变损耗。

3. 变压器的效率

变压器的效率定义为变压器的输出功率 P_2 与输入功率 P_1 的比值，即

$$\eta = \frac{P_2}{P_1} \times 100\% \tag{8-6}$$

由于变压器是静止电器，没有机械传动所带来的动能损耗，只有较少的铁损耗和铜损耗，故它的效率比较高。一般供电变压器的效率都在 95% 左右，大型变压器的效率可达 98% 以上。

※8.2.4 常用变压器简介

1. 单相照明变压器

单相照明变压器是一种最常见的变压器，如图 8-11 所示。它是由铁心和两个相互绝缘的线圈构成，一般为壳式。通常用来为车间或工厂内部的局部照明灯具提供安全电压，以确保人身安全。这种变压器的一次额定电压有 220V 和 380V 两种，二次电压多为 36V 或 24V。在特殊危险场合使用时，二次电压多为 24V 或 12V。有的变压器二次电压为 6V 左右，专供指示灯用。

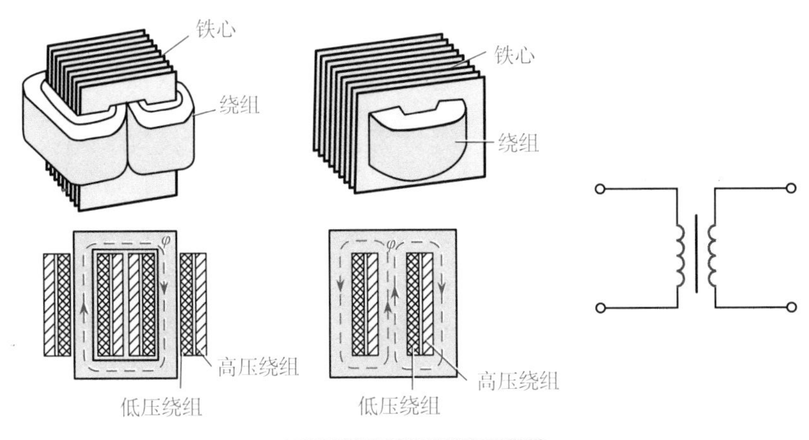

图 8-11　单相变压器

2. 三相电力变压器

在现代的电力系统中，普遍采用三相变压器供电，所谓三相变压器实质上就是三个容量相同的单相变压器的组合。但真正的三相变压器不但体积要比容量相同的单相变压器小，而且重量轻、成本低。如图 8-12 所示，根据电力网的线电压和各个一次绕组额定电压的大小，可把三个一次绕组接成星形或三角形。根据供电需要，它们的二次绕组也可接成上述形式。

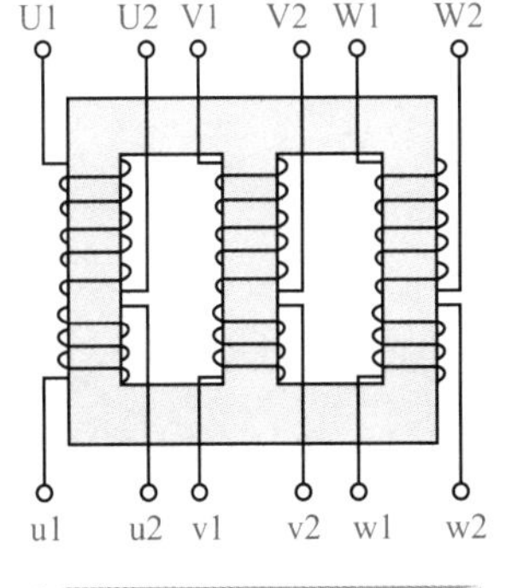

图 8-12　三相变压器

三相变压器的铁心具有三个铁心柱，在每个铁心柱上各装有一个一次绕组和一个二次绕组。各相高压绕组的始、末端分别用 U1、V1、W1 和 U2、V2、W2 表示，低压绕组的始、末端分别用 u1、v1、w1 和 u2、v2、w2 表示。三相电力变压器绕组的接法，常用的有三种：Y/Y_0、Y/△、Y_0/△。分子表示三相高压绕组的接法，分母表示三相低压绕组的接法。一般容量不大的而需要中性线的变压器，多采用 Y/Y_0 联结，其中 Y 表示高压绕组作 Y 联结但无中性线，Y_0 表示低压绕组作 Y_0 联结并有中性线。

3. 自耦变压器

自耦变压器的一、二次绕组合二为一，二次绕组成为一次绕组的一部分，这种变压器称为自耦变压器，如图 8-13 所示。可见自耦变压器的一、二次绕组之间除了有磁的耦合外，还有电的直接联系。

图 8-13　自耦变压器

如果把自耦变压器的抽头做成滑动触点，就构成输出电压可调的自耦变压器，称为自耦调压器。常用的单相调压器，一次绕组输入电压 U_1=220V，二次绕组输入电压 U_2=0 ~ 250V，使用时，改变滑动端的位置，便可得到不同的输出电压。实训室中用的调压器就是根据此原理制作的。注意：一次侧、二次侧千万不能对调使用，以防变压器损坏。

自耦变压器的优点为结构简单、节省材料、体积小、成本低。其缺点为因一次、二次绕组之间有电联系，接线不正确时安全隐患大。图 8-14 所示为自耦变压器给携带式安全照明灯提供 12V 的工作电压，因为 U2 点接地，此时连接安全照明灯的每根导线对地的电压都是 200V 以上，这对持灯人极不安全。

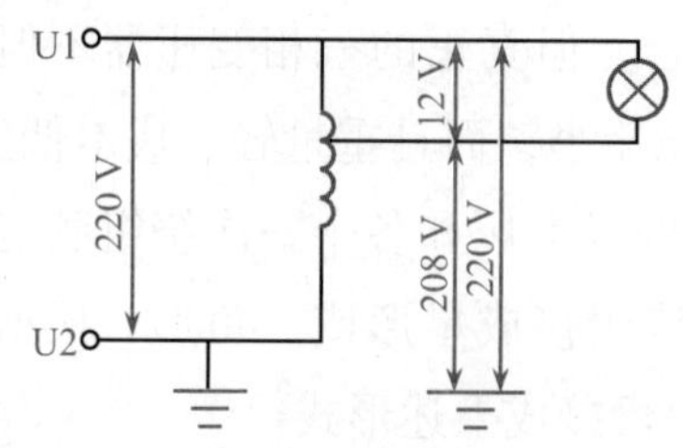

图 8-14　自耦变压器使用时不安全状况

4. 仪用互感器

专供测量仪表使用的变压器称为仪用互感器，简称互感器。根据用途不同，互感器

可分为电压互感器和电流互感器两种。

（1）电压互感器

电压互感器的结构和工作原理与普通变压器空载情况相似。使用时，必须把匝数较多的高压绕组跨接在被测的高压电路上，而匝数较少的低压绕组则与电压表、电压继电器或其他仪表的电压线圈相连接。电压互感器的接线图如图 8-15 所示。

电压互感器 $N_2 < N_1$，可将线路上的高电压变为低电压来测量。通常规定电压互感器二次侧绕组的额定电压设计成标准值 100V。被测电压的大小等于二次侧电压表的读数与电压比的乘积。

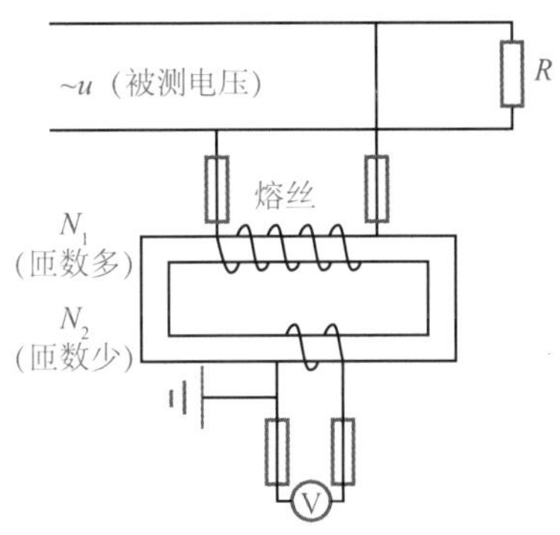

图 8-15 电压互感器的接线图

使用电压互感器时的注意事项：

1）电压互感器运行中，二次侧绕组不能短路，否则会烧坏绕组。为此，二次侧要装熔断器保护。

2）铁心、低压绕组的一端要可靠接地，以防在绝缘损坏时，在一次侧出现高压。

（2）电流互感器

电流互感器是在测量大电流时用来将大电流变成小电流的升压变压器。使用时，应把匝数少的一次绕组串联在被测大电流的电路中；而匝数较多的二次绕组则与电流表、电流继电器或其他仪表的电流线圈相串接成一闭合回路。电流互感器的接线图如图 8-16 所示。

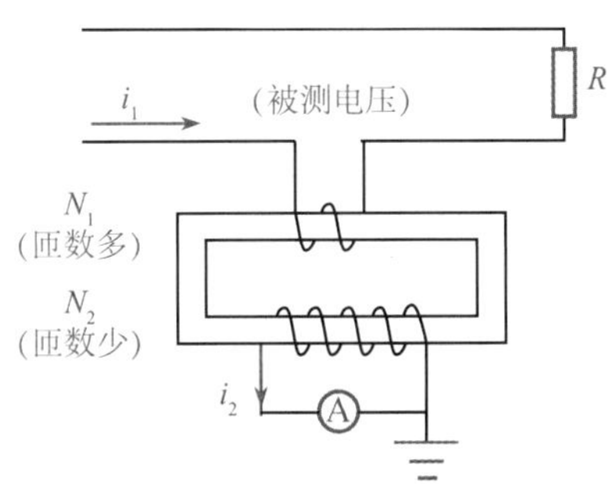

图 8-16 电流互感器的接线图

电流互感器 $N_1 < N_2$，可将线路上的大电流变为小电流来测量。通常电流互感器一次侧绕组的额定电流设计成标准值 5 A。被测电流的大小等于二次侧电流表的读数与电流比的乘积。

使用电流互感器时的注意事项如下：

1）电流互感器运行中二次侧绕组不能开路，否则会产生高电压，危及仪表和人身安全，因此二次侧不能接熔断器；运行时如要拆下电流表，必须先将二次侧短路。

2）电流互感器铁心和二次侧绕组的一端要可靠接地，以防在绝缘损坏时，在一次侧出现过电压而危及仪表和人身安全。

便携式钳形电流表就是利用电流互感器原理制作的，其外形如图 8-17 所示。

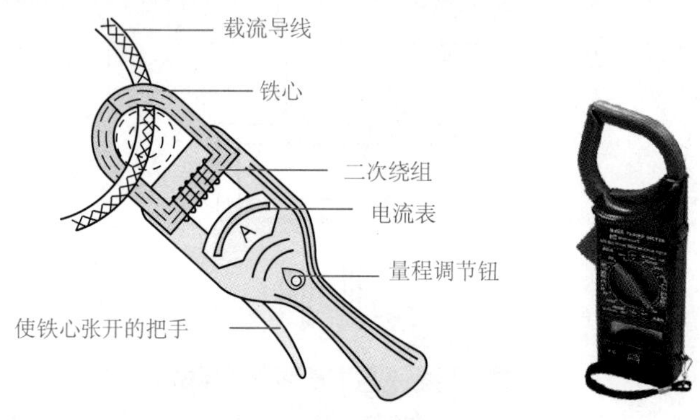

图 8-17　便携式钳形电流表

钳形电流表的闭合铁心可以张开，将被测载流导线钳入铁心窗口中，可直接读出被测电流的数值。用钳形电流表测量电流不需要断开电路，使用非常方便。

5. 电焊变压器

电焊变压器是一种降压升流变压器，它的二次绕组因电压较低而能够输出大电流从而在焊条和焊件之间燃起电弧，利用电弧的高温熔化金属达到焊接目的。电焊变压器实质上是一台特殊的降压变压器。其原理图及外形如图 8-18 所示。

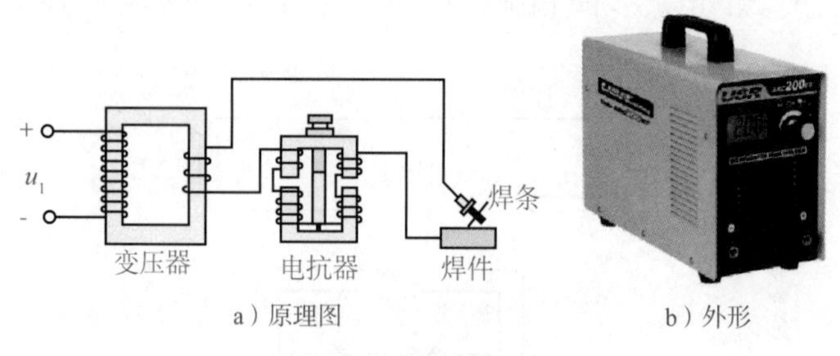

图 8-18　电焊变压器

电焊变压器的工作原理：为了起弧较容易，电焊变压器的空载电压一般为 60 ~ 75V，当电弧起燃后，焊接电流通过电抗器产生电压降。调节电抗器上的旋柄可改变电抗的大小以控制焊接电流及焊接电压。维持电弧工作电压一般为 25 ~ 30 V。

为了保证焊接质量和电弧燃烧的稳定性，电焊变压器应满足以下条件：

1）为保证容易起弧，二次侧空载电压应在 60~75V，最高不超过 85V。

2）负载运行时具有电压迅速下降的外特征，一般在额定负载时输出电压在 30V 左右。

3）焊接电流可在一定范围内调节。

4）短路电流不应过大，一般不超过额定电流的 2 倍，且焊接电流稳定。

8.3 交流电动机

电动机可将电能转换为机械能。由于生产过程的机械化，电动机作为拖动生产机械的原动机，在现代生产中有着广泛的应用。

电动机可分为交流电动机和直流电动机两大类。交流电动机又可分为异步电动机（或称为感应电动机）和同步电动机。异步电动机有单相和三相两种。单相电动机一般为 1 kW 以下的小容量电动机，在实训室和日常生活中应用较多。

三相异步电动机按转子结构不同分为笼型和绕线转子两种，三相异步电动机因为具有构造简单、价格低廉、工作可靠、易于控制及使用维护方便等优点，在工农业生产中应用很广。例如工业生产中的轧钢机、起重机、机床、鼓风机等，均用三相异步电动机来拖动。

8.3.1 三相笼型交流异步电动机的基本结构

三相笼型交流异步电动机由定子和转子两个基本部分组成。定子是固定部分，转子是转动部分。为了使转子能够在定子中自由转动，定子、转子之间有 0.2~2mm 的空气隙。图 8-19 所示为笼型异步电动机拆开后各个部件的形状。

1. 定子

定子主要用来产生旋转磁场，由定子铁心、定子绕组、机壳等组成。

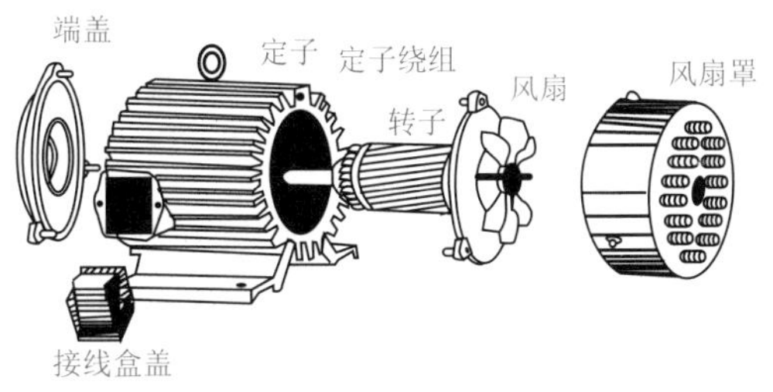

图 8-19 笼型异步电动机的形状

1）定子铁心。定子铁心是磁路的一部分，为了降低铁心损耗，采用 0.5mm 厚的硅钢片叠压而成，硅钢片间彼此绝缘。铁心内圆周上分布有若干均匀的平行槽，用来嵌放定子绕组，如图 8-20a 所示。

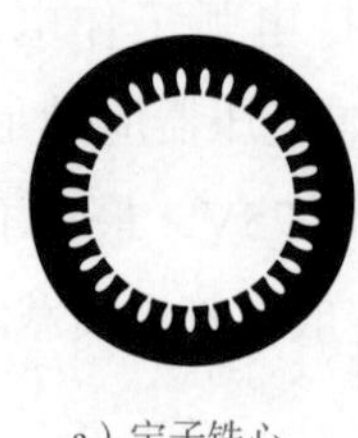
a）定子铁心

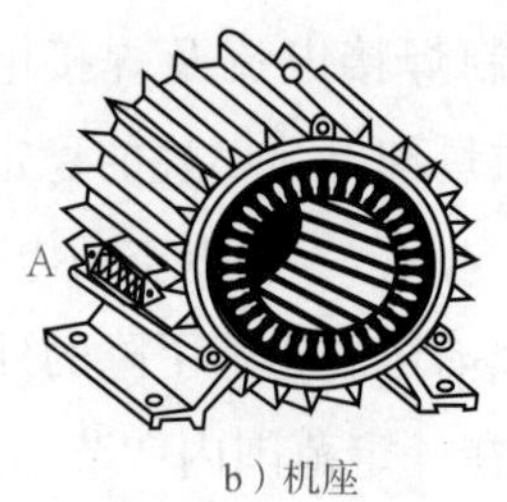

b）机座

图 8-20 定子

2）机壳。机壳包括端盖和机座，其作用是支承定子铁心和固定整个电动机。中小型电动机机座一般采用铸铁铸造，大型电动机机座用钢板焊接而成。端盖多用铸铁铸成，用螺栓固定在机座两端，机座如图 8-20b 所示。

3）定子绕组。定子绕组是电动机定子的电路部分，应用绝缘铜线或铝线绕制而成。三相绕组对称地嵌放在定子槽内。三相异步电动机定子绕组的三个首端 U1、V1、W1 和三个末端 U2、V2、W2，都从机座上的接线盒中引出，如图 8-21 所示。图 8-21a 为定子绕组的星形接法；图 8-21b 为定子绕组的三角形接法。三相绕组采用何种接法，应视电力网的线电压和各相绕组的工作电压而定。

目前我国生产的三相异步电动机，功率在 4 kW 以下者采用星形接法；在 4 kW 以上者采用三角形接法。

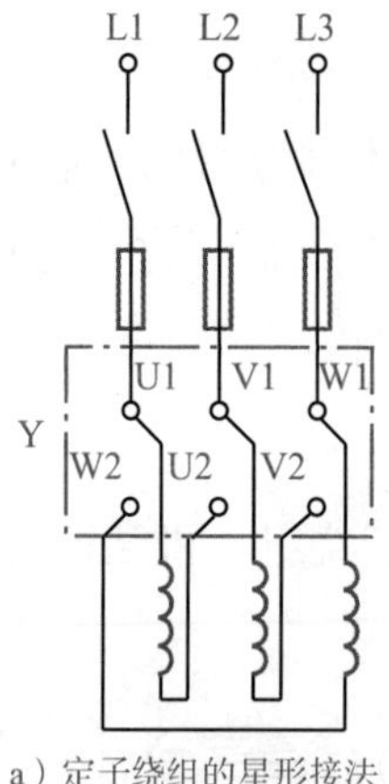

a）定子绕组的星形接法

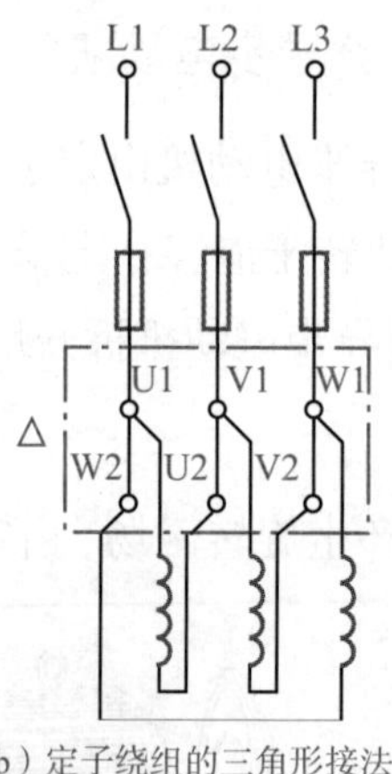

b）定子绕组的三角形接法

图 8-21 三相定子绕组的接法

2. 转子

转子主要用来产生旋转力矩，拖动生产机械。转子由转轴、转子铁心、转子绕组构成。

1）转轴。转轴用来固定转子铁心和传递功率，一般用中碳钢制成。

2）转子铁心。转子铁心属于磁路的一部分，用 0.5mm 的硅钢片叠压而成。转子铁心固定在转轴上，其外圆均匀分布的槽用来放置转子绕组。

3）转子绕组。三相笼型异步电动机的转子是由安放在转子铁心槽内的裸导体和两

端的短路环连接而成。转子绕组像一个笼形，故称为笼形转子，如图 8-22 所示。

目前，100kW 以下的笼型电动机，一般采用铸铝绕组。这种转子是将融化了的铝液直接浇注在转子槽内，再将两端的短路环和风扇浇注在一起。笼形转子又称为铸铝转子，如图 8-23 所示。

图 8-22　笼型绕组

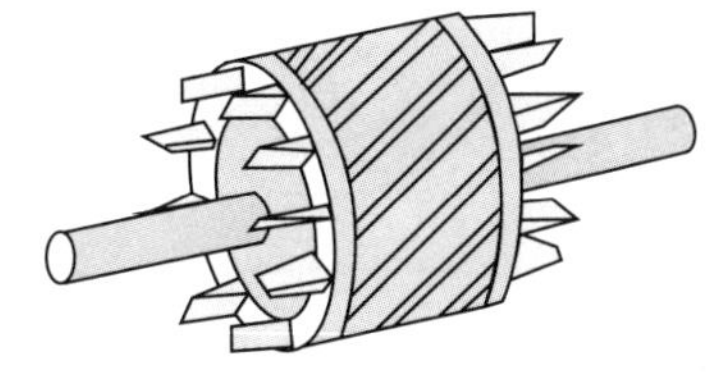

图 8-23　铸铝转子

8.3.2 三相笼型交流异步电动机的工作原理

三相异步电动机是根据磁场与载流导体相互作用产生电磁力的原理制成的。要了解其作用原理，必须先理解旋转磁场的产生及性质。

1. 旋转磁场

（1）旋转磁场的产生

图 8-24 为简易的三相异步电动机的定子，三相定子绕组对称放置在定子槽中，首端 U1、V1、W1（或末端 U2、V2、W2）的空间位置互差 120°。

若三相绕组连接成星形，末端 U2、V2、W2 连接在一起，首端 U1、V1、W1 接到三相电源上，则在定子绕组中通过三相对称的电流 i_U、i_V、i_W（习惯规定电流参考方向由首端指向末端）的波形如图 8-25 所示。

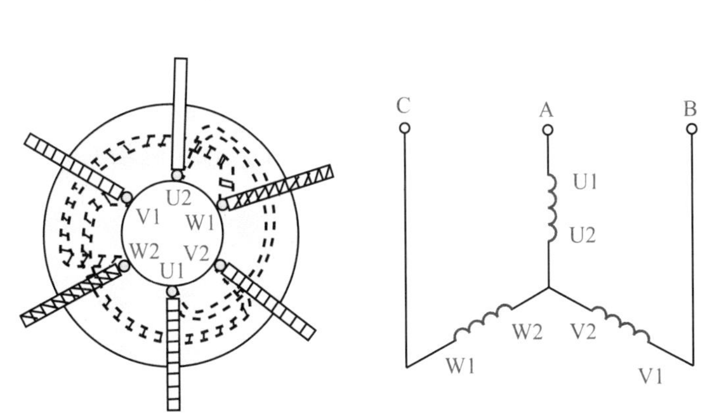

图 8-24　三相定子绕组作星形联结

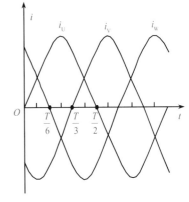

图 8-25　三相电流波形

$$i_U=I_m\sin\omega t$$

$$i_V=I_m\sin(\omega t-120°)$$

$$i_W=I_m\sin(\omega t+120°)$$

当三相电流流入定子绕组时，各相电流的磁场为交变、脉动的磁场，而三相电流的合成磁场则是一旋转磁场，如图 8-26 所示。

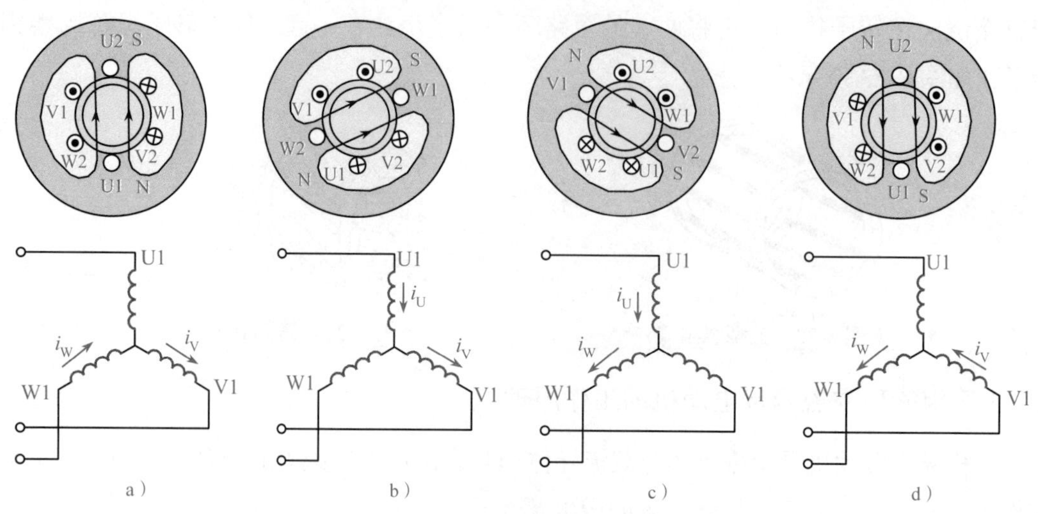

图 8-26 两极电动机的旋转磁场

1）t=0 瞬间（i_U=0；i_V 为负值；i_W 为正值）：此时，U 相绕组（U1U2 绕组）内没有电流；V 相绕组（V1V2 绕组）电流为负值，说明电流由 V2 流进，由 V1 流出；而 W 相绕组（W1W2 绕组）电流为正，说明电流由 W1 流进，由 W2 流出。运用右手螺旋定则，可以确定这一瞬间的合成磁场如图 8-26a 所示，为一对极（两极）磁场。

2）$t=T/6$ 瞬间（i_U 为正值；i_V 为负值；i_W=0）：U 相绕组电流为正，电流由 U1 流进，由 U2 流出；V 相绕组电流未变；W 相绕组内没有电流。合成磁场如图 8-26b 所示，同 t=0 瞬间相比，合成磁场沿顺时针方向旋转了 60°。

3）$t=T/3$ 瞬间（i_U 为正值；i_V=0；i_W 为负值）：合成磁场沿顺时针方向又旋转了 60°，如图 8-26c 所示。

4）$t=T/2$ 瞬间（i_U=0；i_V 为正值；i_W 为负值）：与 t=0 瞬间相比，合成磁场共旋转了 180°，如图 8-26d 所示。

由此可见，随着定子绕组中三相对称电流的不断变化，所产生的合成磁场也在空间不断地旋转。从两极旋转磁场可以看出，电流变化一周，合成磁场在空间旋转 360°（一转），且旋转方向与线圈中电流的相序一致。

以上分析的是每相绕组只有一个线圈的情况，产生的旋转磁场具有一对磁极。旋转磁场的极数与定子绕组的排列有关。如果每相定子绕组分别由两个线圈串联而成，如图 8-27 所示，其中，U 相绕组由线圈 U1 U2 和 U1′U2′ 串联组成，V 相绕组由 V1V2 和 V1′V2′ 串联组成，W 相绕组由 W1W2 和 W1′W2′ 串联组成。

当 t=0 时，i_U=0；i_V 为负值；i_W 为正值，三相电流的合成磁场如图 8-28a 所示。图

8-28b~8-28d 分别表示当 $t=T/6$、$t=T/3$、$t=T/2$ 时的合成磁场。图 8-28 中四极旋转磁场在电流变化一周时，旋转磁场在空间旋转 180°。

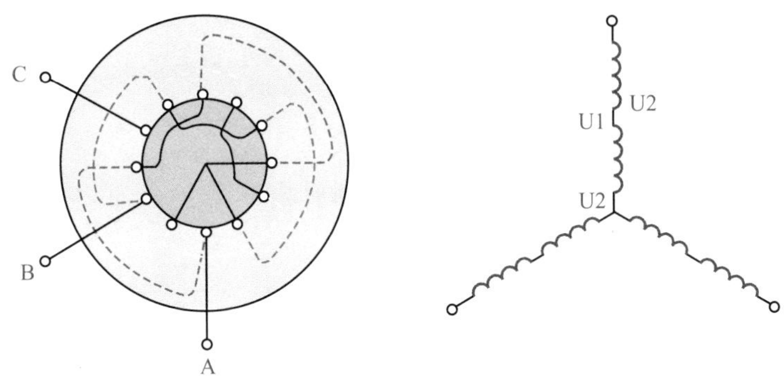

图 8-27　四极定子绕组

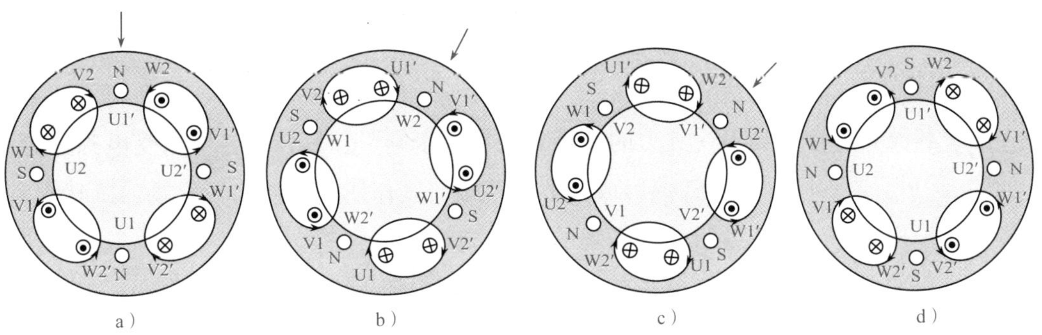

图 8-28　四极电动机旋转磁场

（2）旋转磁场的转速

旋转磁场的转速与磁极对数、定子电流的频率之间存在着一定的关系。当旋转磁场具有 p 对磁极时，电流变化一周，其旋转磁场就在空间转过 $1/p$ 转。

转速是以每分钟的转数来表示，所以旋转磁场转速的计算公式为

$$n_1=\frac{60f_1}{p} \tag{8-7}$$

式中，n_1 为旋转磁场的转速，又称为同步转速，单位为 r/min；f_1 为定子电流的频率，单位为 Hz；p 为旋转磁场的极对数。

国产的异步电动机，定子绕组的电流频率为 50Hz，所以不同极对数的异步电动机所对应的旋转磁场的转速也就不同（见表 8-2）。

表 8-2　异步电动机转速和极对数的对应关系

p	1	2	3	4
n_1/（r/min）	3 000	1 500	1 000	750

旋转磁场的转向与电流的相序一致，例如图 8-26 和图 8-27 中电流的相序为 U-V-W，

则磁场旋转的方向为顺时针。如果将三根电源线中的任意两根（如 U 和 V）对调，三相对称的定子绕组中电流的相序为 U-W-V（逆时针），所以旋转磁场的转向也变为逆时针了。

2. 三相异步电动机的工作原理

当电动机的定子绕组通以三相交流电时，便在气隙中产生旋转磁场。设旋转磁场以 n_1 的速度顺时针旋转，则静止的转子绕组同旋转磁场就有了相对运动，从而在转子导体中产生了感应电动势，其方向可根据右手定则判断（假定磁场不动，导体以相反的方向切割磁力线）。如图 8-29 所示，上半部导体的感应电动势垂直于纸面向外，下半部导体的感应电动势垂直于纸面向里。由于转子电路为闭合电路，在感应电动势的作用下，产生了感应电流。

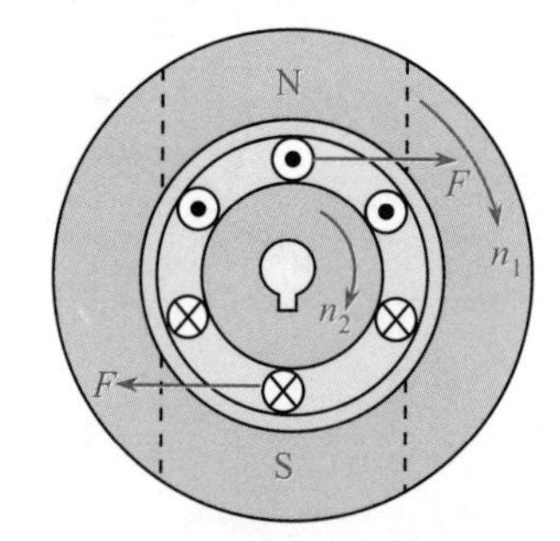

图 8-29　异步电动机的工作原理

由于载流导体在磁场中受到力的作用，依左手定则可知，转子导体所受电磁力的方向如图 8-29 所示。电磁力对转轴形成一电磁转矩，其作用方向同旋转磁场的旋转方向。这样，转子便以一定的速度沿旋转磁场的旋转方向转动。

从上面的分析可以知道，异步电动机电磁转矩的产生必须具备下列条件：①气隙中有旋转磁场；②转子导体中有感应电流。不难知道，在三相对称的定子绕组中通以三相对称的电流就能产生旋转磁场，而闭合的转子绕组在感应电动势的作用下能够形成感应电流，从而产生相应的电磁力矩。如果旋转磁场反转，则转子的旋转方向也随之改变。

电动机不带机械负载的状态称为空载。这时负载转矩是由轴与轴承之间的摩擦力及风阻力等造成，称为空载转矩，其值很小。这时电动机的电磁转矩也很小，但其转速 n_0（称为空载转速）很高，接近于同步转速。

异步电动机的工作原理与变压器有许多相似之处，如二者都是依靠工作磁通为媒介来传递能量；异步电动机每相定子绕组的感应电动势 E_1 也近似与外加电源电压 U_1 平衡，即

$$U_1 \approx E_1 = 4.44 f_1 N_1 \Phi k_1 \tag{8-8}$$

式中，k_1 为定子绕组系数，与电动机的结构有关；Φ 为旋转磁场的每极平均磁通。

同样，异步电动机定子电路与转子电路的电流也满足磁通势平衡关系，即

$$i_1 N_1 + i_2 N_2 = i_0 N_1 \tag{8-9}$$

由式（8-9）可知：当异步电动机的负载增大时，转子电流增大，在外加电压不变时，定子绕组电流也增大，从而抵消转子磁通势对旋转磁通的影响。可见，同变压器类似，定子绕组电流是由转子电流来决定的。

当然，异步电动机与变压器也有许多不同之处。如变压器是静止的，而异步电动机是旋转的；异步电动机的负载是机械负载，输出为机械功率，而变压器的负载为电负载，输出的是电功率；此外，异步电动机的定子与转子之间有空气隙，所以它的空载电流较大（约为额定电流的 20% ~ 40%）；异步电动机的定子电流频率与转子电流频率一般是不同的。

8.3.3 三相笼型交流异步电动机的转差率与机械特性

1. 三相异步电动机的转差率

异步电动机的转子转速 n 低于同步转速 n_1，两者的差值（n_1-n）称为转差。转差就是转子与旋转磁场之间的相对转速。

转差率就是相对转速（即转差）与同步转速之比，用 s 表示，即

$$s=\frac{n_1-n}{n_1} \tag{8-10}$$

转差率是分析异步电动机运转特性的一个重要参数。在电动机起动瞬间，n=0，s=1；当电动机转速达到同步转速(为理想空载转速，电动机实际运行中不可能达到)时，$n=n_1$，s=0。由此可见，异步电动机在运行状态下，转差率的范围为 $0 < s < 1$；在额定状态下运行时，s=0.02~0.06。

$$n=(1-s)\,n_1=(1-s)\,\frac{60f_1}{p} \tag{8-11}$$

【例 8-3】一台三相四极 50Hz 异步电动机，已知额定转速为 1 440r/min，求额定转差率 s_N。

【解】该电动机的同步转速为

$$n_1=\frac{60f_1}{p}=\frac{60\times50}{2}\text{r/min}=1\,500\text{r/min}$$

因此电动机的额定转差率为

$$s_N=\frac{n_1-n}{n_1}=\frac{1\,500-1\,440}{1\,500}=0.04$$

2. 三相异步电动机的机械特性

电动机的机械特性就是指电动机的转速和电动机的电磁转矩之间的关系，如图 8-30 所示。

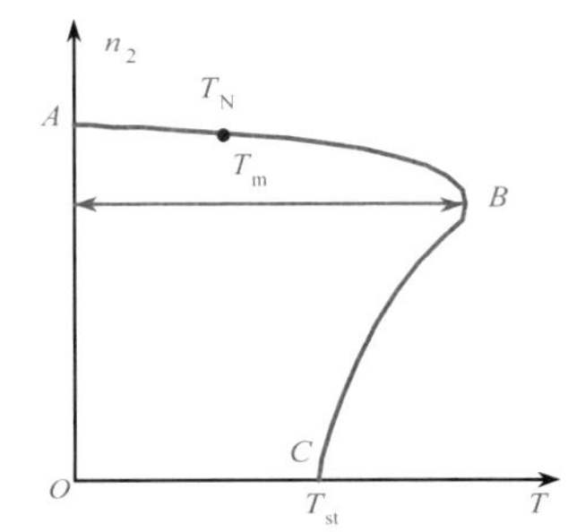

图 8-30 三相异步电动机的机械特性曲线

图 8-30 中，BC 为不稳定运行阶段，AB 为稳定运行区。在稳定区，若电动机拖动的负载发生变化，电动机能适应负载的变化而自动调节达到稳定运行。

下面介绍异步电动机机械特性曲线上的三个特征转矩。

（1）额定转矩 T_N

电动机在额定电压下，以额定转速 n_N 运行，输出额定功率 P_N 时，电动机转轴上输出的转矩称为额定转矩 T_N。

电动机在额定状态下运行的转矩 T_N，可由铭牌上的 P_N 和 n_N 求得

$$T_N = 9\,550\frac{P_N}{n_N} \tag{8-12}$$

式中，P_N 的单位为 kW；n_N 的单位为 r/min；T_N 的单位为 N·m。

（2）最大转矩 T_m

电动机带动最大负载的能力，称为最大转矩。当电动机的负载转矩大于最大转矩时，电动机就要停转，所以最大转矩也称为停转转矩。此时，电动机的电流可达额定电流的 3~5 倍，电动机会因严重过热而烧坏绕组。

当电动机负载增大而过载时，电磁转矩接近最大转矩，此时应当保证电动机稳定运行，不因短时过载而停转（但长时间过载也会造成电动机过热损坏）。因此，要求电动机要有一定的过载能力。电动机的过载能力可用下式表示：

$$\lambda_T = \frac{T_m}{T_N} \tag{8-13}$$

λ_T 即为电动机的过载能力，一般三相异步电动机的过载能力在 1.8 ~ 2.2 范围内。

（3）起动转矩 T_{st}

起动转矩为电动机起动瞬间（n=0, s=1）的转矩。只有在起动转矩大于负载转矩时，异步电动机才能起动。起动转矩大，起动迅速。因此，用起动转矩以倍数 K_{st} 来反映异步电动机的起动能力。

$$K_{st}= T_{st}T_N \tag{8-14}$$

一般三相异步电动机的 K_{st}=1.0~2.2。

综上所述，三相交流异步电动机有如下主要特点：异步电动机有较硬的机械特性，即随着负载的变化而转速变化较小，异步电动机有较大的过载能力和起动能力，电源电压的波动对异步电动机的工作影响较大。

8.3.4 三相笼型交流异步电动机的铭牌

1. 三相异步电动机的铭牌

某三相异步电动机铭牌如图 8-31 所示，现对铭牌的各项数据做简要介绍。

图 8-31　三相异步电动机铭牌

1）型号：型号用来表示电动机的种类和形式，由汉语拼音字母、国际通用符号和阿拉伯数字组成。

各类常见电动机的产品名称代号及其意义如下：

① YR——绕线转子三相异步电动机。

② YB——防爆型异步电动机。

③ YZ——起重、冶金用异步电动机。

④ YQ——高起动转矩异步电动机。

⑤ YD——多速三相异步电动机。

2）额定功率：额定功率为电动机在额定状态下运行时，输出的机械功率，单位为kW。

3）额定电压和接法：额定电压是指定子绕组按铭牌上规定的接法连接时应加的线电压值。

4）额定电流：额定电流是指电动机在额定运行情况下，定子绕组取用的线电流值。

5）额定转速：额定转速为电动机在额定运行状态时的转速，单位为r/min。

6）额定频率：额定频率指额定电压的频率，国产电动机均为50Hz。

7）温升及绝缘等级：绝缘等级是电动机定子绕组所用的绝缘材料的等级。温升是电动机运行时绕组温度允许高出周围环境温度的数值。绝缘等级及极限工作温度列于表8-3。表中极限工作温度是指电动机运行时绝缘材料的最高允许温度。

表 8-3　绝缘等级及极限工作温度

绝缘等级	A	E	B	F	H	C
极限工作温度/℃	105	120	130	155	180	>180

8）工作方式：工作方式即电动机的运行方式。按负载持续时间的不同，国家标准把电动机分成三种工作方式，即连续工作制、短时工作制和断续周期工作制。

除了铭牌数据外，还可以根据有关产品目录或电工手册查出电动机的其他技术数据。

2. 三相异步电动机的选择

（1）功率选择

功率选择的原则是根据拖动的负载，最经济、合理地确定电动机的功率。要防止选择的功率过大，避免出现“大马拉小车”现象，既浪费能源，又增加了投资；同时也应当防止选择的功率过小，电动机可能在过载状态下工作，很容易烧坏定子绕组。电动机的功率选择，一般按电动机的工作方式通过计算确定。详细的计算方法可参阅有关电机手册。

实践证明，电动机在接近额定状态下工作时，定子电路的功率因数最高。

（2）类型的选择

电动机的类型选择，应根据生产机械的要求，从技术和经济方面全面考虑，进行选择。生产机械不带负载起动的，通常采用笼型异步电动机，如一般机床、水泵等；若要带一定大小的负载起动，可采用高起动转矩电动机；若起动、制动频繁，且要求起动转矩大，可选用绕线转子异步电动机，如起重机、轧钢机等。

（3）结构型式的选择

为使电动机在不同的环境中安全可靠地工作，防止电动机可能对环境造成灾害，必须根据不同的环境要求选用适当的防护型式。常见的防护型式有开启式、防护式、封闭式和防爆式四种。

（4）转速的选择

电动机的额定转速应根据生产机械的要求选定。转速高的电动机，体积小，价格便宜；而转速低的电动机，体积大，价格贵。应当本着经济的目的，结合生产机械传动机构的成本选择合适转速的电动机。

（5）电压的选择

电压选择主要依据电动机运行场所供电网的电压等级，同时还应兼顾电动机的类型和功率。小容量的电动机额定电压均为380V，大容量的电动机有时采用3kV和6kV的高压电动机。

※8.3.5 三相绕线转子异步电动机

在生产实际中对要求起动转矩较大且能平滑调速的场合，常常采用三相绕线转子异步电动机。绕线转子异步电动机的优点是可以通过在转子绕组中串联电阻来改善机械特性，从而达到减小起动电流、增大起动转矩的目的。

绕线转子的铁心和笼形转子的铁心相同，但它的绕组与笼形转子不同，而与定子绕组一样，也是三相绕组，一般接成星形，如图8-32所示。它的三个出线端从转子轴中引出，固定在轴上的三个互相绝缘的集电环上，然后经过电刷的滑动接触与外加变阻器相接。改变变阻器手柄的位置，可使绕线转子三相绕组串联接入变阻器或使之短路。绕线转子异步电动机的转子结构较复杂，价格较贵，一般用于对起动和调速性能有较高要求的场合。

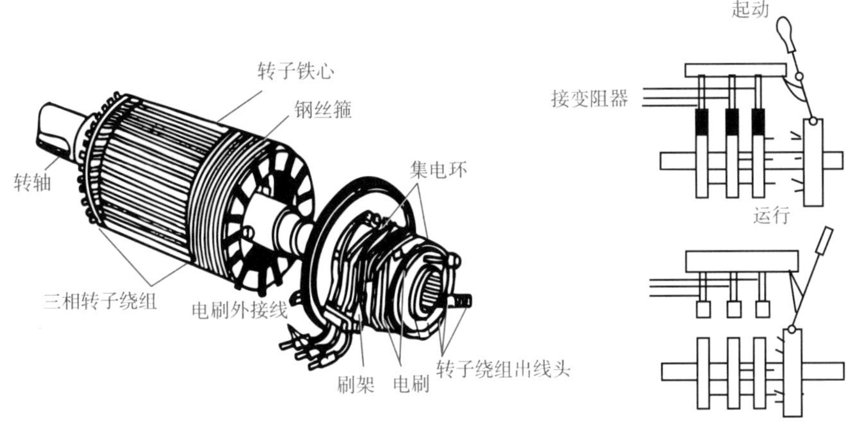

图 8-32 三相绕线转子异步电动机

上述两类异步电动机，尽管转子结构不同，但它们的基本原理是相同的。

※8.3.6 单相交流异步电动机

由单相电源供电的异步电动机称为单相异步电动机。其基本原理是建立在三相异步电动机的基础上，但在结构、特性等方面与三相异步电动机有很大的差别。

1. 单相异步电动机的工作原理

单相异步电动机的定子绕组为单相交流绕组，转子绕组为笼型绕组。 图 8-33 为最简单的单相异步电动机的结构与磁场。

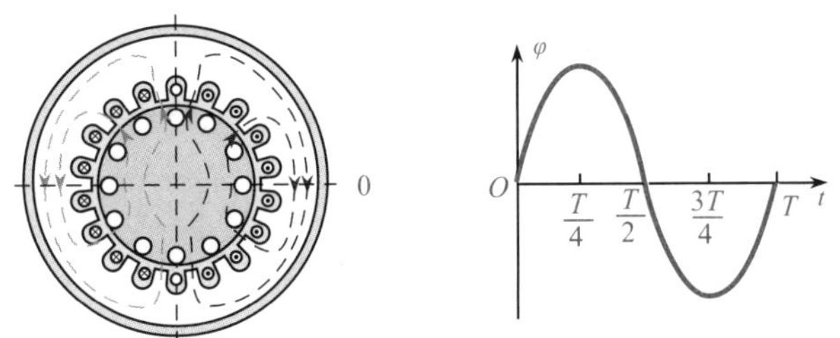

图 8-33 单相电动机的结构和磁场

当定子绕组中通入单相正弦交流电流时，则在电动机中产生一个随时间按正弦规律变化的脉动磁场，磁感应强度可表示为

$$B=B_m=\sin\omega t \tag{8-15}$$

这个脉动磁场可分解为两个旋转磁场，这两个旋转磁场转速相等、方向相反，且每个旋转磁场的磁感应强度的最大值为脉动磁场磁感应强度最大值的一半，即

$$B_{1m}=B_{2m}=\frac{1}{2}B_m \tag{8-16}$$

在任何瞬间，这两个旋转磁场的合成磁感应强度，始终等于脉动磁场的瞬时值。转

子不动时，上述两个旋转磁场将分别在转子中产生大小相等、方向相反的电磁转矩，转子上的合成转矩为零，电动机无起动转矩，不能起动。但是，如果用某种方法使电动机的转子向某方向转动一下，那么电动机就会沿着某方向持续转动下去。这就说明此时两个反向旋转磁场产生的合成转矩不为零。其原因如下：若外力作用使转子顺正向旋转磁场方向（假定为顺时针）转动，此时转子和正向旋转磁场的相对速度变小，其转差率 s^+ 变小（＜1）；而和反向旋转磁场（假定为逆时针）的相对速度变大，转差率 s^- 大于 1，即

$$s^+ = \frac{n_1 - n}{n_1} < 1 \tag{8-17}$$

$$s^- = \frac{-n_1 - n}{-n_1} = \frac{n_1 + n}{n_1} = \frac{n_1 + n_1(1 - s^+)}{n_1} = 2 - s^+ > 1 \tag{8-18}$$

同三相异步电动机一样，正向旋转磁场产生正向转矩，反向旋转磁场产生反向转矩，其转矩特性曲线如图 8-34 所示。图中 $T=f$(s) 是合成转矩的特性曲线。同理，若推动转子逆时针转动，电动机就沿着逆时针方向持续旋转。

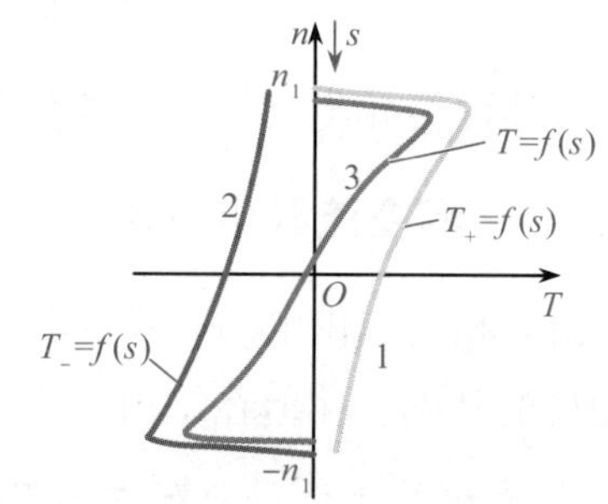

图 8-34 单相电动机的转矩特性曲线

2. 单相异步电动机的起动方法

从上述可知，单相异步电动机的转动原理和三相异步电动机类似，但单相异步电动机无起动转矩，所以首先必须解决它的起动问题。单相异步电动机的起动方法通常有分相起动和罩极起动两种。这里主要介绍电容分相式电动机。

（1）电容分相式电动机的基本结构

在单相异步电动机的定子槽中，除嵌有一套主绕组外，还增加了一套起动绕组。图 8-35 表示一台最简单的带有起动绕组的单相异步电动机结构，在起动绕组中串联的电容器称分相电容。

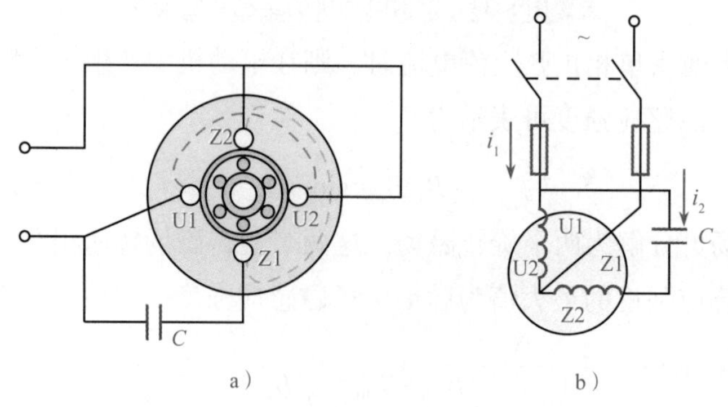

图 8-35 电容分相式单相电动机

（2）电容分相式电动机的工作原理

由于起动绕组中串接了电容器，所以在同一单相交流电源中，起动绕组中通过的电流与主绕组通过的电流是不同相位的。起动绕组的电流超前于主绕组电流某一角度。若电容器的容量合适，则起动绕组的电流超前于主绕组电流约 90° 相位角，如图 8-36 所示。因为这种电动机将单相电流分为两相电流，故称为分相式电动机。因此，在两相电流作用下，这种电动机便可产生两相旋转磁场，如图 8-37 所示，原理分析同三相异步电动机。

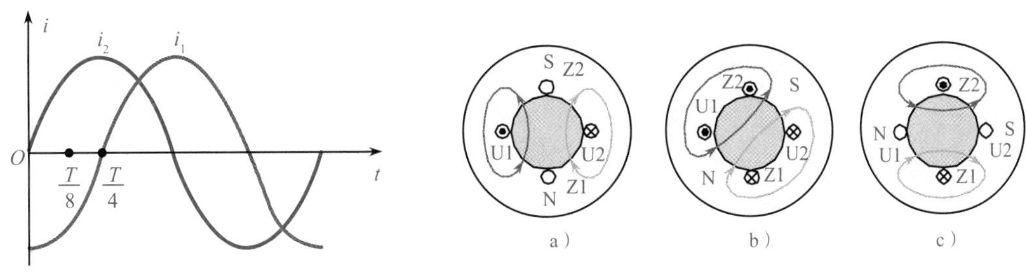

图 8-36 两相电流波形

图 8-37 单相电动机的旋转磁场

应当指出，单相电动机在起动以后，若将起动绕组断开，电动机仍能维持旋转。与此类似的是三相电动机在运行过程中，如一相断开，电动机成为单相运行，电动机虽仍能旋转，但很容易造成损坏。

单相异步电动机的效率、功率因数、过载能力都较低，但因为它能在单相电路中运行，所以也有一定的应用场合，如家用电器、医疗器械及许多电动工具中，常采用单相异步电动机。

※8.4 直流电动机

8.4.1 直流电动机的基本结构

直流电动机虽然比三相交流异步电动机结构复杂，维修也不便，但由于它的调速性能较好和起动转矩较大，因此，对调速要求较高的生产机械或者需要较大起动转矩的生产机械往往采用直流电动机驱动。

直流电动机的优点如下：

1）调速性能好，调速范围广，易于平滑调节。

2）起动、制动转矩大，易于快速起动、停车。

3）易于控制。

直流电动机的应用如下：

1）轧钢机、电气机车、中大型龙门刨床、矿山竖井提升机以及起重设备等调速范围大的大型设备。

2）用蓄电池做电源的地方，如汽车、拖拉机等。

1. 直流电动机的构造

直流电动机由定子和转子（又称为电枢）两大部分组成，定子与转子之间的空隙称为空气隙。

定子的主要作用是产生磁场，它包括主磁极、换向磁极、机座和电刷装置等。主磁极由铁心和励磁绕组组成，用于产生一个恒定的主磁场；换向磁极安装在两个相邻的主磁极之间，用来减小电枢绕组换向时产生的火花；机座的作用一方面是起导磁作用，作为电动机磁路的一部分，另一方面起支撑作用。电刷装置的作用是通过与换向器之间的滑动接触，把直流电压、直流电流引入或引出电枢绕组。

转子由电枢铁心、电枢绕组、换向器、转轴和风扇等组成。电枢铁心上冲有槽孔，槽内放电枢绕组，电枢铁心也是直流电动机磁路的组成部分。电枢绕组的一端装有换向器，换向器由许多铜质换向片组成一个圆柱体，换向片之间用云母绝缘。换向器是直流电动机的重要构造特征，换向器通过与电刷的摩擦接触，将两个电刷之间固定极性的直流电流变换成为绕组内部的交流电流，以便形成固定方向的电磁转矩。

2. 直流电动机的分类

直流电动机按照励磁方式可分为他励电动机、并励电动机、串励电动机和复励电动机四种，如图 8-38 所示。

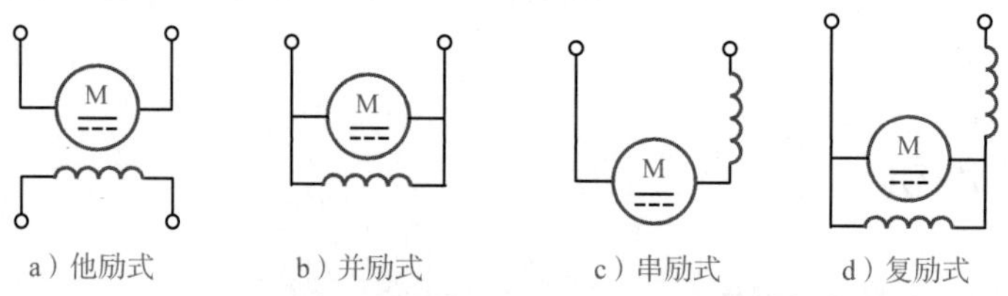

图 8-38　直流电动机的分类

（1）他励电动机

如图 8-38a 所示，他励电动机是一种电枢绕组和励磁绕组分别由两个直流电源供电的电动机。他励式电动机构造比较复杂，一般用于对调速范围要求很宽的重型机床等设备中。

（2）并励电动机

如图 8-38b 所示，并励电动机的励磁绕组和电枢绕组并联，由同一个直流电源供电。励磁绕组匝数较多，导线截面积较小，电阻较大，励磁电流只为电枢电流的一小部分。并励式电动机在外加电压一定的情况下，励磁电流产生的磁通将保持恒定不变。起动转矩大，负载变动时转速比较稳定，转速调节方便，调速范围大。

（3）串励电动机

如图 8-38c 所示，串励电动机的励磁绕组与电枢绕组串联，用同一个直流电源供电。励磁电流与电枢电流相等。电枢电流较大，所以励磁绕组的导线截面积较大。匝数较少。串励式电动机的转速随转矩的增加呈显著下降的软特性，特别适用于起重设备。

（4）复励电动机

如图 8-38d 所示，复励电动机有两个励磁绕组，一个与电枢并联，另一个与电枢串联。当两励磁绕组产生的磁通方向相同时，磁通可以相加，这种电动机称为积复励电动机。当两励磁绕组产生的磁通方向相反时，合成磁通为两磁通之差，这种电动机称为差复励电动机。积复励电动机的电磁转矩变化速度较快，负载变化时能够有效克服电枢电流的冲击，比并励式电动机的性能优越，主要用于负载转矩有突然变化的场合。差复励电动机具有负载变化时转速几乎不变的特性，常用于要求转速稳定的机械中。

8.4.2 直流电动机的工作原理

1. 直流电动机的基本工作原理

直流电动机是根据通电导体在磁场内受力而运动的原理制成的。如图 8-39a 所示，接通直流电压 U 时，直流电流为从 a 边流入，b 边流出，由于 a 边处于 N 极之下，b 边处于 S 极之下，则线圈受到电磁力而形成一个逆时针方向的电磁转矩 T，使电枢绕组绕轴线方向逆时针转动。当电枢转动半周后，a 边处于 S 极之下，而 b 边处于 N 极之下。由于采用了电刷和换向器装置，此时电枢中的直流电流方向变为从 b 边流入，从 a 边流出。电枢仍受到一个逆时针方向的电磁转矩 T 的作用，继续绕轴线方向逆时针转动，如图 8-39b 所示。

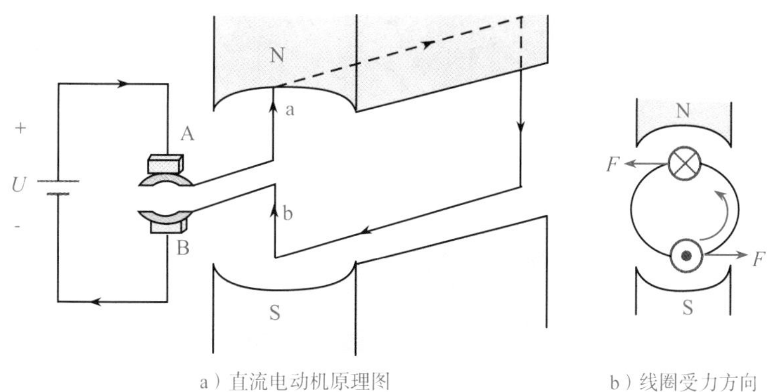

a）直流电动机原理图　　b）线圈受力方向

图 8-39　直流电动机的工作原理

由此可以归纳出直流电动机的工作原理：直流电动机在外加电压的作用下，在导体中形成电流，载流导体在磁场中将受电磁力的作用，由于换向器的换向作用，导体进入异性磁极时，导体中的电流方向也相应改变，从而保证了电磁转矩的方向不变，使直流电动机能连续旋转，把直流电能转换成机械能输出。

2. 电磁转矩与电压平衡方程

（1）电枢感应电动势

当电枢通电以后，电动机在电磁转矩作用下逆时针转动。当电枢旋转时，电枢上的导体就要切割磁力线。根据电磁感应理论，导体内要产生感应电动势。但是由于电动机内各绕组导体分布在气隙磁场的不同位置，因此各个导体的感应电动势是不同的。为了方便说明，应先求出气隙磁场中的平均磁感应强度，然后再求出每根导体中的平均感应电动势，进而求得电枢电动势 E_a。

$$E_a = C_a \Phi n \tag{8-19}$$

式中，C_a 为电动机结构常数，$C_a = \frac{Np}{60a}$；n 为电动机转速，单位为 r/min；Φ 为主磁通，单位为 Wb；N 为电枢绕组的导体总数；p 为磁极对数；a 为电枢绕组中的支路对数；E_a 为电枢电动势，单位为 V。

图 8-40 所示为直流电动机电枢绕组中的电流与电动势方向，由图可知，电枢感应电动势 E_a 与电枢电流或外加电压方向总是相反，所以称反电动势。

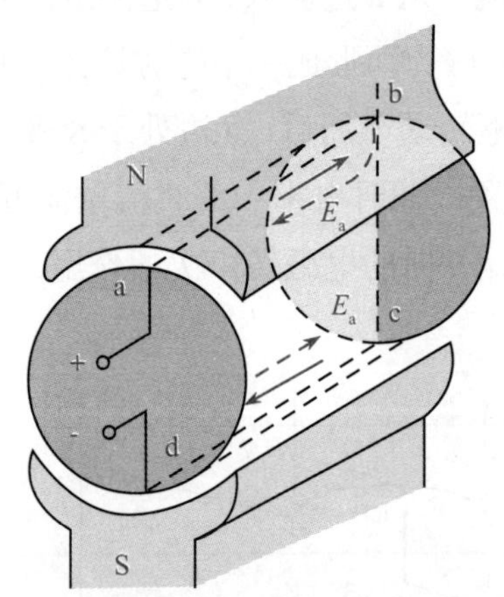

图 8-40　直流电动机电枢绕组中的电流与电动势方向

（2）电枢回路电压平衡式

由直流电动机的工作原理可以知道，载流导体在磁场中受力而使电枢旋转，此时电枢绕组将切割主磁场而产生感应电动势 E_a，E_a 的方向与外加电流 I_a 的方向相反，称为反电动势。电源必须克服反电动势做功，达到将电能转换成机械能的目的。电枢回路电压平衡方程式可以从直流电动机的工作电路中直接得到，如图 8-41 所示，由基尔霍夫第二定律可知：

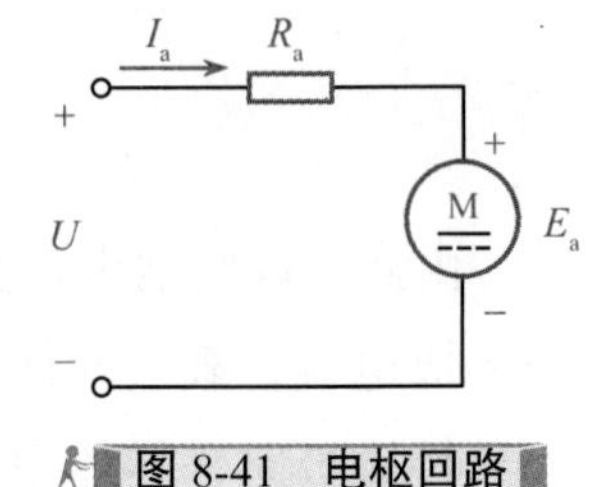

图 8-41　电枢回路

$$U=E_a+I_aR_a \quad (8\text{-}20)$$

式中，U 为外加电压，单位为 V；R_a 为电枢绕组电阻，单位为 Ω。

（3）电磁转矩

直流电动机电枢绕组中的电流（电枢电流 I_a）与磁通 Φ 相互作用，产生电磁力和电磁转矩，直流电动机的电磁转矩公式为

$$T=C_M\Phi I_a \quad (8\text{-}21)$$

式中，C_M 为电动机转矩常数，$C_M=\dfrac{Np}{2\pi a}$；Φ 为主磁通，单位为 Wb；I_a 为电枢绕组中的电流，单位为 A；T 为电磁转矩，单位为 N·m。

（4）转矩平衡方程式

电动机的电磁转矩 T 为驱动转矩，它使电枢转动。在电动机运行时，电磁转矩必须和机械负载转矩及空载损耗转矩相平衡，即

$$T=T_2+T_0 \quad (8\text{-}22)$$

式中，T_2 为机械负载转矩（即电动机轴上的输出转矩）；T_0 为电动机的空载转矩；T 为电动机的电磁转矩。

当电动机轴上的机械负载发生变化时，通过电动机转速、电动势、电枢电流的变化，电磁转矩将自动调整，以适应负载的变化，保持新的平衡。

8.4.3 直流电动机的使用方法

1. 直流电动机的起动

直流电动机直接起动时的起动电流很大，可达到额定电流的 10 ~ 20 倍，因此必须限制起动电流。限制起动电流的方法就是起动时在电枢电路中串接起动电阻 R_{st}，如图 8-42 所示。（起动电阻的值：$R_{st}=\dfrac{U}{I_{st}}-R_a$）

一般规定起动电流不应超过额定电流的 1.5 ~ 2.5 倍。起动时将起动电阻调至最大，待起动后，随着电动机转速的上升将起动电阻逐渐减小。

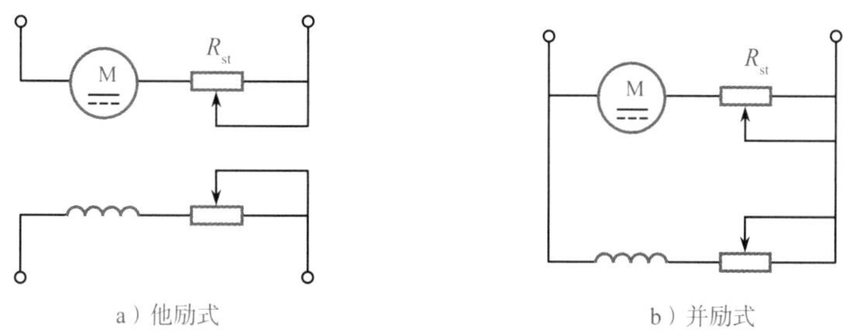

a）他励式　　b）并励式

图 8-42　直流电动机的起动

2. 直流电动机的调速

根据直流电动机的转速公式 $n=(U-I_aR_a)/C_a\Phi$ 可知，直流电动机的调速方法有三种：改变磁通 Φ 调速、改变电枢电压 U 调速和电枢串联电阻调速。

改变磁通调速的优点是调速平滑，可做到无级调速，调速经济，控制方便，机械特性较硬，稳定性较好。但由于电动机在额定状态运行时磁路已接近饱和，所以通常只是减小磁通将转速往上调，调速范围较小。

改变电枢电压调速的优点是不改变电动机机械特性的硬度，稳定性好，控制灵活、方便，可实现无级调速，调速范围较宽。但电枢绕组需要一个单独的可调直流电源，设备较复杂。

电枢串联电阻调速方法简单、方便，但调速范围有限，机械特性变软，且电动机的损耗增大太多，因此只适用于调速范围要求不大的中、小容量直流电动机的调速场合。

3. 直流电动机的制动

直流电动机的制动有能耗制动、反接制动和发电反馈制动三种。

能耗制动是在停机时将电枢绕组接线端从电源上断开后立即与一个制动电阻短接，由于惯性，短接后电动机仍保持原方向旋转，电枢绕组中的感应电动势仍存在并保持原方向，但因为没有外加电压，电枢绕组中的电流和电磁转矩的方向改变了，即电磁转矩的方向与转子的旋转方向相反，起到了制动作用。

反接制动是在停机时将电枢绕组接线端从电源上断开后立即与一个相反极性的电源相接，电动机的电磁转矩立即变为制动转矩，使电动机迅速减速至停转。

发电反馈制动是在电动机转速超过理想空载转速时，电枢绕组内的感应电动势将高于外加电压，使电动机变为发电状态运行，电枢电流改变方向，电磁转矩成为制动转矩，限制电动机转速过分升高。

8.5 常用低压电器

8.5.1 低压电器的基本知识

1. 低压电器的定义

凡是对电能的生产、输送、分配和使用起控制、调节、检测、转换及保护作用的电工器械均可称为电器。用于交流 50Hz 额定电压 1 200V 以下，直流额定电压 1 500V 以下的电路内起通断、保护、控制或调节作用的电器称为低压电器。

2. 低压电器的分类

按用途可分为配电电器和控制电器。

按动作方式可分为自动操作电器和手动操作电器。

按执行机构又可分为有触点电器和无触点电器。

低压配电电器是指用于低压配电系统中，对电器及用电设备进行保护和通断、转换电源或负载的电器，如熔断器、刀开关、低压断路器等。

低压控制电器是指用于低压电力传动、自动控制系统和用电设备中，使其达到预期的工作状态的电器，如接触器、主令电器、继电器等。

8.5.2 低压开关

开关是利用触点的闭合和断开在电路中起通断、控制作用的电器。一般情况下用手操作，属于非自动切换的电器。常用的低压电器开关有刀开关、组合开关、断路器等，见表 8-4。

表 8-4 常见低压电器开关

		图形符号	文字符号	特点及应用
刀开关	开启式开关熔断器组		QS	结构简单，操作方便，应用在低压电路
	封闭式开关熔断器组			装有机械联锁装置，应用于工矿企业、农业电力浇灌、电热、照明等设备
组合开关		SA	SA	转换开关通断能力较低，一般用于小容量电动机的直接起动、电动机的正反转控制及机床照明控制电路中
断路器			QF	当线路发生短路、过载、失电压等不正常现象时，能自动切断电路，保护电路和用电设备的安全

8.5.3 熔断器

熔断器是一种最简单而且有效的保护电器。熔断器串联在电路中，当电路或电气设备发生过载和短路故障时，有很大的过载和短路电流通过熔断器，使熔断器的熔体迅速熔断，切断电源，进而保护线路及电器等设备。熔断器的图形符号如图 8-43 所示，文字符号为 FU。

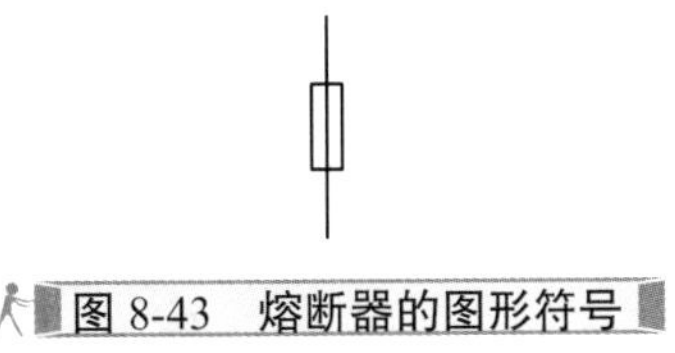
图 8-43 熔断器的图形符号

熔断器主要由熔体和安装熔体的熔管（或熔座）两部分组成，熔体的材料有两类，一类为低熔点材料，如铅锡合金、锌等；另一类为高熔点材料，如银丝或铜丝等。

熔管一般由硬制纤维或瓷制绝缘材料制成，既便于安装熔体，又有利于熔体熔断时电弧的熄灭。

1. 熔断器的分类

熔断器按其结构型式分，有插入式、螺旋式、有填料密封管式、无填料密封管式、自复式熔断器等；按用途来分，有保护一般电气设备的熔断器，如在电气控制系统中经常选用的螺旋式熔断器；还有保护半导体器件用的快速熔断器，如用以保护半导体硅整流元件及晶闸管的 RLS2 产品系列。

1）瓷插式熔断器：瓷插式熔断器是低压分支线路中常用的一种熔断器，结构简单，其分断能力小，多用于民用和照明电路。常用的瓷插式熔断器有 RC1A 系列，结构如图 8-44 所示 。

2）螺旋式熔断器：螺旋式熔断器的熔管内装有石英砂或惰性气体，有利于电弧的熄灭，因此螺旋式熔断器具有较高的分断能力。熔体的上端盖有一熔断指示器，熔断时红色指示器弹出，可以通过瓷帽上的玻璃孔观察到，其结构如图 8-45 所示。

3）快速熔断器：快速熔断器主要用于保护半导体器件或整流装置的短路保护。半导体器件的过载能力很低，因此要求短路保护具有快速熔断的能力。快速熔断器的熔体采用银片冲成的变截面的 V 形熔片，熔管采用有填料的密闭管。常用的有 RLS2、RS3 等系列，NGT 是我国引进德国技术生产的一种分断能力高、限流特性好、功耗低、性能稳定的熔断器。

常用的低压熔断器还有密闭管式熔断器、无填料 RM10 型熔断器、有填料密闭管式熔断器、自复式熔断器等。

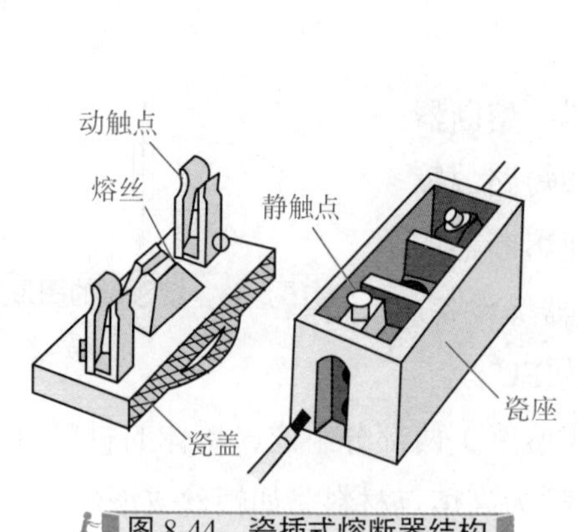

图 8-44 瓷插式熔断器结构

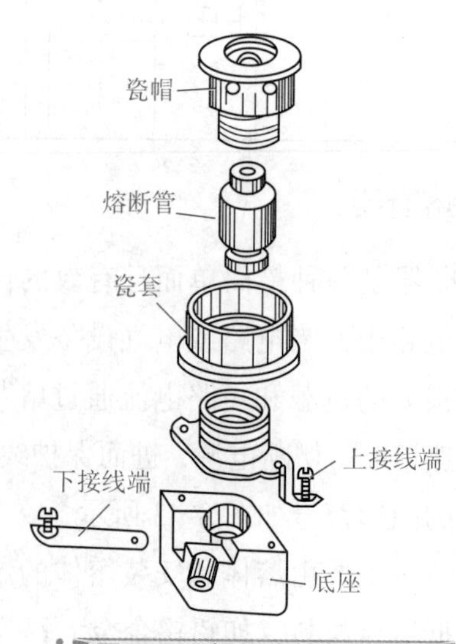

图 8-45 螺旋式熔断器结构

2. 熔断器的技术参数

1）额定电压：熔断器的额定电压是指熔断器长期工作时和分断后，能正常工作的电压，其值一般应等于或大于熔断器所接电路的工作电压。

2）额定电流：熔断器的额定电流是指熔断器长期工作，温升不超过规定值时所允许通过的电流。一个额定电流等级的熔管，可以配合选用不同的额定电流等级的熔体。但熔体的额定电流必须小于或等于熔断器的额定电流。

3）极限分断能力：熔断器极限分断能力是指在规定的额定电压下能分断的最大的短路电流值。它取决于熔断器的灭弧能力。

3. 熔断器的选择

1）熔断器类型的选择：主要根据负载的过载特性和短路电流的大小来选择。

2）熔断器额定电压的选择：熔断器的额定电压应大于或等于实际电路的工作电压。

3）熔断器额定电流的选择：熔断器的额定电流应大于或等于所装熔体的额定电流。

4）保护电动机的熔体的额定电流的选择：

①保护一台异步电动机时，考虑电动机冲击电流的影响，熔体的额定电流按下式计算：$I_{RN} \geqslant (1.5 \sim 2.5) I_N$，式中，$I_N$ 为电动机的额定电流。

②保护多台异步电动机时，出现尖峰电流时，熔断器不应熔断，则应按下式计算：$I_{RN} \geqslant (1.5 \sim 2.5) I_{Nmax} + \sum I_N$，式中，$I_{Nmax}$ 为容量最大的一台电动机的额定电流；$\sum I_N$ 为其余各台电动机额定电流的总和。

5）熔断器的上、下级的配合：为使两级保护相互配合良好，两级熔体额定电流的比值不小于 1.6 ：1，或对于同一个过载或短路电流，上一级熔断器的熔断时间至少是下一级的 3 倍。

8.5.4　交流接触器

1. 接触器的用途及分类

接触器是一种通用性很强的电磁式电器，它可以频繁地接通和分断交、直流主电路，并可实现远距离控制，主要用来控制电动机，也可控制电容器、电阻炉和照明器具等电力负载。

接触器按主触点通过电流的种类，可分为交流接触器和直流接触器。按其主触点的极数还可分为单极、双极、三极、四极和五极等多种。

2. 接触器的工作原理及结构

（1）交流接触器

交流接触器主要由电磁系统、触点系统和灭弧装置构成。其图形符号如图 8-46 所示，文字符号为 KM。

电磁系统由线圈、静铁心、动铁心（又称为衔铁）等组成。线圈通电时产生磁场，动铁心被吸向静铁心，带动触点控制电路的接触与分断。

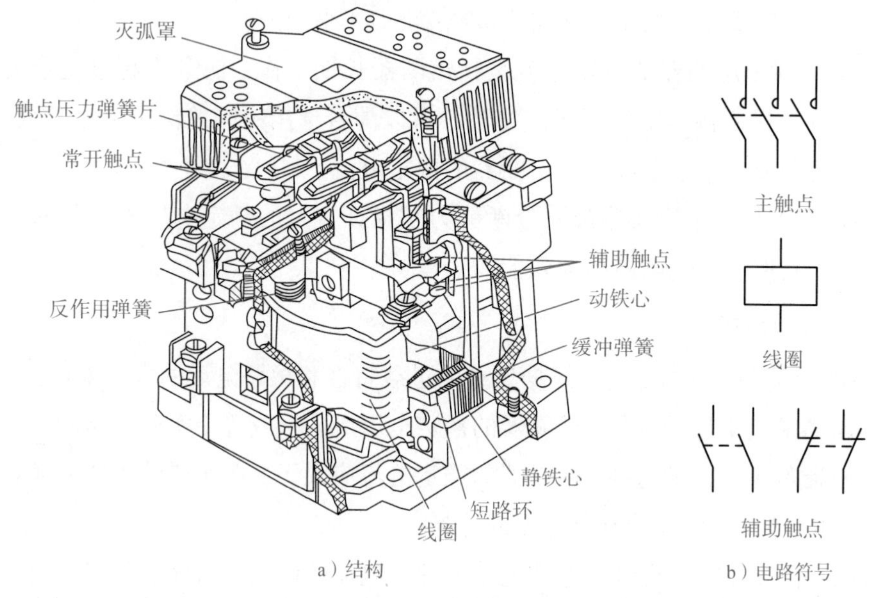

a）结构　　b）电路符号

图 8-46　CJT1—20 交流接触器

接触器在分断大电流电路时，在动、静触点之间会产生较大的电弧，它不仅会烧坏触点，延长电路分断时间，严重时还会造成相间短路。所以在 20A 以上的接触器中主触点上均装有陶瓷灭弧罩，以迅速切断触点分断时所产生的电弧。

（2）直流接触器

直流接触器主要用于控制直流电压至 440V、直流电流至 1 600A 的直流电力线路，常用于频繁地操作和控制直流电动机。

在直流接触器运行时，电磁机构中只有线圈产生热量，为了使线圈散热良好，通常将线圈绕制成长而薄的圆筒形，没有骨架，与铁心直接接触，便于散热。直流接触器的主触点在分断大的直流电时，产生直流电弧，较难熄灭，一般采用灭弧能力较强的磁吹式灭弧。

3. 接触器的主要技术参数及型号

（1）接触器的主要技术参数

1）额定电压：接触器铭牌上标注的额定电压是指主触点正常工作的额定电压。交流接触器常用的额定电压等级有 127V、220V、380V、660V；直流接触器常用的电压等级有 110V、220V、440V、660V。

2）额定电流：接触器铭牌上标注的额定电流是指主触点的额定电流。交、直流接触器常用的额定电流的等级有 10A、20A、40A、60A、100A、150A、250A、400A、

600A。

3）线圈的额定电压：指接触器吸引线圈的正常工作电压值。交流线圈常用的电压等级为36V、110V、127V、220V、380V；直流线圈常用的电压等级为24V、48V、110V、220V、440V。选用时交流负载选用交流接触器，直流负载选用直流接触器，但交流负载频繁动作时可采用直流线圈的交流接触器。

（2）交流接触器的主要型号

CJT1系列交流接触器：适用于交流50Hz，电压至380V，电流至150A的电力线路，作远距离接通与分断线路之用，并适宜于频繁地起动和控制交流电动机。

CJ20系列交流接触器：适用于交流50Hz、电压至660V、电流至630A的电力线路，供远距离接通与分断线路之用，并适宜于频繁地起动和控制交流电动机。

（3）直流接触器的主要型号

CZ0系列直流接触器：适用于直流电压440V以下、电流600A及以下电路，用于远距离接通和分断直流电力线路，频繁起动、停止直流电动机，控制直流电动机的换向及反接制动。

CZ18系列直流接触器：适用于直流电压440V以下、电流至1 600A及以下电路，供远距离接通和分断直流电力线路，频繁起动、停止直流电动机，控制直流电动机的换向及反接制动。

（4）交流接触器的选择

在选用交流接触器时应注意两点：第一，主触点的额定电流应等于或大于电动机的额定电流；第二，所用接触器线圈额定电压必须与线圈所接入的控制电路电压相符。

8.5.5 继电器

继电器是一种根据电或非电信号的变化来接通或断开小电流（一般小于5A）控制电路的自动控制电器。继电器的输入量（如电流、电压、温度、压力等）变化到某一定值时继电器动作，以接通和断开控制电路。因继电器的触点只用于控制电路，而且通断的电流小，所以继电器的触点结构简单，可不安装灭弧装置。

按输入信号不同可以分为电流继电器、电压继电器、时间继电器、热继电器以及温度、压力、速度继电器等。按工作原理可以分为电磁式继电器、感应式继电器、电动式继电器、电子式继电器等。按输出形式可以分为有触点和无触点两类。

1. 中间继电器

中间继电器触点数量多，触点容量大，在控制电路中起增加触点数量和中间放大的作用，有的中间继电器还带有短延时作用。其线圈为电压线圈，要求当线圈电压为0时，衔铁能可靠释放，对动作参数无要求，中间继电器没有弹簧调节装置。其图形符号如

图 8-47 所示，文字符号为 KA。

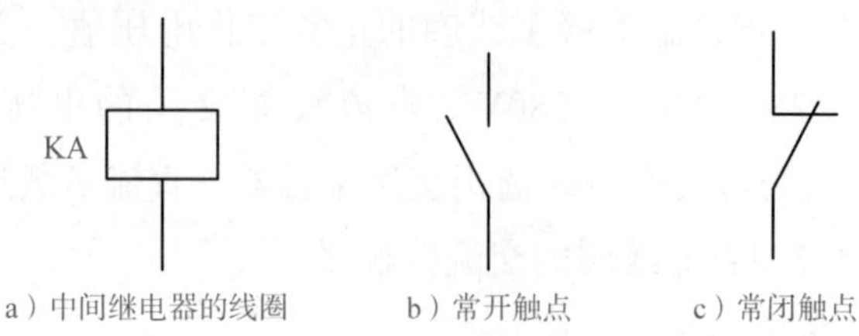

图 8-47 中间继电器的图形符号

2. 时间继电器

从得到输入信号（线圈通电或断电）开始，经过一定的延时后才输出信号（触点闭合或断开）的继电器，称为时间继电器。时间继电器的图形符号如图 8-48 所示，文字符号为 KT。

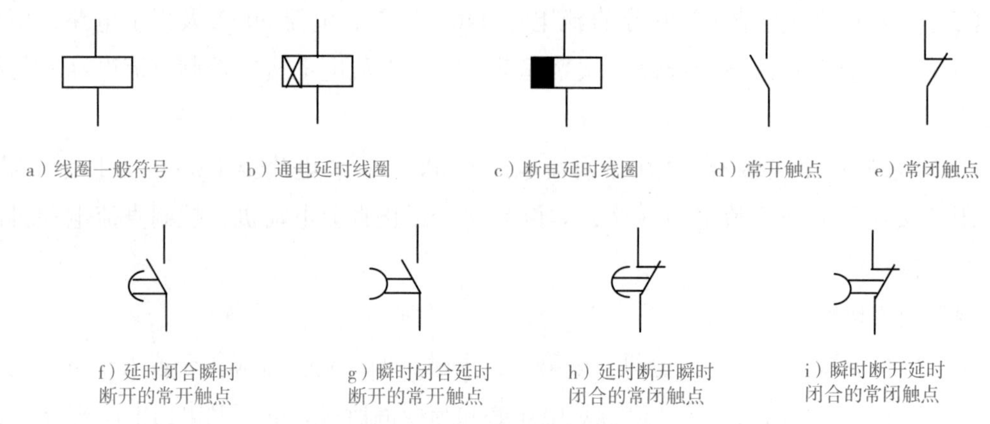

图 8-48 时间继电器的电路符号

图 8-49 所示为空气阻尼式时间继电器，它是利用空气的阻尼作用而达到延时的目的。JS7-A 系列空气阻尼式时间继电器是利用空气通过小孔节流的原理来获得延时动作，根据触点的延时特点，它可以分为通电延时与断电延时两种，主要由电磁系统、工作触点、气室和传动机构等部分组成。

电磁系统由电磁线圈、静铁心、衔铁、反作用弹簧片组成，其工作情况与接触器差不多，但结构上有较大的差异。工作触点由两副瞬时触点和两副延时触点组成，每副触点均为一常开和一常闭。气室由橡皮膜、活塞等组成，橡皮膜与活塞可随气室中的气量增减而移动。气室上面有一颗调节螺钉，可调节气室进气速度的大小，从而改变延时的时间。

时间继电器的电路符号比一般继电器复杂。触点有六种情况，尤其对常开触点延时断开，常闭触点延时闭合，要仔细领会。

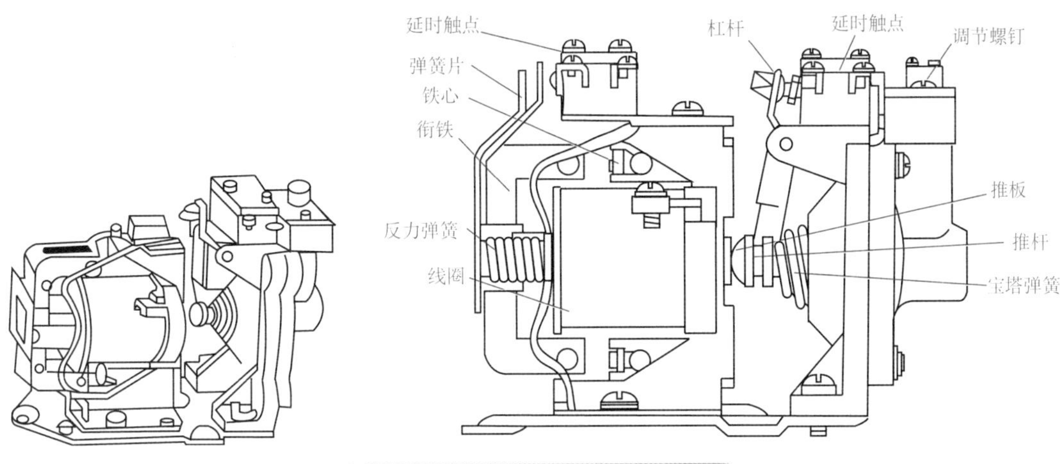

图 8-49　空气阻尼式时间继电器

除空气阻尼式时间继电器外，还有直流电磁式时间继电器、电动式时间继电器、电子式时间继电器等，这里就不再一一介绍了。

3. 热继电器

按相数来分，热继电器有单相、两相和三相式三种类型。按复位方式分，热继电器有自动复位的和手动复位的，所谓自动复位是指触点断开后能自动返回。按温度补偿分，有带温度补偿的和不带温度补偿的。

常用的热继电器有 JR20、JR36、JRS1 系列，具有断相保护功能的热继电器系列，一般只能和相应系列的接触器配套使用，如 JR20 热继电器必须与 CJ20 接触器配套使用。热继电器的图形符号如图 8-50 所示，文字符号为 FR。

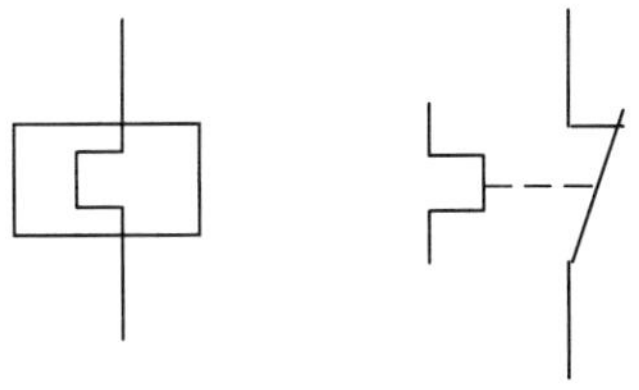

a）热组件　　b）常闭触点

图 8-50　热继电器图形符号

热继电器使用时，应将热组件串联在主电路中，常闭触点串联在控制电路中，当电动机过载时，流过电阻丝的电流超过热继电器的整定电流，电阻丝发热增多，温度升高，由于两块金属片的热膨胀程度不同而使主双金属片向右弯曲，通过传动机构断开常闭触点，分断控制电路，再通过接触器切断主电路，实现对电动机的过载保护。电源切除后，主双金属片逐渐冷却并恢复原位。

在选用热继电器时应注意两点：第一，选择热继电器的额定电流等级时应根据电动机或其他用电设备的额定电流来确定。例如，电动机的额定电流为 8.4A，则可选用数值相近的 10A 等级的热继电器，使用时将整定电流调整到约 8.4A。第二，热继电器的热组件有两相和三相两种形式（老产品以两相为主），在一般的工作机械电路中可选用两相的热继电器，但是当电动机作三角形联结并以熔断器作短路保护时，则选用带断相保护装置的三相热继电器。

热继电器的整定电流值为（0.95~1.05）倍的电动机的额定电流。所谓整定电流是指热继电器长期不动作的最大电流，超过此值就要动作。整定电流值应与被保护电动机额定电流值相等，其大小可通过旋转整定电流旋钮来实现。

8.5.6 主令电器

主令电器主要是用来接通和切断控制电路，以发布指令或信号，达到对电力传动系统的控制或实现过程控制。主令电器只能用于控制电路，不能用于通断主电路。

主令电器种类很多，本节主要介绍控制按钮、万能转换开关和行程开关。

1. 控制按钮

按钮是一种以短时接通或分断小电流电路的电器，它的触点允许通过的电流较小，一般不超过 5A。它不直接控制主电路的通断，而是通过控制电路的接触器、继电器、电磁起动器来操纵主电路。

按钮一般由按钮帽、复位弹簧、桥式动触点、静触点、支柱连杆及外壳等部分组成，其图形符号见表 8-5，文字符号为 SB。

表 8-5 按钮的结构与符号

结构	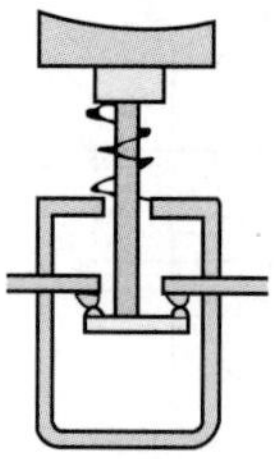	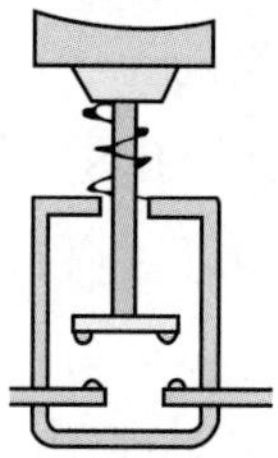	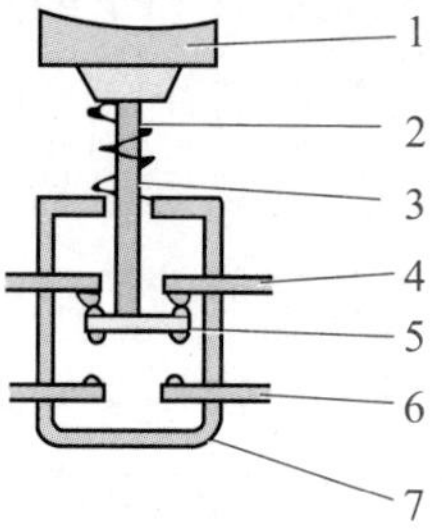 1 2 3 4 5 6 7
符号	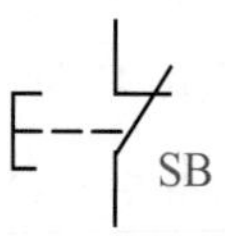 SB	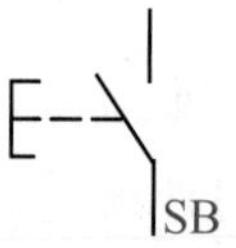 SB	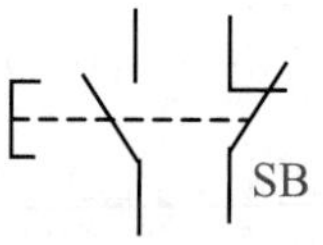 SB
名称	常闭按钮（停止按钮）	常开按钮（起动按钮）	复合按钮

注：1—按钮帽；2—复位弹簧；3—支柱连杆；4—常闭静触点；5—桥式动触点；6—常开静触点；7—外壳。

按钮按静态（不受外力作用）时触点的分合状态，可分为常开按钮（起动按钮）、常闭按钮（停止按钮）和复合按钮（常开、常闭组合为一体的按钮）。

常开按钮：未按下时，触点是断开的；按下时触点闭合；当松开后，按钮自动复位。

常闭按钮：与常开按钮相反，未按下时，触点是闭合的；当松开后，按钮自动复位。

复合按钮：将常开和常闭按钮组合为一体。按下复合按钮时，其常闭触点先断开，然后常开触点再闭合；而松开时，常开触点先断开，然后常闭触点再闭合。

2. 万能转换开关

万能转换开关是一种多档的转换开关，其特点是触点多，可以任意组合成各种开闭状态，能同时控制多条电路，主要用于各种配电设备的远距离控制，各种电气控制线路的转换、电气测量仪表的换相测量控制。有时也被用作小型电动机的控制开关。

万能转换开关的结构和组合开关的结构相似，由多组相同结构的触点组件叠装而成，它依靠凸轮转动及定位，用变换半径操作触点的通断，当万能转换开关的手柄在不同的位置时，触点的通断状态是不同的。万能转换开关的手柄操作位置是用手柄转换的角度表示的，有 90°、60°、45°、30° 四种。

3. 行程开关

行程开关又称为位置开关或限位开关，其作用与按钮相同，用来接通或分断某些电路，达到一定的控制要求，利用机械设备某些运动部件的挡铁碰压行程开关的滚轮，使触点动作，将机械的位移信号——行程信号，转换成电信号，从而对控制电路发出接通、断开的转换命令。行程开关广泛应用于顺序控制、变换机械的运动方向、行程的长短和限位保护等自动控制系统中。

行程开关一般由操作头、触点系统和外壳三部分组成。操作头接收机械设备发出的动作指令和信号，并将其传递到触点系统。触点系统将操作头传递的指令或信号变成电信号，输出到有关控制电路，进行控制。

行程开关的结构型式很多，按其动作及结构可分为按钮式（又称为直动式）、旋转式（又称为滚轮式）、微动式三种，其图形符号如图 8-51 所示，文字符号为 SQ。

图 8-51 行程开关的图形符号

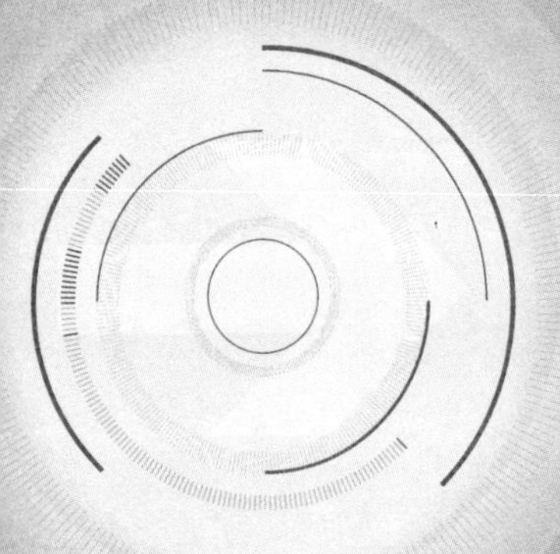

第9章 三相异步电动机的基本控制

学习目标

- 了解三相异步电动机直接起动控制的组成和工作原理。
- 了解三相异步电动机单向点动控制的组成及工作原理，能够进行点动控制线路的配线和安装。
- 了解三相异步电动机连续控制线路的组成和工作原理，能够进行连续控制线路的配线和安装。
- 了解三相异步电动机接触器互锁正反转控制线路的组成和工作原理。

9.1 三相笼型异步电动机的正转控制线路

9.1.1 点动正转控制线路

点动正转控制线路是一种调整工作状态的线路，要求一点一动，即按一次按钮动一下，连续按则连续动，不按则不动，这种动作常称为“点动”或“点车”。这种控制方法常用于电动葫芦的起重电动机控制和车床拖板箱快速移动电动机控制。

1. 电气原理图

点动正转控制线路如图 9-1 所示。

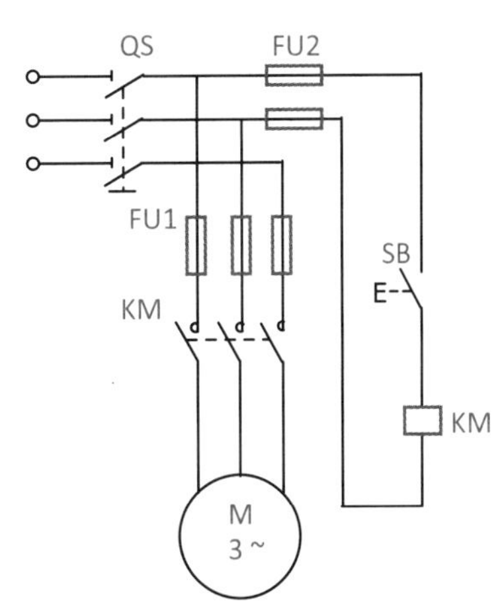

图 9-1 点动控制线路原理图

2. 电路中的组件及其作用

1）隔离开关 QS：在电路中的作用是隔离电源，便于检修。

2）熔断器 FU1：主电路的短路保护。

3）熔断器 FU2：控制电路的短路保护。

4）交流接触器 KM：主触点控制电动机的起动与停止。

5）起动按钮 SB：控制接触器 KM 的线圈得电与失电。

3. 工作原理

合上 QS

起动：按下 SB → KM 线圈得电→ KM 主触点闭合→电动机 M 通电起动

停止：松开 SB → KM 线圈失电→ KM 主触点断开→电动机 M 断电停转

9.1.2 接触器自锁正转控制线路

在要求电动机起动后能连续运转时，点动正转控制线路显然是不行的。读者可采用图 9-2 所示的接触器自锁正转控制线路。

1. 电气原理图（见图 9-2）

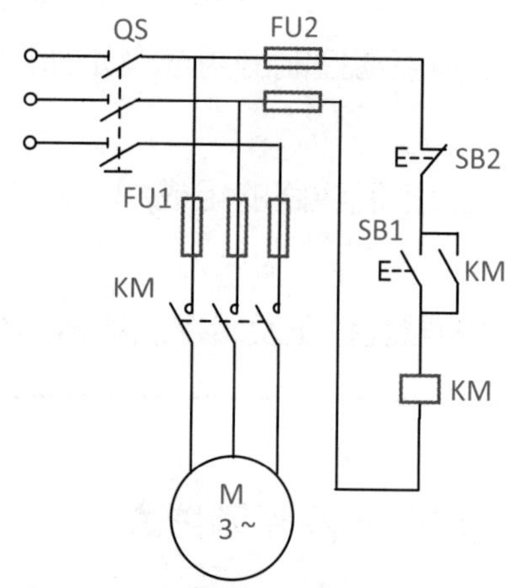

图 9-2 接触器自锁正转控制线路原理图

2. 电路中的组件及其作用

1）隔离开关 QS：在电路中的作用是隔离电源，便于检修。

2）熔断器 FU1：主电路的短路保护。

3）熔断器 FU2：控制电路的短路保护。

4）交流接触器 KM：主触点控制电动机的起动与停止，辅助常开触点在电路中起到失电压（零压）保护和欠电压保护的作用。

①所谓失电压保护，就是指电动机在正常的运行中，由于外界某种原因引起突然断电时，能自动断开电动机电源，当重新供电时，保证电动机不能自行起动的一种保护。

②所谓欠电压保护，就是指当控制电路的电压低于线圈额定电压 85% 以下时，主

触点和辅助常开触点同时分断，自动切断主电路和控制电路，电动机失电停转。

5）起动按钮 SB1：控制接触器 KM 线圈的得电。

6）停止按钮 SB2：控制接触器 KM 线圈的失电。

3. 工作原理

合上 QS

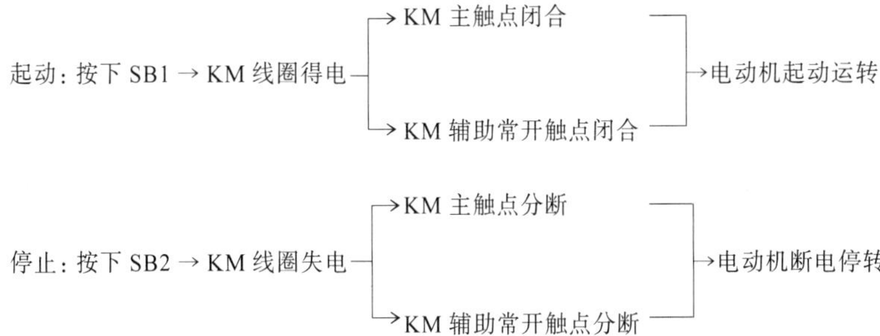

说明：电路起动后，当松开 SB1 时，因为交流接触器 KM 的辅助常开触点闭合时已将 SB1 短接，控制电路仍保持接通，所以交流接触器 KM 的线圈继续得电，电动机实现连续运转。当松开起动按钮后，交流接触器通过自身常开触点而使线圈保持得电的作用称为自锁。与起动按钮并联起自锁作用的常开触点称为自锁触点。

9.1.3 具有过载保护的自锁正转控制线路

所谓过载保护，是指当电动机出现过载时，能自动切断电动机电源，使电动机停转的设备。电动机常用的过载保护是由热继电器来实现的，如图 9-3 所示的电路。在接触器自锁正转控制线路中加入一个热继电器，热继电器的热组件串接在主电路中，热继电器的常闭触点则串接在控制电路中，这样就构成了具有过载保护的自锁正转控制线路。

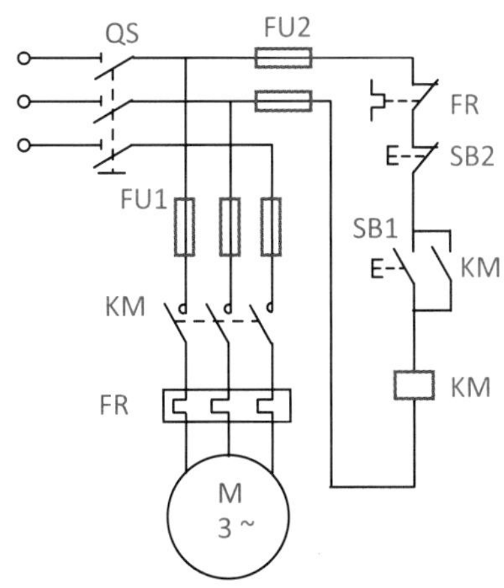

图 9-3　具有过载保护的自锁正转控制线路原理图

9.1.4 连续与点动混合控制的正转控制线路

机床设备在正常工作时，一般需要电动机处在连续运行状态；但在试车或调整刀具与工件的相对位置时，又需要电动机能点动控制，实现这种工艺要求的电路称为连续与点动混合控制的正转控制线路，如图 9-4 所示。

1. 电气原理图

由图 9-4 可知，该线路是在具有过载保护的自锁正转控制线路的基础上，增加了一个复合按钮 SB3，其常开触点与起动按钮并联，常闭触点与自锁触点串联。

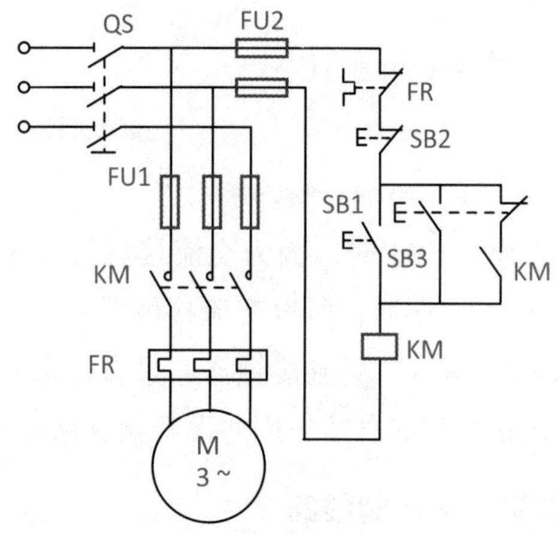

图 9-4　连续与点动混合控制的正转控制线路

2. 工作原理

1）连续控制：工作过程和工作原理与接触器自锁正转控制线路一致。

2）点动控制：

合上 QS

起动：

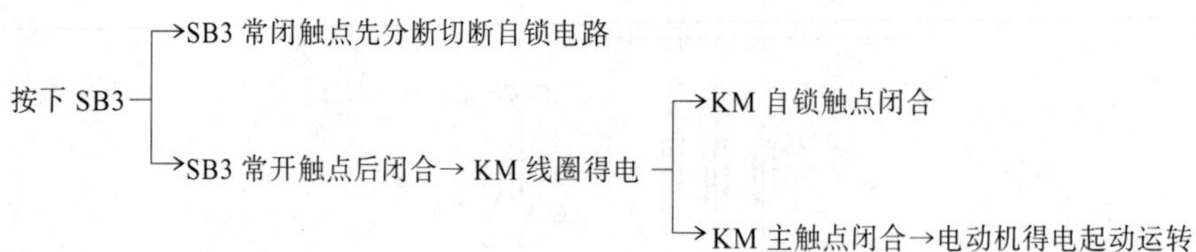

停止：

9.2 三相笼型异步电动机的正反转控制线路

在生产实践中，许多生产机械要求运动部件能做正反运转，如铣床的主轴要求正反旋转，工作台要求往返运动，起重机的吊钩要求上升与下降等。从电动机的工作原理可知，只要改变电动机定子绕组的电源相序，就可实现电动机的反转。在实际应用中，通常通过两个接触器来改变电源的相序，从而实现电动机的正反转控制。

1. 电气原理图

接触器联锁的正反转控制线路如图 9-5 所示。

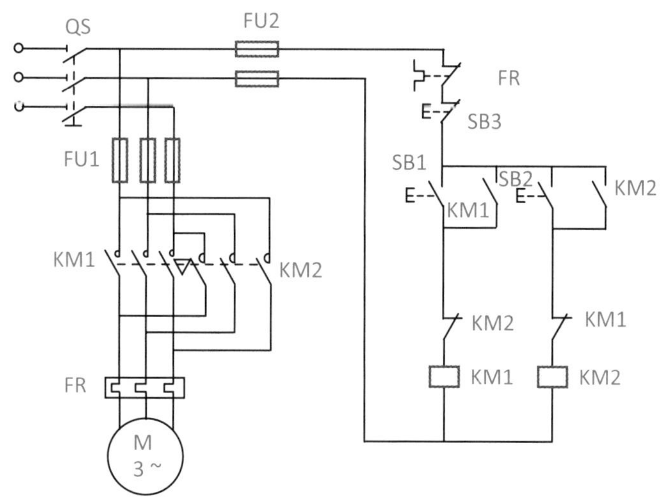

图 9-5　接触器联锁的正反转控制线路

2. 电路中的组件及其作用

1）隔离开关 QS：在电路中的作用是隔离电源，便于检修。

2）熔断器 FU1：主电路的短路保护。

3）熔断器 FU2：控制电路的短路保护。

4）交流接触器 KM1：主触点控制电动机的正转起动与停止，辅助常开触点在电路中起到失电压（零压）保护和欠电压保护的作用，辅助常闭触点与交流接触器 KM2 的辅助常闭触点构成联锁，使得 KM1 线圈和 KM2 线圈不能同时得电。

5）交流接触器 KM2：主触点控制电动机的正转起动与停止，辅助常开触点在电路中起到失电压（零压）保护和欠电压保护的作用，辅助常闭触点与交流接触器 KM1 的辅助常闭触点构成联锁，使得 KM1 线圈和 KM2 线圈不能同时得电。

> **注意**
>
> 接触器KM1和KM2的主触点绝不允许同时闭合，否则将造成两相电源短路。为了避免两个接触器KM1和KM2同时得电动作，就在正反转控制电路中分别串接了对方接触器的一对常闭触点，这样当一个接触器得电动作时，通过常闭触点使另一个接触器不能动作，这种相互制约的作用称为接触器联锁（或互锁）。实现联锁作用的常闭触点称为联锁触点（或互锁触点），联锁符号用“▽”表示。

6）热继电器FR：在电路中起过载保护作用。

7）正转起动按钮SB1：控制接触器KM1线圈的得电。

8）反转起动按钮SB2：控制接触器KM2线圈的得电。

9）停止按钮SB3：控制接触器KM1线圈和KM2线圈的失电。

3. 工作原理

合上QS

（1）正转控制

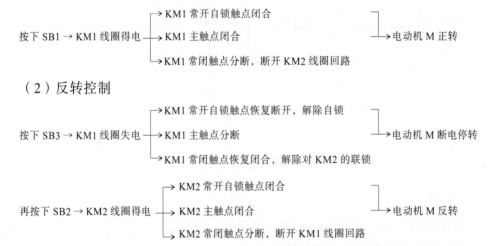

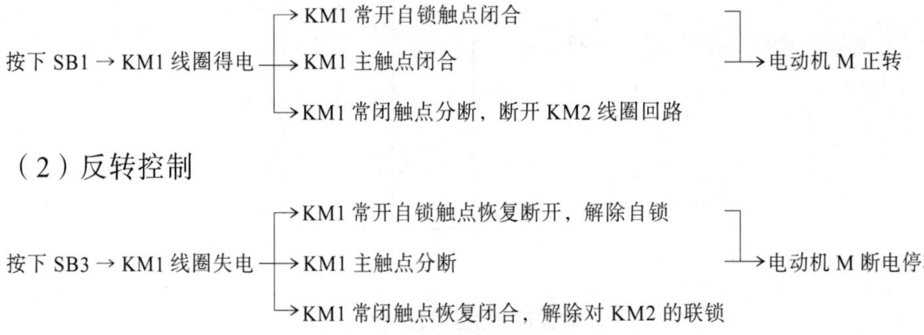

（2）反转控制

按下SB3 → KM1线圈失电 → KM1常开自锁触点恢复断开，解除自锁；KM1主触点分断；KM1常闭触点恢复闭合，解除对KM2的联锁 → 电动机M断电停转

再按下SB2 → KM2线圈得电 → KM2常开自锁触点闭合；KM2主触点闭合；KM2常闭触点分断，断开KM1线圈回路 → 电动机M反转

（3）停止控制

按下SB3 → KM1或KM2线圈失电→ KM1或KM2主触点分断→电动机M断电停转

※9.3 卧式车床电气控制线路简介

9.3.1 识读电气控制线路原理图的方法

电气控制线路原理图具有结构简单、层次分明、适于研究和分析电路的工作原理等优点，广泛应用在设计部门与生产现场。识读电气控制线路原理图的方法，一般可归纳为：从机到电，先主后辅，化整为零，顺序阅读，连成系统，统观全图。其方法如下：

1）看标题栏，了解电路图的名称及有关内容，对电路图有个初步的认识。

2）看主电路，了解主电路的控制电器和设备以及主电路结构及其如何满足拖动控制等的条件。再根据工艺过程了解各台用电设备之间的关联。

3）看控制电路，根据主电路中控制组件主触点的文字符号，找到控制电路中有关的控制支路，把整个控制电路分解成与主电路相对应的几个基本环节，逐一分析。在分析中，特别要注意各环节之间的相互联系和制约关系，如自锁、联锁、保护环节等，以及与机械、液压部件的动作关系。分析结束后，应把各环节串起来，从整个控制电路来理解。

4）最后看信号、照明等辅助电路。弄清了电气控制线路原理图的布局、结构及工作情况，即可结合前面所学的专业知识来分析电路的工作原理。

9.3.2 CA6140卧式车床电气控制线路

车床是机械加工中应用最广泛的金属切削机床，在各种车床中，使用最多的是 CA6140 型卧式精度级车床，它的加工范围广、性能优越、结构先进、操作方便。

1. 主要结构及运动形式

CA6140 型卧式车床主要由床身、主轴箱、进给箱、溜板箱、刀架、丝杠、光杠、尾架等部分组成。图 9-6 是其外形图。主轴箱的作用是使主轴获得不同级别的正反转转速，进给箱的作用是变换被加工螺纹的种类和导程，以获得所需的各种进给量，溜板箱的作用是将丝杠或光杠传来的旋转运动转变为直线运动等带动刀架进给。

CA6140 型卧式车床的主运动是卡盘的旋转运动；进给运动是刀架带动刀具的直线运动；辅助运动是除切削运动以外的其他运动，如尾架的纵向移动，工件的夹紧与放松等。

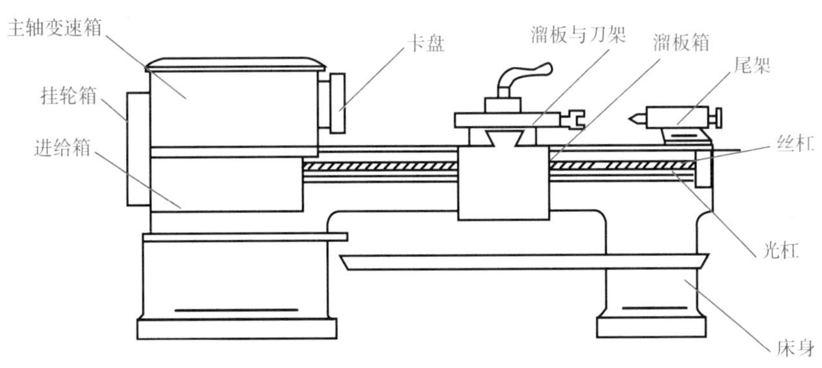

图 9-6　CA6140 型卧式车床的结构图

2. 电力拖动和控制特点

1）主运动和进给运动由一台主轴电动机拖动，一般选用三相笼型异步电动机，不进行电气调速。

2）主轴正反转由操作手柄通过双向多片摩擦离合器控制，制动采用机械制动，调速采用齿轮箱进行机械有级调速。为了减小振动，主轴电动机通过几条 V 带将动力传递到主轴箱。

3）主轴电动机的起动与停止采用按钮操作。

4）刀架的快速移动由一台电动机拖动，采用点动控制。

5）冷却泵电动机要求在主轴电动机起动后，方可决定冷却泵开动与否，当主轴电动机停止时，冷却泵电动机应立即停止。

6）具有安全的局部照明装置和过载、短路、欠电压和失电压保护。

3. 电路分析

CA6140 型卧式车床的电气控制原理图如图 9-7 所示。为了便于阅读，一般将机床电气原理图分成若干个图区。电路图的顶部为用途区，按各电路的功能分区；电路图的底部为数字区，按各支路的排列顺序分区。接触器线圈和继电器线圈所驱动的触点在图中的位置均以简表的形式列于各线圈的图形符号下，其标记方法见表 9-1 和表 9-2。

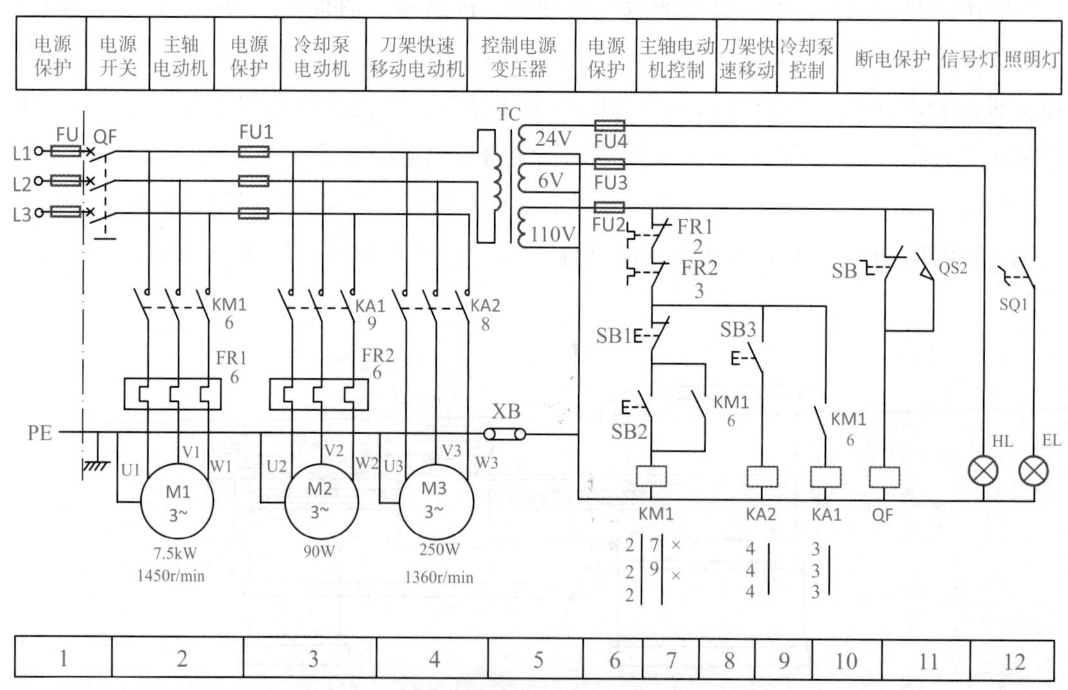

图 9-7　CA6140 型卧式车床的电气控制原理图

表 9-1　接触器触点分区位置简表

栏目	左栏	中栏	右栏
触点类型	主触点所处的图区号	辅助常开触点所处的图区号	辅助常闭触点所处的图区号
举例 KM 2 | 8 | × 2 | 10 | × 2 |	表示 3 对主触点均在图区 2	表示 1 对辅助常开触点在图区 8，另 1 对辅助常开触点在图区 10	表示 2 对辅助常闭触点未用

表 9-2　继电器触点分区位置简表

栏目	左栏	右栏
触点类型	常开触点所处的图区号	常闭触点所处的图区号
举例 KA2 4 | 4 | 4 |	表示 3 对常开触点均在图区 4	表示常闭触点未用

（1）主电路分析

主电路有三台电动机，M1 是主轴运动和进给运动的电动机；M2 是冷却泵电动机，实现刀具供给冷却液，使刀具在加工过程中得到冷却；M3 是刀架快速移动电动机。M1、M2 和 M3 分别由接触器 KM 和中间继电器 KA1、KA2 控制。M1 与 M2 做长期工作，分别由热继电器 FR1 和 FR2 做过载保护，M3 做短时工作，可不设过载保护。FU1 为冷却泵电动机 M2、快速移动电动机 M3、控制变压器 TC 的短路保护。断路器 QF 中的电磁脱扣器对电路进行短路保护。

（2）控制电路分析

控制电路的电源由控制变压器 TC 二次侧输出 110V 电压供电。在正常工作时，位置开关 QS1 的常开触点闭合。打开床头皮带罩后，QS1 断开，切断控制电路的电源，以确保人身安全。钥匙开关 SB 和位置开关 QS2 在正常工作时是断开的，断路器 QF 线圈不通电，断路器 QF 能合闸。打开配电盘壁龛门时，位置开关 QS2 闭合，断路器 QF 线圈获电，断路器 QF 自动断开。

控制电路的工作原理：合上断路器 QF，变压器 TC 二次侧输出 110V、24V 和 6V 电压，此时指示灯 HL 亮，表示电路已接通电源。

按下主轴电动机的起动按钮 SB2，接触器 KM 通电（正常进给时，进给运动的限位开关 SQ1 处于接通状态）。接触器 KM 的线圈得电，接触器 KM 的主触点合上，主轴电动机 M 通电运转。同时接触器 KM 的辅助常开触点闭合，一方面实现自锁，另一方面为中间继电器 KA1 得电做准备。按压 SB1，接触器 KM 断电释放，电动机 M1 断电停转。

主轴电动机 M1 和冷却泵电动机 M2 在控制电路中采用顺序控制。即只有当主轴电动机 M1 起动后，合上旋钮开关 SB4，冷却泵电动机 M2 才能起动。当 M1 停止运行时，M2 自行停止。

刀架快速移动电动机 M3 的起动是由安装在进给操作手柄顶端的按钮 SB3 控制，它与中间继电器 KA2 组成点动控制线路。

（3）保护电路的分析

位置开关 QS1 为机床的进给限位保护，当进给超出极限时 QS1 分断，控制电路断电，电动机 M1、M2 和 M3 停转。

（4）照明及指示电路分析

EL 为车床的低压照明灯，其工作电压为 24V，由变压器 TC 供给，由手动开关 SA 控制。HL 为电源信号灯，其工作电压为 6V，也由变压器 TC 供给。HL 亮表示控制电路的电源工作正常，HL 不亮表示电源有故障。

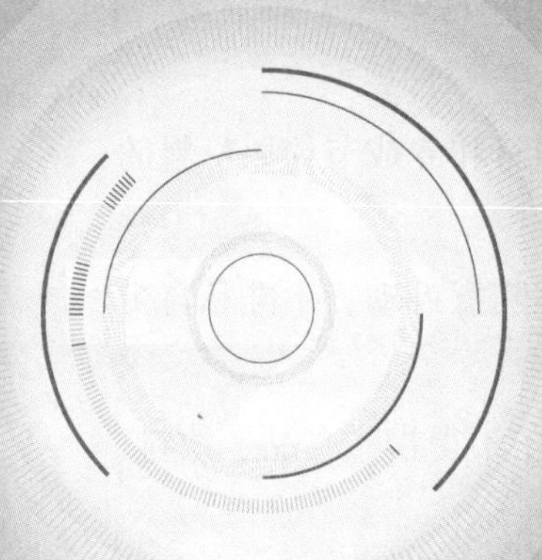

第10章 认识电子实训室和基本技能训练

- 了解电子实训室的规章制度、操作规程。
- 了解电子实训室的安全用电规则和配置标准。
- 熟悉常用电子仪器仪表的基本使用方法。
- 正确使用和选择焊接工具和材料。

10.1 电子实训室简介

电子实训室主要在于培养学生动手能力、创新能力、安全文明生产以及严谨踏实、科学的工作作风，使学生在实践中学习新知识、新技能、新方法，并通过电子实训，掌握电子工艺的技能、电子电路焊接的工艺及电子器具与组件的选用和检测方法。实训室至少配备 50 个工位和相应的装配工具、必需的仪器等设备。

10.1.1 电子实训室的规章制度

实训室是进行教学和操作技能的重要基地。为了提高实训室的使用效率，确保实训教学的效果，教学人员必须严格遵守下列规章制度。

1）进入实训室应统一着工作服，严禁工作服和便装混穿，做到着装整齐划一。

2）实训教师无特殊情况不得擅自离开岗位。学生编号与工位相对应，实训学生未经允许不得私自串位。

3）严格遵守实训操作规程，提高安全意识，避免随意性、盲目性操作，预防触电、烫伤、挤压等事故的发生。

4）爱护实训室的基础设施、电子设备、仪器仪表、工具器材和养成节约原材料的良好习惯，如有丢失、损坏等情况将酌情赔偿损失。

5）未经管理人员允许，实训室内的仪器、仪表、工具不准随意挪动，不准私自带出实训场外。

6）在实训室内不准阅读其他书籍、听音乐，禁止使用手机；不得携带食品、饮料、提包手袋进入实训室。

7）严禁在实训室内大声喧哗、吸烟、随地吐痰和乱扔纸屑等不良习气，保持良好的实训环境。

8）实训结束后，学生要整理好自己的工位，指导教师应检查设备、工具和仪器仪表的数量及完好率，并履行好实训室的各种登记手续。

10.1.2 电子实训室的操作规程

操作规程是安全的规范同时可以使实训室保持清洁明亮、秩序井然，能稳定人的情绪，达到符合最佳布局的良好环境，可以使操作者养成按照标准程序和工艺要求进行认真操作的职业规范。

1）实训前应认真阅读实训指导书，明确实训操作安全注意事项及实训目的和实训步骤。

2）实训前应认真检查本组仪器、设备及电子元器件，若发现缺损或异常现象，应立即报告指导教师处理。

3）实验前，确认一切正常后，由教师合闸送电，不允许学生随意合闸送电。

4）实验时，不得私设实训内容，严禁扩大实训范围（如乱拆组件、随意短接等）。

5）焊接过程中所用的发热工具按指定位置摆放，防止发生烫伤或酿成火灾。

6）使用工具、仪器仪表时，动作要适度规范，严禁野蛮操作。

7）实训中遇电器熔丝被熔断时，应在教师指导下更换相同规格的熔丝，禁止用铝、铜等金属丝代替。

8）实训结束，应先关仪器电源开关，再拔下电源插头，避免仪器受损。

10.1.3 电子实训室安全用电规则

安全用电是实训室始终需要注意的重要问题。为了做好实训，确保人身和设备的安全，在做电子实训时，应时刻注意安全用电。

1）工作台面上应铺设绝缘垫，台体、用电设备等都应接好安全保护地线；发现用电设备、电源线等出现损坏现象时，应立即报告，由相关人员及时处理。

2）接线、改接、拆线都必须在切断电源的情况下进行，即“先接线后通电，先断电再拆线”。

3）在电路通电情况下，人体严禁接触电路不绝缘的金属导线或连接点等带电部位，更不能用手接触导电部位来判断是否带电。万一遇到触电事故，应立即切断电源，进行必要的处理。

4）设备、工具、仪器等所用的各种插头要保持完好，不用时应拔掉。拔时要捏住插头的绝缘部位，而不能拉线，以免电线与插头分离。

5）实训中，特别是设备刚投入运行时，要随时注意仪器设备的运行情况，发现漏电掉闸时，切勿重新合闸，而应由相关人员排除漏电故障后，方可重新合闸。

6）发现电源及用电设备有打火、冒烟、过热、异味、异声等，应迅速切断开关，再进行检修。

7）实验时应精神集中，同组者必须密切配合，接通电源前须通知同组同学，以防止触电事故。

8）了解有关电气设备的规格、性能及使用方法，严格按额定值使用。注意仪表的种类、量程和连接使用方法，例如，不可用电流表或万用表的电阻档，电流档去测量电压；电流表、功率表的电流线圈不能并联在电路中等。

10.1.4 电子实训室的电源及仪器设备配套标准

1. 电源配置

根据教学实训课题的需要，实训室的电源配置应满足技能训练要求和符合安全规定，首先仪器或仪表所用的电源应有多种安全保护措施，如短路保护、过载保护、漏电保护和接地保护等。

交流电源的输入容量应大于实训室的满载电流，并留有一定的余量。输入为三相五线 AC：380（1 ± 10%）V，50Hz；输出为单项 AC：220（1 ± 10%）V，50Hz；工作电压为 DC：0 ~ 30V/2A 可调稳压电源。

2. 仪器设备配套

本配套标准根据电子类专业涵盖的主要专门化方向和职业岗位（群）要求以及专业培养目标提出了实训室设备配置基本方案，见表 10-1。

表 10-1　电子实训室仪器设备基本配置推荐标准

序号	名称	规格、型号及要求	单位	数量	备注
1	电子装配工具套件	可完成普通电子产品组装	套	50	
2	温控电烙铁	含烙铁架	套	50	
3	投影仪	DLP 1024X768 ≥ 2000 流明	台	1	
4	计算机	适合多媒体教学应用	台	1	
5	双路直流稳压电源	EM1716A	部	25	
6	模拟式万用表	MF47 型或 MF50 型	只	50	
7	数字式万用表	具有多种保护功能和电容测量功能	只	50	

（续）

序号	名称	规格、型号及要求	单位	数量	备注
8	函数信号发生器	EM1640V	台	25	
9	高频信号发生器	工作频率：0.1 ~ 150MHz，调幅范围：0~60% 连续可调；内调幅频率：400Hz~1kHz	台	25	
10	晶体管图示仪	HZ3832	台	5	
11	电子低压表	DF2174B	台	25	
12	频率计	HC-F1000L	台	5	
13	双踪示波器	YB4382	部	25	

10.2 基本技能训练

掌握了电子产品制作的基础，还须进一步掌握电子产品制作的基本技能，包括基本工具、常用仪器仪表的性能、特点和使用方法，以及各种元器件的检验与筛选方法等。本节主要简述常用电子仪器仪表的基本使用方法和焊接工具及材料的使用。

10.2.1 常用电子仪器仪表的基本使用方法

1. 直流稳压电源

直流稳压电源的作用是提供电路直流功率。现以功能较先进的 EM1700 系列直流稳压稳流源为例说明其功能及使用方法。

（1）基本功能

EM1700 系列稳压电源是实训室通用电源。Ⅰ、Ⅱ两路具有恒压、恒流功能（CV/CC），这两种模式可随负载变化自动转换。具有串连主从的工作功能，Ⅰ路为主路，Ⅱ路为从路，在跟踪状态下，从路的输出电压随主路的变化而变化，适合需要对称且可调双极性电源的场合。Ⅰ、Ⅱ两路均可输出 0 ~ 32V、0 ~ 2A 直流电源。串连工作或串连跟踪工作时可输出 0 ~ 64V、0 ~ 2A 或 0 ~ 32V、0 ~ 2A 的单极性或双极性电源。Ⅲ路为固定 5V、0 ~ 2A 直流电源，供 TTL 电路实验及单板机、单片机电源等使用，安全可靠。

（2）使用方法

1）面板上根据功能色块分布，1 区内的按键为 1 路仪表指示功能选择，按入时，指示输出电流；按出时，指示输出电压，Ⅰ路和Ⅱ路相同。

2）中间按键是跟踪 / 独立选择开关，按入时，在Ⅰ路输出负端至Ⅱ路输出正端加一短路线，开启电源后，即工作在主从跟踪状态。

3）恒定电压设定在输出端开路时调节，恒定电流设定在输出端短路时调节。

4）电源输入为三线，机壳接地，以保证安全及减小输出纹波和接地电位差造成的杂波干扰、50Hz 干扰。

Ⅲ路输出固定在 +5V、Ⅰ端接机壳。

Ⅰ、Ⅱ两路输出为悬浮式，用户可根据使用情况将输出接入自己的系统。

串连或串连主从跟踪工作时，两路的四个输出端子只允许有一个端子与机壳地直连。

2. 模拟式万用表

模拟式万用表（以下简称万用表）又称为指针式万用表，是具有整流器的磁电式仪表，可用来测量交流及直流电压、直流电流（有的可测交流电流）和电阻，以及音频电平（分贝）、电容、电感、晶体管放大系数（h_{FE}）等。其特点是量程广泛、操作简单、维修方便、价格低廉，是电工电子技术工作中普及面最广、应用量最大的多用途电测仪表。下面以使用较为广泛的 MF47 型万用表为例，来说明它的基本使用方法。

（1）基本功能

MF47 型是设计新颖的便携式多量程万用电表。可测量直流电流、交直流电压、直流电阻等，具有 26 个基本量程和电平、电容、电感、晶体管直流参数等 7 个附加参考量程。

（2）刻度盘与档位盘

刻度盘与档位盘印制成红、绿、黑三色。表盘颜色分别按交流红色、晶体管绿色、其余黑色对应制成。刻度盘共有六条刻度，第一条专供测电阻用；第二条供测交直流电压、直流电流用；第三条供测晶体管放大倍数用；第四条供测量电容用；第五条供测量电感用；第六条供测音频电平用。刻度盘上装有反光镜，以消除视差。

除交直流 2 500V 和直流 5A 分别有单独插座之外，其余各档只需要转动选择开关即可操作，使用方便。

（3）使用方法

在使用前，指针应指在机械零位上，否则可旋转表盖的调零器使指针指示在零位上。

将红黑测试表笔分别插入“+”“–”插座上，如测量交直流 2 500V 或直流 5A 时，红插头则插到标有“2 500V”或“5A”的插座上。

1）直流电流测量。测量 0.05 ~ 500mA 时，转动开关至所需的电流档，测量 5A 时，可置于 500mA 直流电流档位上，而后将测试表笔串接于被测电路中。

2）交直流电压测量。测量交流 10 ~ 1 000V 或直流 0.25 ~ 1 000V 时，转动开关至所需的电压档。测量交直流 2 500V 时，开关应分别旋转至交流 1 000V 或直流 1 000V 位置上，而后将测试表笔跨接于被测电路两端。

3）直流电阻测量。装上电池（R14 型 2#1.5V 及 6F22 型 9V 各一只）。转动开关至所需测量的电阻档，将测试表笔两端短接，作零欧姆调整，若不能指示欧姆零位，则说明电池电压不足，应更换电池，完成后再作被测电路的测量。

测量电阻时，应选择合适的电阻档位，并使指针尽量能够指向刻度盘中间三分之一区域。

测量电路中的电阻时，应先切断电路电源，如电路中有电容应先行放电。

检查电解电容器的漏电电阻，可转动开关到 $R\times1k$ 档，测试表笔的红表笔必须接电容器负极，黑表笔接电容器正极。

4）音频电平测量。在一定的负荷阻抗下，测量放大级的增益和线路输送的损耗，测量单位以分贝表示 。音频电平与功率电压的关系式为

$$N\text{（dB）}=10\lg P_2/P_1=20\lg V_2/V_1$$

音频电平的刻度系数按 0dB=1mW600Ω 输送线标准设计，即

$$V_1=(PZ)\times1/2=(0.001\times600)\times1/2=0.775\text{V}$$

式中，P_2 为被测功率；V_2 为被测电压。

音频电平是以交流 10V 为基准刻度，如指示值大于 22dB 时，可以在 50V 以上各量程测量，其显示值可按表 10-2 所示的值修正。

表 10-2　音频电平测量范围

量程按电平刻度增加值	测量范围
10V	−10 ~ 22dB
50V	14 dB；4 ~ 36 dB
250V	28 dB；18 ~ 50 dB
500V	34 dB；24 ~ 56 dB

测量方法与交流电压相似，转动开关至相应的交流电压档，并使指针有较大的偏转。如被测电路中带有直流电压成分时，可在“+”插座中串接一个 0.1μF 的隔离电容器。

5）电容测量。转动开关至交流 10V 位置，被测量电容串接于任一测试表笔，而后跨接于 10V 交流电压电路中进行测量。

6）电感测量与电容测量方法相同。

7）晶体管直流参数的测量：

①直流放大倍数 h_{FE} 的测量。先转动开关至晶体管调节“ADJ”位置上，将红黑测试表笔短接，调节欧姆电位器，使指针对准 300 h_{FE} 刻度线上，然后转动开关到 h_{FE} 位置，将被测的晶体管管脚分别插入晶体管测试座的 ebc 管座上，指针偏转所示数值约为晶体管的直流放大倍数值。NPN 型晶体管应插入 N 型管孔，PNP 型晶体管应插入 P 型管孔。

②反向截止电流 I_{ceo}、I_{cbo} 的测量。I_{ceo} 为集电极与发射极间的反向截止电流（基极开路），I_{cbo} 为集电极与基极间的反向截止电流（发射极开路）。转动开关至 R×1k 档，将测试表笔两端短路，调节零欧姆（此时满度电流值约为 90μA），分开测试表笔，然

后将欲测的晶体管插入管座，此时指针的数值约为晶体管的反向截止电流值。指针指示的刻度值乘上 1.2 即为实际值。

当 I_{ceo} 电流值大于 90μA 时可换用 R×100 档进行测量（此时满度电流值约为 900μA）。NPN 型晶体管应插入 N 型管孔，PNP 型晶体管应插入 P 型管孔。

8）晶体管管脚极性的辨别（将万用表置于 R×1k 档）:

①判定基极 b。由于 b 到 c、e 间分别是两个 PN 结结构，特性是反向电阻很大，而正向电阻很小，测试时可任意取晶体管一脚假定为基极。将红表笔接“基极”，黑表笔分别去接触另两个管脚，如此时测得都是低阻值，则红表笔所接触的管脚即为基极 b，并且是 PNP 型管。如用上述方法测得均为高阻值，则为 NPN 型管。如测量时两个管脚的阻值差异很大，可另选一个管脚为假定基极，直至满足上述条件为止。

②判定集电极 c。对于 PNP 型晶体管，当集电极接负电压，发射极接正电压时，电流放大倍数比较大，而 NPN 型管则相反。假定红表笔接集电极 c，黑表笔接发射极 e，记下其阻值，再红、黑表笔交换测试，将测得的阻值与第一次阻值相比，阻值小的红表笔接的是集电极 c，黑表笔接的是发射极 e，而且可判定是 PNP 型管（NPN 型管则相反）。

9）二极管极性的判别。测试时选 R×10k 档，若测得的阻值小，则黑表笔一端为正极。万用表在欧姆电路中，红表笔为表内电池负极，黑表笔为电池正极。

注意：以上介绍的测试方法，一般都用 R×100 或 R×1k 档，如果用 R×10k 档，则因该档用表内 15V 的较高电压供电，可能将被测晶体管的 PN 结击穿，若用 R×1 档测量，因电流过大（约 90mA），也可能损坏被测晶体管。

（4）注意事项

万用表虽有双重保护装置，但使用时仍应遵守下列规程，避免意外损失。

1）测量高压或大电流时，为避免烧坏开关，应在切断电源的情况下变换量程。

2）测未知量的电压或电流时，应先选择最高档位，待第一次读取数值后，方可逐渐转至适当位置，以取得较准确的读数并避免烧坏电表。

3）熔丝若烧断，应换上相同型号的熔丝（0.5A/250V）。

4）测量高压时，应加强防护措施，防止发生意外事故。

5）电阻各档用的干电池，应定期检查或更换，以保证测量准确度。平时不用万用表时，应将档位盘打到交流 250V 档；长期不用则应取出电池，避免电液溢出腐蚀而损坏其他零件。

3. 数字式万用表

随着电子工业的迅速发展与电子技术的不断进步，各种数学式万用表应运而生。由于采用大规模的集成电路，其功能也越来越广泛，从基本的电流、电压测量，发展到智能化测量。现以 DT-830 型数字式万用表为例进行说明。

（1）基本功能

DT-830 是一种小巧耐用的手持式三位半数字万用表。可测量直流电压、直流电流、交流电压、交流电流、电阻值、二极管和晶体管等。三位半记为“$3\frac{1}{2}$”，$\frac{1}{2}$表示最高位只能显示 0 或 1，算半位，所以三位半最高可显示值为“1999”，有四位有效数字。

（2）使用方法

1）电压的测量。将红表笔插入“V • Ω”孔内，黑表笔插入“COM”孔内（下同），根据直流或交流电压，合理选择量程，然后将万用表的两表笔与被测电路并联。

注意：选择不同的量程，其测量准确度不同。例如，测量 1.5V 的干电池，分别选用“2V”“20V”“200V”“1 000V”的量程，其显示值分别为 1.522V、1.55V、1.6V、2V。可见，用高量程去测量小电压的误差值较大。

2）电流测试。将红表笔插入“mA”插孔（若被测电流大于 200mA，则插入“10A”孔内），测量时应串接电路。

3）电阻测量。将红表笔插入“V • Ω”孔内，将两表笔并联于被测电阻两端。

4）二极管测试。将红表笔插入“V • Ω”孔内，两表笔与二极管的连接如图 10-1 所示。其中图 10-1a 为正向测量，若管子正常，则显示值应为 0.5 ~ 0.8V（硅管）或 0.25 ~ 0.3V（锗管）；图 10-1b 为反向测量，若管子正常，应显示“1”，若损坏将显示“0000”或其他数值。

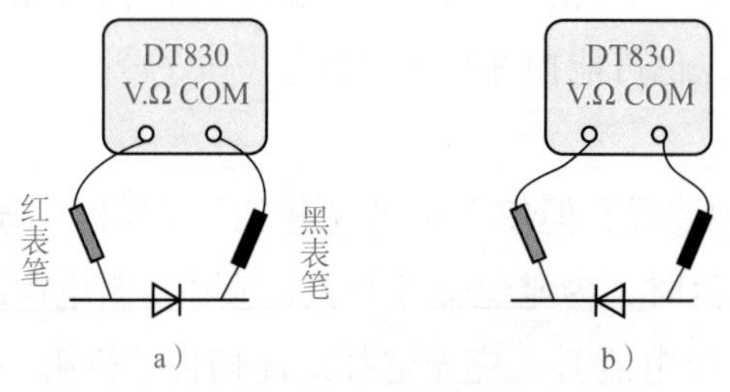

图 10-1　二极管测试

5）晶体管的测试：

①判定基极。将量程开关旋至二极管档，红表笔固定接某个电极，用黑表笔依次接触另外两个电极，若两次显示值基本相等（都在 1V 以下，或都显示溢出），证明红表笔所接的就是基极。如果两次显示值中，一次在 1V 以下，另一次溢出，说明红表笔接的不是基极，应该改变接法重新测量。

②鉴别晶体管类型。确定基极后，用红表笔接基极，用黑表笔接触其他两个电极。如果显示 0.550 ~ 0.700V，则该管为 NPN 型管，如果两次显示溢出，则该管为 PNP 型管。

③ h_{FE} 的测量。根据被测管子类型（NPN 或 PNP 型）的不同，将量程开关转至“NPN”或“PNP”处，再将被测管的三个电极插入相应的 e、b、c 孔内，此时显示屏上的读数即为“h_{FE}”的值。

6）电路通、断检查。将红表笔插入“V・Ω”孔内，量程开关置于标“)))”符号处（蜂鸣器档），将两表笔接触被测电路的两端，若蜂鸣器发出响声，说明电路是通的，否则为不通。

7）电解电容器质量的检查。将量程开关拨至蜂鸣器挡，被测电容器 C 的正极接红表笔，负极接黑表笔，应能听到一阵短促的蜂鸣声，随即声音停止，同时显示溢出符号“1”。这是因为表内 1.5V 电压（该档开路电压的近似值）刚开始对 C 充电时，充电电流较大，相当于通路，所以蜂鸣器发声。随着电容器两端电压不断升高，充电电流迅速减小，蜂鸣器停止发声。

经过上述测量后，再拨至 R×20M 档测量电容器的漏电阻，即可判断其好坏。

①如果蜂鸣器一直响，说明电解电容器内部短路。

②电容器的容量越大，蜂鸣器响的时间越长。

③如果被测电容器已充好电，测量时也听不到响声。这时应先使电容器放电，然后再进行测量。

（3）注意事项

1）仪表的存放或使用应避免高温（>40℃）、寒冷（<0℃）、阳光直射及强烈振动。

2）交流电压档只能测量频率 500Hz 以下的正弦信号，读数为被测交流电压的有效值。

3）测量晶体管的 h_{FE} 值时，由于管子工作电压仅为 2.8V，且未考虑 U_{be} 的影响，故测量值偏高，只能作为一个近似值看待。

4）测量完毕，应立即关闭电源（OFF）。若长期不用，应取出表内电池以免电池漏液。

4. 函数信号发生器

（1）基本功能

EM1640V 系列函数信号发生器，能产生正弦波、方波、三角波、脉冲波、锯齿波等波形，频率范围宽为 0.2Hz ~ 2MHz，最高可达 5MHz，具有直流电平调节、占空比调节、VCF 功能，具有 TTL 电平输出，可同时显示输出信号、幅度和频率，外测频时可作频率计使用。该系列具有优良的幅频特性，方波上升不大于 50ns，所有电性能指标达到国外同类产品的水平，外形精巧、美观。

（2）使用方法

1）将仪器接入 AC 电源，按下电源开关。

2）按下所需选择波形的功能开关。

3）当需要脉冲波和锯齿波时，拉出并转动 VAR R/P 开关，调节占空比，此时频率除以 10，其他状态时关掉。

4）当需小信号输出时，按入衰减器。

5）调节幅度至需要的输出幅度。

6）调节直流电平偏移至需要设置的电平值，其他状态时关掉，直流电平将为零。

7）当需要 TTL 信号时，从脉冲输出端输出，此电平将不随功能开关改变。

8）VCF：把控制电压从 VCF 端输入，则输出信号频率将随输入电压值而变化。

（3）注意事项

1）把仪器接入 AC 电源之前，应检查 AC 电源是否和仪器所需的电源电压相适应。

2）仪器需预热 10min 后方可使用。

3）请不要将大于 10V（DC+AC）的电压加至输出端和脉冲端。

4）请不要将超过 10V 的电压加至 VCF 端。

5. 示波器

示波器是用于观察电信号波形的电子仪器，可测量周期性信号波形的周期（或频率）、脉冲波的脉冲宽度和前后沿时间、同一信号任意两点间的时间间隔、同频率两正弦信号间的相位差、调幅波的调幅系数等各种电参量，若借助传感器还可测非电量。下面以 YB4328 双踪示波器为例来说明示波器的基本使用。

（1）基本功能

YB4328 系列示波器为便携式二踪示波器。具有 0~20MHz 的频带宽度；垂直偏转系数为 5mV/div，并可通过扩展功能键将灵敏度提高至 1mV/div。该机的扫描系统采用了全频带触发式自动扫描电路。灵活方便的触发方式有可供分别选择某一信道信号或外输入信号触发的功能，设有交替触发功能。该功能的设置，使本机具备了能同时观察两路不相关信号的优点。

仪器具有 TV-V 同步和触发锁定功能，可快捷稳定地观察各种信号。设有触发输入端，可随触发通道输出 CHI 或 CH2 信号，用于外接频率计等。

（2）使用方法

1）电压测量。在测量时一般把“VOCIS/DIV”开关的微调装置以顺时针方向旋至满度的校准位置，这样可以按“VOLTS/DIV”的指示值直接计算被测信号的电压幅值。

由于被测信号一般都含有交流和直流两种成分，因此在测试时应根据下述方法操作。

①交流电压的测量。当只需测量被测信号的交流成分时，应将 Y 轴输入耦合方式

开关置于“AC”位置，调节“VOLTS/DIV”开关，使波形在屏幕中的显示幅度适中，调节“电平”旋钮使波形稳定，分别调节 Y 轴和 X 轴位移，使波形显示值方便读取，如图 10-2 所示。根据“VOLTS/DIV”的指示值和波形在垂直方向显示的坐标（DIV）。按下式读取：

交流电压峰 – 峰值　　　　$U_{p-p} = \text{V/DIV} \times \text{H（DIV）}$

若 VOLTS/DIV 为 2V，根据图 10-2 所示，则 $U_{p-p} = 4.6 \times 2\text{V} = 9.2\text{V}$。

交流电压有效值　　　　$U = \dfrac{U_{P-P}}{2\sqrt{2}}$

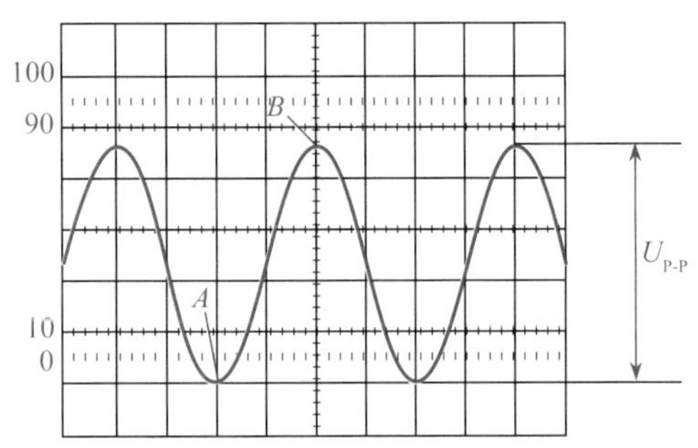

图 10-2　交流电压的测量

如果使用的探头置于 10∶1 位置，应将该值乘以 10。

②直流电压的测量。当需测量被测信号的直流或含直流成分的电压时，应先将 Y 轴耦合方式开关置于“GND”位置，调节 Y 轴移位至合适的位置上，再将耦合方式开关转换到“DC”位置，调节“电平”使波形同步。根据波形偏移原扫描基线的垂直距离，读取该信号的各个电压值，如图 10-3 所示。

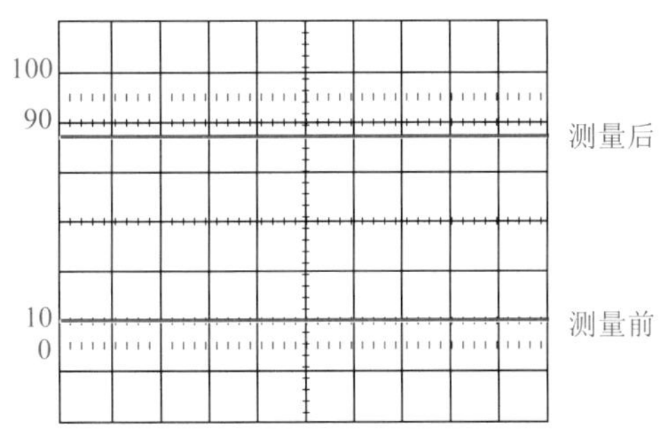

图 10-3　直流电压的测量

若 VOLTS/DIV 为 0.5V，根据图 10-3 所示，则 $U_{P-P} = 3.7 \times 0.5\text{V} = 1.85\text{V}$。

2）时间测量。信号的周期或任意两点间时间参数的测量，可按上述操作方法，使波形获得稳定同步后，根据该信号两点间在水平方向的距离乘以“SEC/DIV”开关的指示值而获得，如图 10-4 所示。

测量两点间的水平距离，按下式计算出时间间隔。

$$时间间隔（s）= SEC/DIV \times D（DIV）$$

若扫描时间系数 SEC/DIV 设置为 2ms/ 格，根据图 10-4 所示，*AB* 两点的水平距离 *D* 为 8 格，则

$$时间间隔 = 2 \times 8ms = 16ms$$

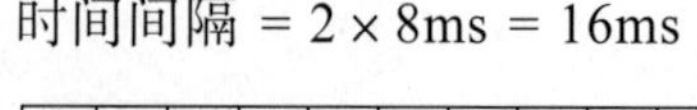

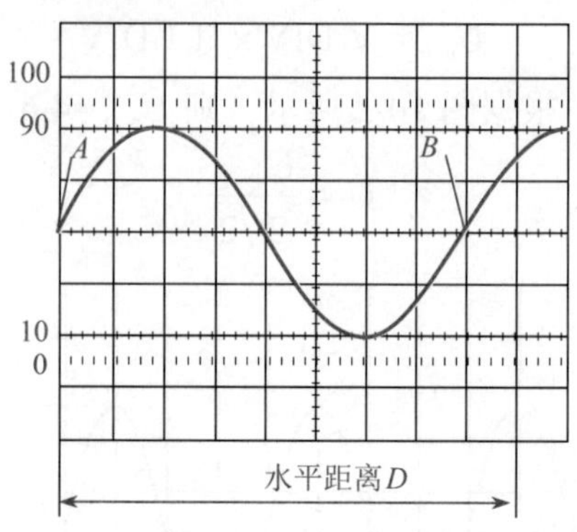

图 10-4　时间间隔的测量

3）频率测量。重复信号的频率测量，可先测出该信号的周期（如图 10-4 所示，*AB* 两点的时间间隔正好是该正弦波的一个周期 *T*），再根据公式计算出频率值：

$$f\ (\text{Hz}) = \frac{1}{T(\text{s})}$$

6. 电子电压表

电子电压表又叫作毫伏表，根据测量信号的频率可分为低频、高频和超高频毫伏表。现以 DF2174B 型低频晶体管毫伏表为例说明其使用方法。

（1）基本功能

DF2174B 为单通道单针毫伏表，适用于 30 μV~100V、10Hz~1MHz 交流信号电压有效值测量。测量准确度高，输入阻抗高，且有监视输出功能，可作放大器使用。

（2）使用方法

1）通电前，先调整电表指针的机械零位。

2）接通电源，按下电源开关，发光二极管发亮表示仪器立刻工作。但为了保证性能稳定，可预热 10min 后使用，开机后 10s 内若指针无规则摆动数次属正常状态。

3）先将量程开关置于适当量程，再加入测量信号。若测量电压未知，应将量程开关置最大档，然后逐级减小量程。

4）当输入电压在任何一量程档指示为满度值时，监视输出端的输出电压为 0.1V/ms。

5）若要测量高电压，输入端黑柄鳄鱼夹必须接在“地”端。

10.2.2 焊接工具和材料的使用

1. 焊接工具的使用

电烙铁是手工焊接的基本工具，主要用于焊接元器件。它根据电流通过发热组件产生热量的原理制成。

（1）电烙铁的类型

电烙铁的种类有内热式、外热式、恒温式电烙铁、吸锡电烙铁等。

电烙铁的发热功率有 20W、30W、45W、75W、100W、300W、500W 等。电子产品制作中最常用的是内热式电烙铁，功率为 20W。

（2）内热式电烙铁的构造

内热式电烙铁的烙铁心在烙铁头的里面，由内向外加热烙铁头。相较于外热式电烙铁，具有升温快、热效率高，烙铁头温度高（可达 350℃左右）等优点，一般 20W 内热式电烙铁相当于 25 ~ 40W 的外热式电烙铁。由于其体积小、重量轻、发热快、耗电少、使用灵活等特点，被广泛应用于小型电子元器件的焊接。内热式电烙铁的构成如图 10-5 所示。常见的规格有 20W、25W、30W、35W、50W 等。

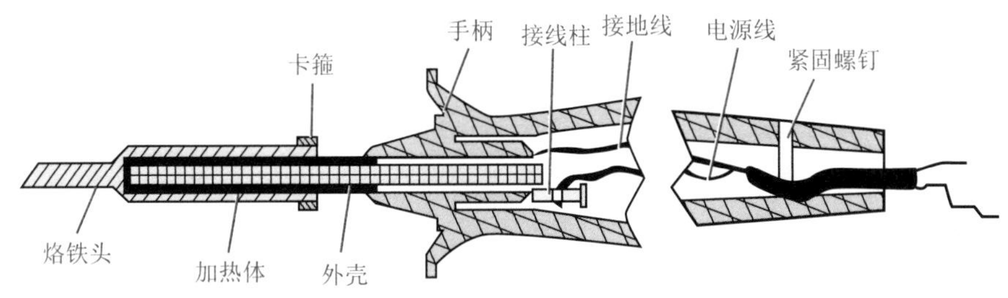

图 10-5　内热式电烙铁的结构示意图

（3）电烙铁的使用方法

电烙铁的使用有一定的技巧，若使用不当，不仅焊接速度慢，而且会影响焊接质量。

1）新烙铁镀锡方法。接上电烙铁电源，当烙铁头温度逐渐升高时，将松香涂在烙铁头上，待松香冒烟、烙铁头开始熔化焊锡的时候，将烙铁头放在有少量松香和焊锡的砂布上研磨，使烙铁头的四周都镀上一层焊锡即可。

2）烙铁头磨损的修整方法。烙铁头经长期使用后，往往因出现氧化层而导致其表面凹凸不平，可用锉刀将烙铁头修整成所要求的形状后，再用砂纸打磨光。修整后的烙铁头，再依上述镀锡的方法，使打磨过的表面镀上锡后再继续使用。

3）电烙铁的握法。基本的握法如图 10-6a 所示，这种姿势与握笔的姿势相似，称握笔式。图 10-6b 是“拳握式”，适用于焊接大型电气设备。电烙铁在使用间歇中，应将其放在烙铁架上。

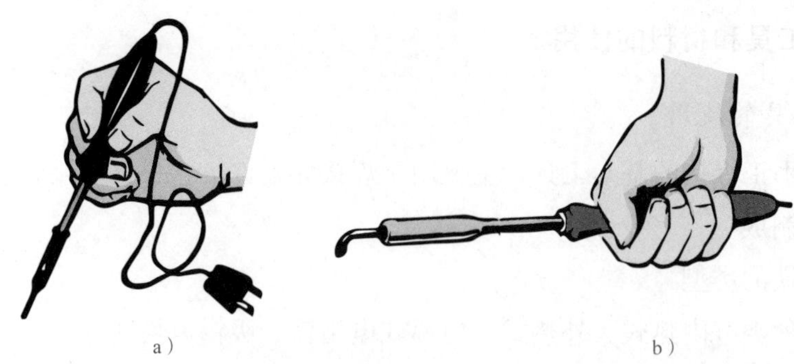

图 10-6 电烙铁的常用握法

4）安全知识。电烙铁的电源线应选用纤维编制花线或橡皮软线，电源线与烙铁外壳之间的绝缘电阻应为无穷大或大于 5MΩ，否则不能投入使用；发现烙铁头松动要及时紧固，否则容易造成电源线与烙铁心引出接线柱之间的连接线绞断，出现脱落或短路的现象。使用过程中，严禁甩锡，以防焊锡飞溅伤人。

2. 焊接材料的使用

（1）焊料

焊料用来焊接两种或两种以上的金属面，使其成为一个整体的金属或合金。焊料按组成成分有锡铅焊料、银焊料和铜焊料等。按熔点可分为软焊料（熔点在 450℃以下）和硬焊料（熔点在 450℃以上）。电子产品装配中，一般都选用锡铅焊料，它是软焊料。锡可以与其他金属组成二元合金、三元合金或四元合金等。

1）锡铅焊料的优点如下：

①熔点低。降低了焊接温度，可减少元器件受热损坏。尤其是对温度敏感的元器件影响较小。

②熔流点一致。共晶焊锡只有一个熔流点，由液体直接变成固体，结晶迅速，这样可以减少元器件的虚焊现象。

③流动性好，表面张力小。焊料能很好地填满焊缝，并对工件有较好的浸润作用，使焊点结合紧密光亮。

④抗拉强度和剪切强度高，导电性能好，电阻率低。

⑤抗腐蚀性能好。锡和铅的化学稳定性比其他金属好，抗大气腐蚀能力强，而共晶焊锡的抗腐蚀能力更好。

2）常用锡铅焊料。常用锡铅焊料有管状焊锡丝、抗氧化焊锡、含银焊锡、焊膏和不同配比的锡铅焊料。手工焊接一般采用管状焊锡丝，管状焊锡内部加有助焊剂，按焊锡丝直径分，有 0.5mm、0.8mm、0.9mm、1.0mm、1.2mm、1.5mm、2.0mm、3.0mm、4.0mm、5.0mm 几种。其标注方法如下：

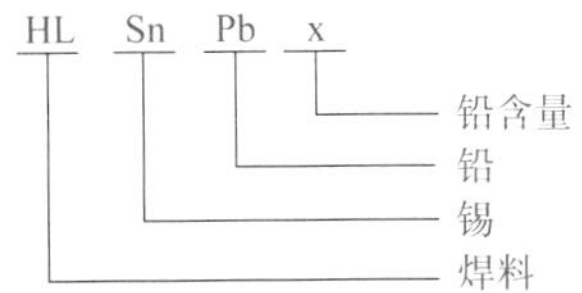

例如：HL Sn Pb 39 表示铅占 39%的锡铅焊料。

（2）助焊剂

1）助焊剂的作用如下：

①除去氧化物。为了使焊料与工件表面的原子能充分接近，必须将妨碍两金属原子接近的氧化物和污染物去除。助焊剂正具有溶解这些氧化物、氢氧化物或使其剥离的功能。

②防止工件和焊料加热时氧化。焊接时，助焊剂先于焊料之前熔化，在焊料和工件的表面形成一层薄膜，使之与外界空气隔绝，加热过程中可防止工件氧化的作用。

③降低焊料表面的张力。使用助焊剂可以减小熔化后焊料的表面张力，增加其流动性，有利于浸润。

2）助焊剂的分类及其应用如下：

①无机类。无机类助焊剂腐蚀性最强，去除氧化膜的能力最强，但容易损伤焊盘及被焊元器件的引线。一般电子产品的焊接不使用无机类助焊剂。

②有机类。有机类助焊剂有较好的助焊作用，但去除氧化膜能力以及腐蚀性次于无机类助焊剂，而且其焊接过程产生的挥发性气体对人体有伤害。

③松脂类。松脂类助焊剂的作用虽不如无机类和有机类，但对焊盘和元器件引线没有腐蚀性，且具有一定去除氧化膜的作用，因此广泛应用在现代电子产品的装配焊接，管状焊锡内就填充了松脂类助焊剂。

（3）阻焊剂

阻焊剂是一种耐高温的涂料，用来保护不需要焊接的部分，致使焊接只在所需要的部位进行，以防止焊接过程中的桥连、短路等现象发生，对高密度印制电路板尤为重要。可降低返修率，节约焊料，使焊接时印制电路板受到的热冲击小，板面不易起泡和分层。印制电路板上的绿色涂层即为阻焊剂。

阻焊剂的种类有热固化型阻焊剂、紫外线光固化型阻焊剂（又称为光敏阻焊剂）和电子辐射固化型阻焊剂等几种，目前常用的是紫外线光固化型阻焊剂。

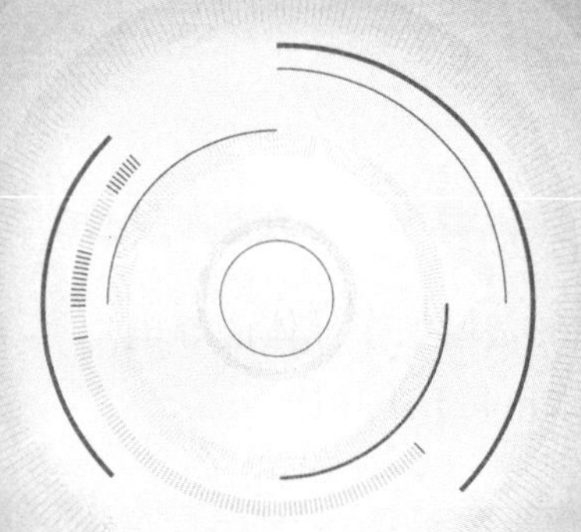

第11章 常用半导体器件

学习目标

- 了解半导体的基本知识，理解 PN 结的单向导电性。
- 了解二极管的图形符号、文字符号、单向导电性能、主要参数，能用万用表进行简单的测量。
- 了解晶体管的结构、符号、特性和主要参数，能对常用晶体管进行识别和简单的测试。
- 能用万用表识别测量稳压二极管、发光二极管、光敏二极管、开关二极管、变容二极管和晶闸管，以了解其特点和应用。

※11.1 半导体基础知识

日常生活接触的物质中，有电阻率很小容易导电的金属，如金、银、铜、锡等，这类物质叫作导体；有电阻率很大几乎不导电的物质，如橡胶、陶瓷、玻璃等，这类物质叫作绝缘体。在自然界还有一些物质的电阻率，介于导体和绝缘体之间，叫作半导体。目前用来制造晶体管的材料有锗、硅等。

11.1.1 半导体的导电方式

导体、半导体和绝缘体导电性能的差异，可按照内部运载电荷的粒子（载流子）的浓度不同加以说明。金属导体内的载流子只有一种称为自由电子，自由电子容易受热扰动或外界电能而移动，金属导体的自由电子的数目很多，所以具有良好的导电性能。绝缘体中的载流子数目很少，所以几乎不导电。半导体中载流子的数目介于导体与绝缘体之间，所以导电性能也在两者间，称为半导体。

11.1.2 N型半导体和P型半导体

在纯净半导体中掺入某种微量元素后称为掺杂半导体，目的是增加半导体的导电性。根据掺杂半导体导电粒子的不同，半导体可分为N型半导体和P型半导体。

1. N型半导体

N型半导体又称为电子型半导体，是在纯净半导体中掺入微量的五价元素（如磷元素）制成的，其中含有数量较多的带负电的自由电子，还有少量的带正电的粒子（称为空穴）。即在N型半导体中电子是多数载流子，空穴是少数载流子。

2. P型半导体

P型半导体又称为空穴型半导体，是在纯净半导体中掺入微量的三价元素（如硼元素）制成的，其中含有数量较多的带正电的粒子（称为空穴），还有少量的带负电的自由电子。即在P型半导体中空穴是多数载流子，自由电子是少数载流子。

11.1.3 PN结及其单向导电性

1. PN结的形成

在一块完整的硅片上，用不同的掺杂方式使其一边形成N型半导体，另一边形成P型半导体，那么在两种半导体交界面附近就形成了PN结，如图11-1所示。由图可知：PN结在P型材料（P区）一侧带负电；在N型材料（N区）一侧带正电；形成一个内电场，该电场方向是由N区指向P区。通常内电场的数值，对硅材料来说约为0.7V，锗材料约为0.3V。

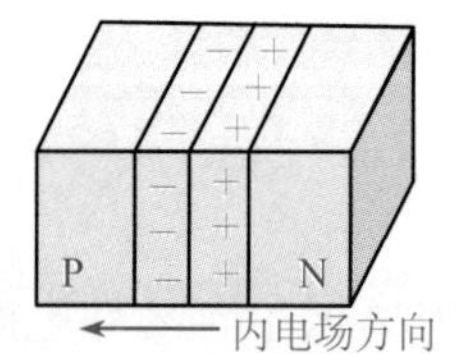

图11-1 PN结的形成

2. PN结的单向导电性

当电源正极接P区、负极接N区时，称为给PN结加正向电压或正向偏置，如图11-2所示。

当电源正极接N区、负极接P区时，称为给PN结加反向电压或反向偏置，如图11-3所示。通过PN结的电流，主要是少数载流子形成的漂移电流，称为反向电流I_R。由于在常温下，少数载流子的数量不多，故反向电流很小，当外加电压在一定范围内变化时，其值变动甚小常被忽略，又称为反向饱和电流。

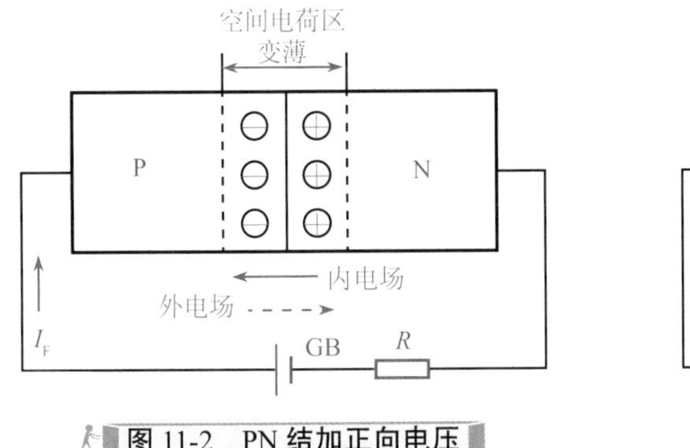

图 11-2　PN 结加正向电压

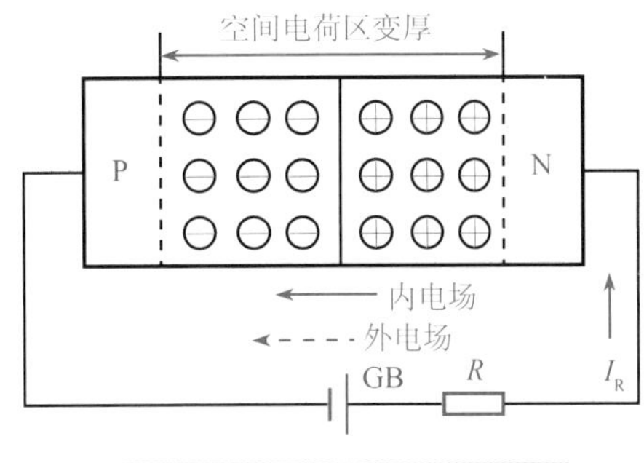

图 11-3　PN 结加反向电压

综上所述，在正向偏置时，PN 结导通；在反向偏置时，PN 结截止。所以 PN 结具有单向导电的特性。

11.2 半导体二极管

11.2.1　二极管的结构、符号和类型

1. 结构和符号

二极管是由 PN 结构成的半导体器件，即将一个 PN 结加上两条电极引线做成管芯，并用管壳封装而成。P 型区的引出线称为正极或阳极，N 型区的引出线称为负极或阴极，文字符号为“VD”，图形符号如图 11-4 所示，图形中箭头表示 PN 结正向电流的方向。

图 11-4　二极管的结构与符号

2. 二极管的类型

二极管根据制作材料的不同可分为硅管和锗管；按工艺可分为点接触型、面接触型和平面型，如图 11-5 所示；按用途可分为整流二极管、检波二极管、光敏二极管、开关二极管、激光二极管等。

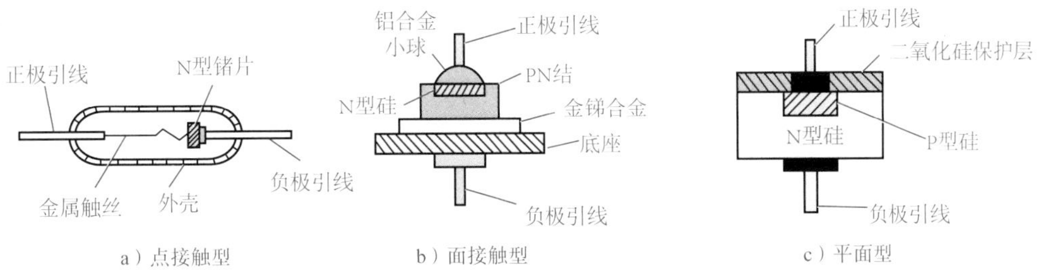

图 11-5　二极管结构的类型

11.2.2 二极管的伏安特性曲线

二极管的伏安特性曲线就是二极管两极所加电压与电流的关系曲线。图 11-6 所示为典型的二极管伏安特性曲线。

1. 正向导通特性

由图 11-6 所示，当所加的正向电压为零时，电流为零；当正向电压较小时，由于外电场远不足以克服 PN 结的内电场而呈现出较大的电阻，所以这段曲线称为死区。

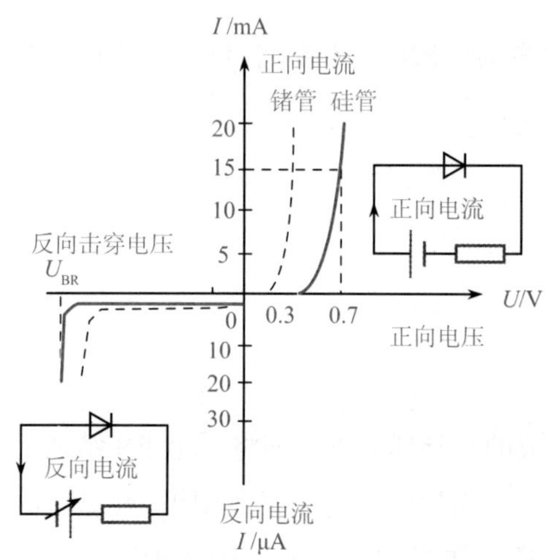

图 11-6 二极管的伏安特性曲线

以硅管为例，当正向电压超过 0.7V 时，流过二极管的电流随着电压的升高而明显增加，二极管的电阻变得很小，进入导通状态。导通后二极管两端的正向压降几乎不随流过其电流的大小而变化。

2. 反向截止特性

如图 11-6 所示，当二极管两端外加反向电压时，PN 结内电场进一步增强，使扩散更难进行。这时只有少数载流子在反向电压作用下的漂移运动形成微弱的反向电流 I_R。反向电流很小，且在一定的范围内几乎不随反向电压的增大而增大。但反向电流是温度的函数，将随温度的变化而变化。常温下，小功率硅管的反向电流在 nA 数量级，锗管的反向电流在 μA 数量级。

3. 反向击穿特性

当反向电压增大到如图 11-6 所示的 U_{BR} 时，剧增的反向电流将击穿二极管，此时的 U_{BR} 电压值叫作击穿电压，U_{BR} 视不同二极管而定，普通二极管一般在几十伏以上，且硅管较锗管高。

击穿特性的特点是，虽然反向电流剧增，但二极管的端电压却变化很小，这一特点成为制作稳压二极管的依据。

综上所述，二极管的伏安特性具有以下特点：

1）二极管具有单向导电性。

2）二极管的伏安特性为非线性。

11.2.3 二极管的主要参数

用来表示二极管的性能好坏和适用范围的技术指标，称为二极管的参数。为了保证二极管正常且安全地工作，选用二极管时主要考虑以下两个参数。

（1）最大整流电流 I_{FM}

最大整流电流是指二极管长期连续工作时允许通过的最大正向电流值。因为电流通过管子时会使管芯发热，温度上升，就会使管芯过热而损坏。所以，二极管使用中不要超过二极管额定正向工作电流值。

（2）最高反向工作电压 U_{RM}

加在二极管两端的反向电压高到一定值时，会将管子击穿而损坏，这个电压就称为最高反向工作电压。一般规定最高反向工作电压为反向击穿电压的一半或 1/3。

二极管的主要参数可查阅有关手册。不同类型的二极管参数并不相同，查阅参数时还应注意测试的条件。

11.2.4 二极管的识别和简易检测方法

1. 二极管的识别

小功率二极管的 N 极（负极）大都以色圈表示，有些则以专用符号来表示 P 极（正极）或 N 极（负极），也有的采用字母符号，标志为“P”“N”两极。

2. 二极管的简易检测方法

1）测量时，把万用表欧姆档拨至 R × 100 档或 R × 1k 档。

2）用万用表的两只表笔分别与二极管的两个电极相接。

3）若电阻值很小，则与黑表笔相接的一端为二极管的正极。

4）若电阻值很大，则与黑表笔相接的一端为二极管的负极。

5）若测量二极管的正、反向电阻都很小，表示内部短路。

6）若测量二极管的正、反向电阻都很大，表示内部断路。

7）若测量二极管的正、反向电阻大致相等，表示二极管的性能不好。

11.3 半导体晶体管

11.3.1 晶体管的结构、符号和类型

1. 结构和符号

半导体晶体管也称为晶体管，是电子电路中的主要放大组件。其结构示意图如图11-7所示，晶体管由两个PN结组成集电区、基区和发射区三个区域。基区和集电区之间的PN结称为集电结，基区和发射区之间的PN结称为发射结。三区各引一个电极，称为集电极、基极和发射极，依次用c、b和e表示。

根据三个区半导体材料类型的不同，晶体管可分为PNP型和NPN型两大类。基区为P型半导体的称为NPN型晶体管，基区为N型半导体的称为PNP型晶体管，如图11-7所示。

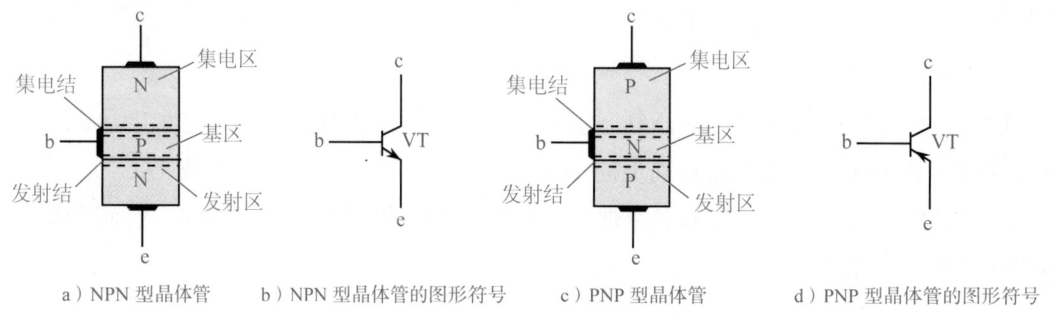

a）NPN型晶体管　b）NPN型晶体管的图形符号　c）PNP型晶体管　d）PNP型晶体管的图形符号

图11-7　晶体管的结构示意图及图形符号

晶体管的文字符号为VT，图形符号如图11-7b、d所示，两种符号的区别在于发射极的箭头方向不同。几种常见的晶体管外形如图11-8所示。

a）玻璃封装　b）塑料封装　c）陶瓷封装　d）金属封装

图11-8　部分晶体管外形

2. 类型

按半导体材料可分为硅材料晶体管和锗材料晶体管。

按电流容量可分为小功率晶体管、中功率晶体管和大功率晶体管。

按工作频率可分为低频晶体管、高频晶体管和超高频晶体管等。

按封装结构可分为金属封装（简称金封）晶体管、塑料封装（简称塑封）晶体管、玻璃壳封装（简称玻封）晶体管、表面封装（片状）晶体管和陶瓷封装晶体管等。

11.3.2 晶体管的电流放大作用

1. 具有放大作用的条件

要使晶体管具有电流放大作用，必须给晶体管加上合适的工作电压，即使发射结加正向电压，集电结加反向电压。晶体管放大电路不论采用哪种管型和哪种电路形式，都要满足这个基本条件。即对于 NPN 型晶体管，c、b、e 三个电极的电位必须符合：$U_c>U_b>U_e$；对于 PNP 型晶体管，电源的极性与 NPN 型相反，应符合 $U_c<U_b<U_e$。

2. 晶体管内电流的分配

如图 11-9 所示为 NPN 型晶体管共发射极电流测试电路（该电路以基极为输入端，集电极为输出端，发射极为输入、输出两个回路的共同端，因此叫共发射极电路，简称共射极电路）。电源 U_{BB} 使发射结正偏，U_{CC} 使集电结反偏。电位器 RP 的作用是改变基极电流 I_B、集电极电流 I_C 和发射极电流 I_E 的大小。表 11-1 列出了五组测量资料。

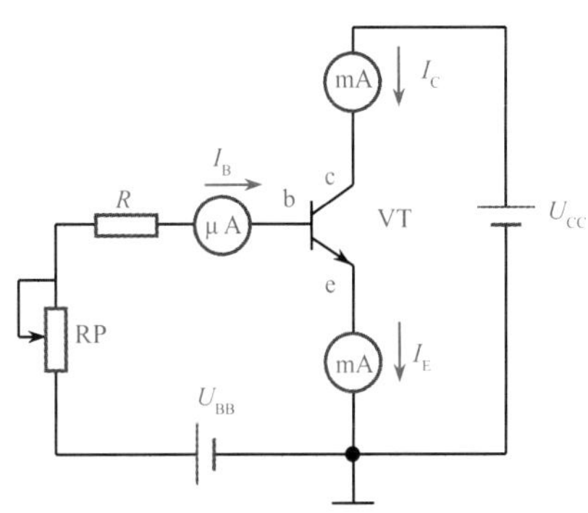

图 11-9　晶体管电流测试电路

表 11-1　晶体管电流测试资料

	1	2	3	4	5
I_B/mA	0	0.010	0.028	0.040	0.065
I_C/mA	0.3	0.990	1.972	2.960	4.935
I_E/mA	0.3	1	2	3	5

分析表中资料可知：发射极电流等于基极电流和集电极电流之和，即

$$I_E = I_B + I_C \tag{11-1}$$

由于 $I_B \ll I_C$，

$$\text{故 } I_E \approx I_C \tag{11-2}$$

3. 晶体管的电流放大作用

由表 11-1 的实验数据可知，当基极电流 I_B 从 0.010mA 变化到 0.028mA 时，集电极电流 I_C 由 0.990mA 变化到 1.972mA。两个变化量之比为

$$\frac{1.972-0.990}{0.028-0.010}=\frac{0.982}{0.018}\approx 54$$

由此可知，集电极电流 I_C 的变化是基极电流 I_B 变化的 54 倍。可见 I_B 的微小变化，将引起 I_C 的较大变化。若用 ΔI_B 表示基极电流的微小变化，ΔI_C 表示集电极电流的相应变化，β 表示变化量的比值，那么

$$\beta=\frac{\Delta I_C}{\Delta I_B} \tag{11-3}$$

β 称为共发射极电路的电流放大系数。在表 11-1 中，当 I_B=0 时，I_C 不等于零，这时的 I_C 值叫作穿透电流，用 I_{CEO} 表示。穿透电流定义为当基极开路，在发射极与集电极之间加一电压时流过集电极的电流。穿透电流对温度很敏感，当温度升高时，会显著地增加。选择晶体管时，一般希望 I_{CEO} 小，β 选在 40 ~ 100 为宜。

11.3.3 晶体管的主要特性

图 11-10 为晶体管特性测试电路。左边由基极和发射极组成的回路称为输入回路，右边由集电极和发射极组成的回路称为输出回路，输出信号由晶体管的 c 端取得。

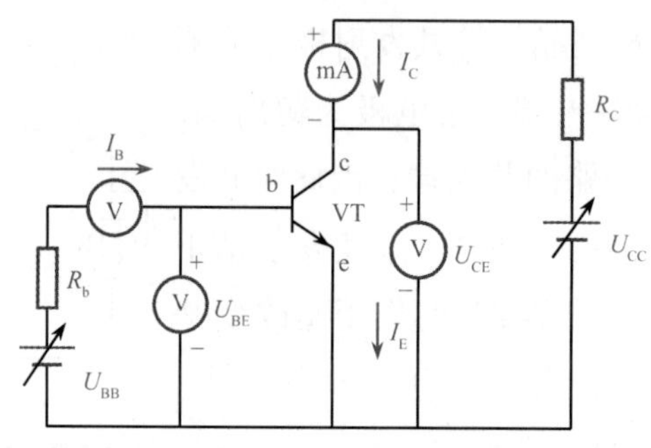

图 11-10 晶体管特性测试电路

晶体管的特性曲线既可根据实验数据绘出，也可以由晶体管图示仪直接绘出。晶体管的伏安特性曲线分为输入特性曲线和输出特性曲线两种。下面以 NPN 型晶体管（3DG130C）共发射极放大电路为例进行讨论。

1. 输入特性曲线

输入特性曲线是指当晶体管的集电极和发射极之间的电压 U_{CE} 保持一定时，加在基极和发射极之间的电压 U_{BE} 和基极电流 I_B 之间的关系曲线。

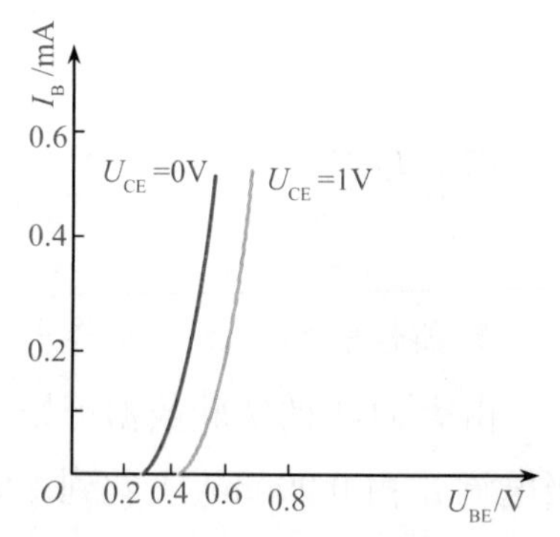

图 11-11 3DG130C 输入特性曲线

测量输入特性时使得 U_{CE}=0V，调节 R_b 测得相应的 U_{BE} 和 I_B，即可得到一条输入特性曲线 A，如图 11-11 所示。然后使得 U_{CE}=1V，重复上述步骤，可得到另一条输入特性曲线 B。当加在晶体管上的 U_{CE} 电压大于 1V 时，测得的输入特性曲线和 U_{CE}=1V 非常接近，因此只需画出 U_{CE}=1V 的输入特性曲线，从晶体管的输入特性曲线可知，加在发射结上的正偏电压大于死区电压时晶体管才出现基极电流。硅管的死区电压约为 0.5V，锗管的死区电压约为 0.2V。在正常情况下，硅管的 U_{BE} 约为 0.7V，锗管的 U_{BE} 约为 0.3V。

2. 输出特性曲线

晶体管的输出特性曲线是指当基极电流 I_B 为常数时，晶体管集电极电流与集电极和发射极之间的电压 U_{CE} 之间的关系曲线。如图 11-10 所示的测试电路，取不同的 I_B，可得到不同的曲线，因此晶体管的输出特性曲线是一个曲线族，如图 11-12 所示。由特性曲线可见，晶体管可以工作在放大、截止和饱和三个不同的区域。

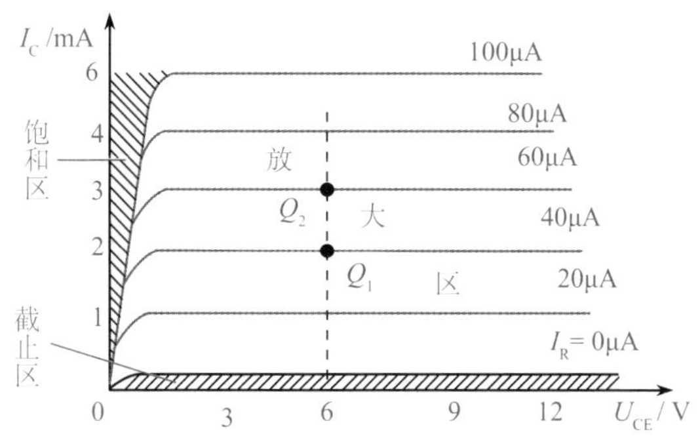

图 11-12　晶体管输出特性曲线

1）截止区：I_B=0 的特性曲线以下区域称为截止区。在这个区域中，集电结处于反偏，$U_{BE} \leqslant 0$，发射结反偏或零偏，即 $U_C > U_E \geqslant U_B$。电流 I_C 很小（等于反向穿透电流 I_{CEO}），工作在截止区时，晶体管相当于开关的断开状态，称晶体管处于截止状态。

2）放大区：特性曲线近似水平直线的区域为放大区。在这个区域里发射结正偏，集电结反偏。这时基极电流 I_B 对集电极电流 I_C 起着控制作用，使晶体管具有电流放大作用，其电流放大倍数 $\beta=\Delta I_C/\Delta I_B$，称晶体管处于放大状态。

3）饱和区：饱和区是对应于 U_{CE} 较小的区域，包括曲线的上升和弯曲部分。此时 $U_{CE}<U_{BE}$，发射结、集电结均处于正偏，即使 I_B 增大，I_C 也不会增加，晶体管呈饱和导通状态。这时晶体管相当于一个接通的开关。

11.3.4 晶体管的主要参数

1. 电流放大系数

电流放大系数也称为电流放大倍数，用来表示晶体管的放大能力。根据晶体管工作状态的不同，电流放大系数又分为直流电流放大系数和交流电流放大系数。

1）共发射极电路直流电流放大系数 h_{FE} 。直流电流放大系数也称静态电流放大系数或直流放大倍数，是指在静态无变化信号输入时，晶体管集电极电流 I_C 与基极电流的比值，即 $h_{FE}=I_C/I_B$。

2）交流电流放大系数 β。交流电流放大系数也称为动态电流放大系数或交流放大倍数，是指在交流状态下，晶体管集电极电流变化量 ΔI_C 与基极电流变化量 ΔI_B 的比值，即 $\beta=\Delta I_C/\Delta I_B$。

h_{FE} 与 β 既有区别又关系密切，两个参数值在低频时较接近，在高频时有一些差异。为了方便，在以后共发射极电路中电流放大系数只用 β 作为常数。

2. 集电极最大允许电流 I_{CM}

集电极最大允许电流是指晶体管集电极允许通过的最大电流。当晶体管的集电极电流 I_C 超过 I_{CM} 时，晶体管的 β 值等参数将发生明显变化，影响其正常工作，甚至还会损坏晶体管。

3. 最大反向电压

最大反向电压是指晶体管在工作时所允许施加的最高工作电压。它包括集电极—发射极反向击穿电压、集电极—基极反向击穿电压和发射极—基极反向击穿电压。

1）集电极—发射极反向击穿电压 $U_{(BR)CEO}$。该电压是指当晶体管基极开路时，集电极与发射极之间的电压。

2）集电极—基极反向击穿电压 U_{CBO}。该电压是指当晶体管发射极开路时，集电极与基极之间能够承受的最大电压。

3）发射极—基极反向击穿电压 U_{EBO}。该电压是指当晶体管的集电极开路时，发射极与基极之间能够承受的最大电压。

4. 极间反向电流

晶体管的反向电流包括集电极—基极之间的反向电流 I_{CBO} 和集电极—发射极之间的反向击穿电流 I_{CEO}。

1）集电极—基极之间的反向电流 I_{CBO} 也称为集电结反向漏电电流，是指当晶体管的发射极开路时，集电极与基极之间的反向电流。I_{CBO} 对温度较敏感，该值越小，说明晶体管的温度特性越好。

2）集电极—发射极之间的反向击穿电流 I_{CEO} 是指当晶体管的基极开路时，集电极与发射极之间的反向漏电电流，也称为穿透电流。此电流值越小，说明晶体管的性能越好。I_{CEO} 和 I_{CBO} 之间的关系如下：

$$I_{CEO}=(1+\beta)I_{CBO}$$

5. 集电极最大允许耗散功率 P_{CM}

集电极最大允许耗散功率是指晶体管参数变化不超过规定允许值时的最大集电极耗散功率。

集电极最大允许耗散功率与晶体管的最高允许温度和集电极最大电流有密切关系。晶体管在使用时，实际功耗不允许超过 P_{CM} 值，否则会造成晶体管因超载而损坏。P_{CM} 与 I_C 和 U_{CE} 的关系为

$$P_{CM}\geqslant I_C U_{CE}$$

晶体管正常工作时，若 $I_C < I_{CM}$，$U_{CE} < U_{(BR)CEO}$，但 $I_C U_{CE} > P_{CM}$，晶体管仍将损坏。

通常将集电极最大允许耗散功率 P_{CM} 小于 1W 的晶体管称为小功率晶体管，集电极最大允许耗散功率 P_{CM} 等于或大于 1W、小于 5W 的晶体管被称为中功率晶体管，集电极最大允许耗散功率 P_{CM} 等于或大于 5W 的晶体管称为大功率晶体管。

11.3.5 晶体管的识别和简易检测方法

1. 晶体管的识别

目前晶体管的种类较多，封装形式不一，管脚也有多种排列形式。常见的几种晶体管管脚排列如图 11-13 所示。

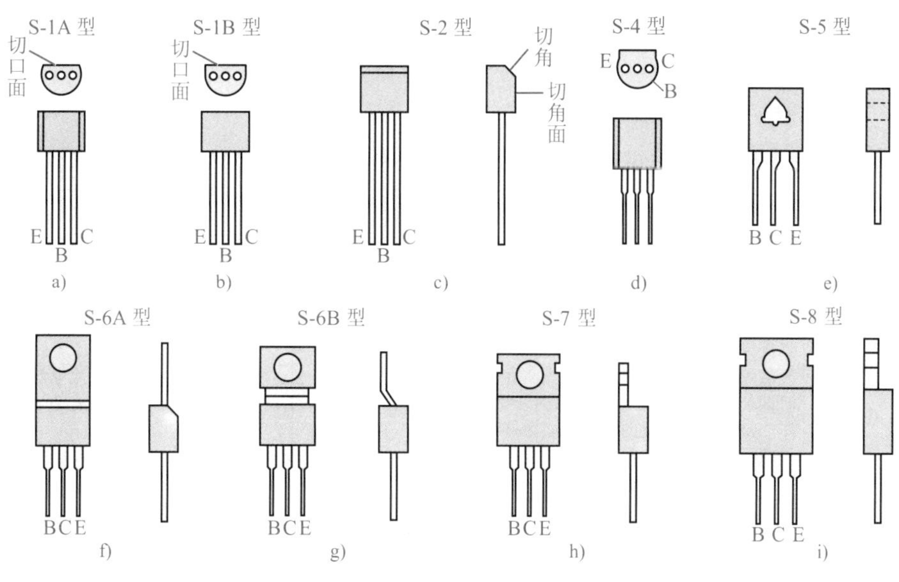

图 11-13　常见的几种晶体管管脚排列

2. 晶体管的简易检测方法

（1）晶体管好坏的判断

在测量晶体管时，通常把万用表置于 R×1k 档或 R×100 档，测其 BE 结、BC 结都应呈现与二极管完全相同的单向导电性，反向电阻无穷大，正向电阻大约在 10kΩ。然后进一步判断管型和管子质量的好坏。若以上操作中无一电极满足上述现象，则说明晶体管已损坏。

（2）晶体管基极和管型的判断

将万用表拨到 R×1k 档或 R×100 档，黑表笔接晶体管的任一电极，红表笔分别依次接另两个电极，在两次测量中若万用表指针均偏转很大，则黑表笔接的电极为基极，同时可判断该管为 NPN 型；反之，若用万用表的红表笔接晶体管的任一电极，黑表笔分别依次接另两个电极，在两次测量中若万用表指针均偏转很大，则红表笔接的电极为基极，同时可判断该管为 PNP 型。

（3）晶体管集电极和发射极的判断

对于 NPN 型晶体管，找到基极后，将红、黑表笔分别接在两个未知电极上，再用手指把基极和黑表笔所接的电极一起捏住，但两极不能相碰，记下此时万用表的读数，然后对换表笔，用同样方法再测一次阻值。比较两次结果，读数较小的一次黑表笔所接的管脚为集电极。

对于 PNP 型晶体管，只要调换一下红、黑表笔的位置，仍按上述方法测试，读数较小的一次红表笔所接管脚为集电极。

11.4 其他半导体器件

11.4.1 半导体器件性能对比

其他半导体器件的种类见表 11-2。

表 11-2 其他半导体器件的种类

名称	文字符号	特点	图形符号	应用
稳压二极管（稳压管）	VS	在反向电压较低时，稳压二极管截止；当反向电压达到一定数值时，反向电流突然增大，稳压二极管进入击穿区，此时即使反向电流在很大范围内变化，稳压二极管两端的反向电压也能保持不变，呈现稳压状态	符号	用于电路的稳压环节和直流电源电路中，常用的有 2CW 型和 2DW 型
发光二极管	VL	电能直接转换成光能的光发射器件，简称 LED，由镓、砷、磷等元素的化合物制成。当加上正向电压时，就会发出光来，光的颜色取决于制造所用的材料		广泛用于信号指示等电路
光敏二极管		在反向偏置电压作用下可以产生漂移电流，使反向电流增加。反向电流随光照强度的增加而线性增加，这时光敏二极管等效于一个恒流源		广泛应用于光电技术中，将光信号转换为电信号
变容二极管		属于反偏压二极管，改变其 PN 结上的反向偏压，即可改变 PN 结电容量		在高频调谐、通信等电路中作可变电容器使用
开关二极管		加正向偏置电压导通，正向电阻很小；加反向偏置电压截止，反向电阻很大，具有良好的高频开关特性		广泛应用在脉冲电路和自动控制电路中

（续）

名称	文字符号	特点	图形符号	应用
晶闸管	VT	具有硅整流器件的特性，能在高电压、大电流条件下工作，且工作过程可以控制	A G K	广泛应用于可控整流、交流调压、无触点电子开关、逆变及变频等电子电路中

※11.4.2 晶闸管

晶闸管具有硅整流器件的特性，能在高电压、大电流条件下工作，且其工作过程可以控制，被广泛应用于可控整流、交流调压、无触点电子开关、逆变及变频等电子电路中。

1. 晶闸管的结构和符号

晶闸管是晶体闸流管的简称，又可称为可控硅整流器，以前被简称为可控硅。常见的晶闸管有小型塑封型、螺栓型和平板型，如图 11-14 所示。它是由四层半导体材料组成的，有三个 PN 结，对外有三个电极，第一层 P 型半导体引出的电极称为阳极 A，第三层 P 型半导体引出的电极称为门极 G，第四层 N 型半导体引出的电极称为阴极 K。图 11-15 所示是晶闸管的结构和图形符号，文字符号为“VT”。

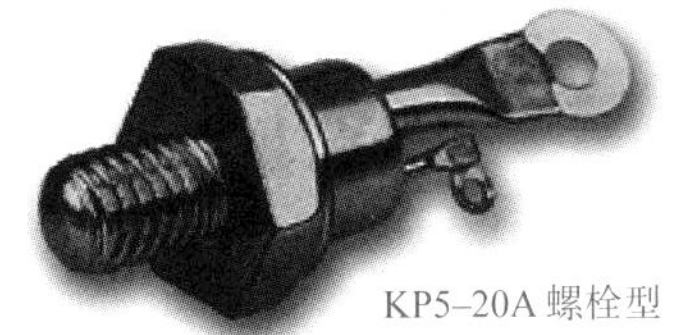

KP5–20A 螺栓型

KA 平板式（凹型）

图 11-14　常见的晶闸管外形

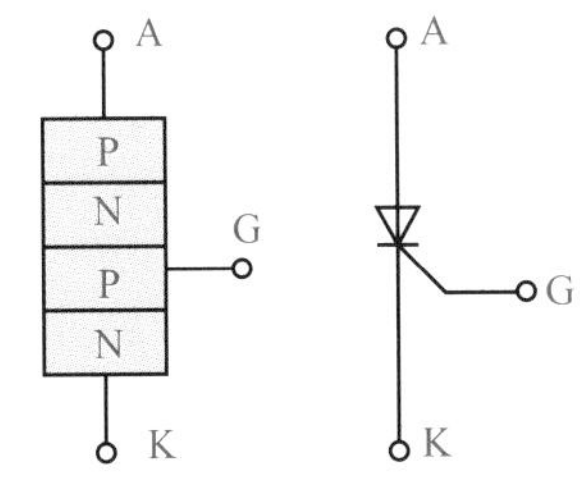

图 11-15　晶闸管的结构和图形符号

2. 晶闸管的工作原理

（1）门极不加正向电压

当晶闸管阳极加上正向电压（即阳极 A 接电源的正极，阴极 K 接电源的负极），门极不加电压时，晶闸管处于关断状态，此时称为正向阻断；当晶闸管阳极加上反向电压（即阳极接电源的负极，阴极接电源的正极），门极不加电压时，晶闸管也处于关断状态，此时称为反向阻断。即只要晶闸管的门极不加电压，不管晶闸管的阳极是加正向电压还是反向电压，晶闸管都处于关断状态。

（2）门极加正向电压

当晶闸管阳极加上正向电压，门极也加正向电压（即门极 G 接电源的正极，阴极 K 接电源的负极）时，晶闸管完全导通。晶闸管一旦导通，降低或者去掉门极 G 与阴极 K 之间输入的正向电压，晶闸管仍然导通，即门极已失去控制作用。要使导通后的晶闸管重新关断，应设法减小阳极电流，使其小于晶闸管的导通维持电流。

综合上述，晶闸管具有如下特点：

1）晶闸管具有正向和反向阻断能力。要使晶闸管导通，必须阳极加正向电压，同时门极也必须加正向电压。

2）晶闸管一旦导通，门极即失去控制作用。要使晶闸管关断，可使用两种办法，一是将阳极电流减小到小于其维持电流，二是将阳极电压减小到零或使之反向。

3. 晶闸管的主要参数

（1）通态平均电流

在规定的环境温度和散热条件下，允许通过的工频正弦半波电流在一个周期内的最大平均值称为通态平均电流，简称正向电流。

（2）通态平均电压

晶闸管正向通过正弦半波额定的平均电流、结温稳定时的阳极和阴极间的电压平均值称为通态平均电压，习惯上称为正向平均管压降，一般为 0.4~1.2V。

（3）维持电流

在规定的环境温度和门极断路的情况下，维持晶闸管继续导通时需要的最小阳极正向电流称为维持电流。

（4）门极触发电压和电流

在规定的环境温度和一定的正向电压下，为使其导通而要求门极所加的最小电压和电流。

4. 晶闸管的简单检测

根据 PN 结的原理，只要用万用表欧姆档（R × 100 档或 R × 1k 档）测量晶闸管三个极之间的电阻值，就可以判别晶闸管的三个电极。

由晶闸管的结构可知：晶闸管的门极 G 与阴极 K 之间是一个 PN 结，它相当于一个二极管，G 为正极、K 为负极，所以，按照测试二极管的方法，找出三个极中的两个极，测它的正、反向电阻，电阻小时，万用表黑表笔接的是门极 G，红表笔接的是阴极 K，剩下的一个极就是阳极 A 了。

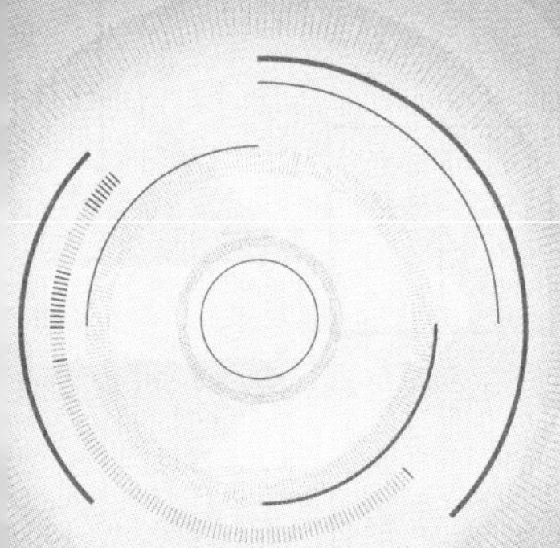

第12章 整流、滤波及稳压电路

学习目标

- 了解整流、滤波、稳压的概念。
- 掌握单相桥式整流电路的结构和解释其工作原理。
- 能区分不同滤波电路的作用。
- 知道稳压二极管的作用。
- 掌握简单串联型稳压电源的组成及工作原理。
- 能识别常用三端固定式集成稳压器的引脚并能安装应用电路。

12.1 整流电路

电子与电气设备中所需要的直流电源，大都由直流电源供应器（DC Power Supply）提供。

电源供应器由电源变压器、整流电路、滤波电路和稳压电路四个部分组成。组成电路及其输出波形如图12-1所示，各部分电路的作用如下。

1）电源变压器：将220V电网电压变换为整流电路所要求的交流电压值。

2）整流电路：将交流电压变换为脉动直流电压。

3）滤波电路：将脉动的直流电变换为平滑的直流电。

4）稳压电路：使直流电源的输出电压稳定，基本不受电网电压或负载变动的影响。

本章主要介绍单相整流电路和简单的稳压电路，以及它们在电气设备中的应用。

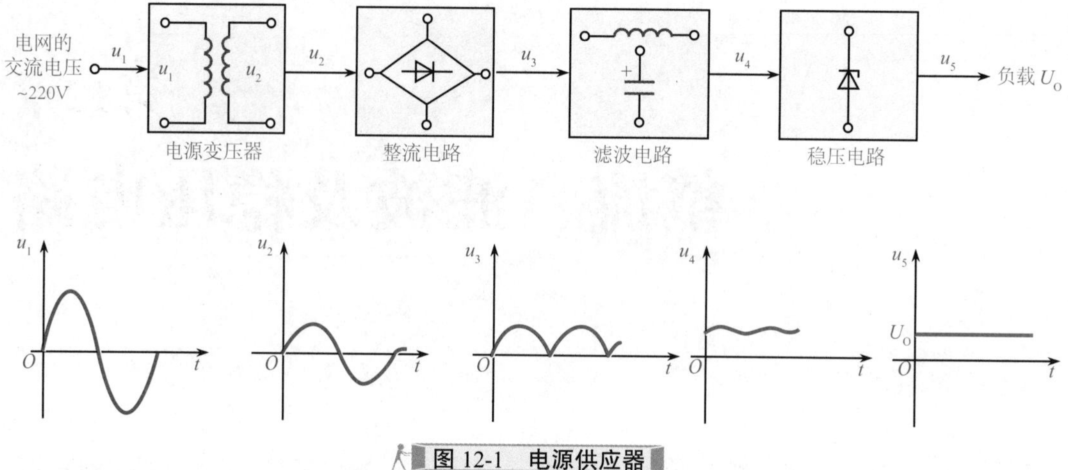

图 12-1　电源供应器

为了讨论方便，在以下分析中，除了特别说明外，一般均假定负载为纯电阻，二极管、变压器等均为理想器件。

12.1.1 单相半波整流电路

单相整流电路利用二极管的单向导电特性组成，把交流电变换成极性不变、大小随时间变化的脉动直流电。

1. 电路组成

图 12-2a 所示为单相半波整流电路，由变压器 T 和整流二极管 VD 组成。其中，变压器 T 的作用是将电源电压 u_1 变换成适当的电压 u_2 供整流用，瞬时表达式为 $u_2=\sqrt{2}U_2\sin\omega t$，波形如图 12-2b 所示。二极管是整流组件。

2. 工作原理

设在输入电压 u_2 正半周（0 ~ π）：A 端为正，B 端为负，二极管 VD 在正向电压的作用下导通，若忽略二极管导通时的管压降，则负载 R_L 两端的电压 u_L 就等于 u_2，R_L 上电流方向与电压极性如图 12-2a 所示。

在 u_2 的负半周（π ~ 2π）：变压器二次侧 A 端为负，B 端为正，则二极管承受反向电压而截止，u_2 几乎全部降落在二极管 VD 上，负载两端的电压 u_L 为零。

随着 u_2 周而复始地变化，负载 R_L 上就得到如图 12-2c 和图 12-2d 所示的电流和电压波形。这种整流电路只利用电源电压 u_2 的半个周期，所以称为半波整流。负载中的电压是极性不变，但大小波动的脉动直流电。

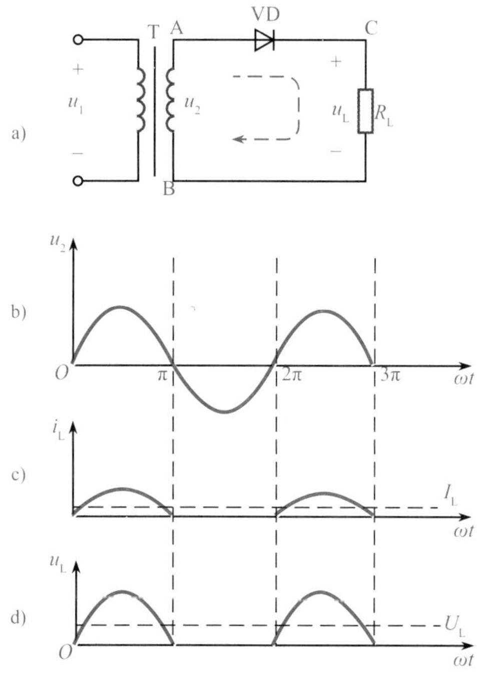

图 12-2　单相半波整流电路

3. 负载电压和电流

经半波整流后，在负载 R_L 上得到了单向脉动直流电压。图 12-3 表示了计算平均值的方法：使半个正弦波与横轴所包围的面积等于一个矩形的面积，该矩形的宽度等于一个周期，那么矩形的高度就是这个半波的平均值。

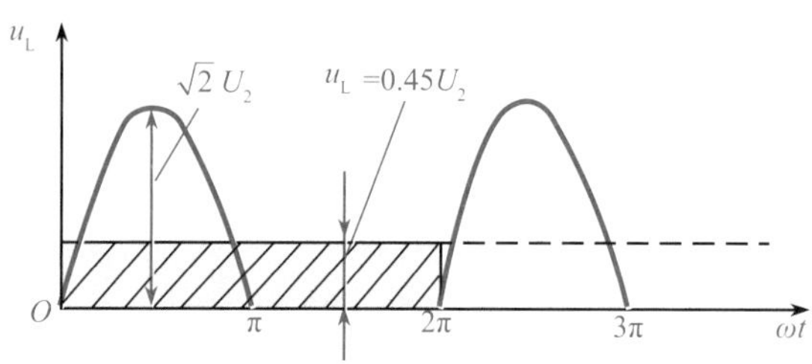

图 12-3　几种常用的标准图形符号

经计算可得负载两端的直流电压为

$$u_L = \frac{\sqrt{2}U_2}{\pi} = 0.45U_2 \qquad (12\text{-}1)$$

式中，u_L 为负载两端的直流电压；U_2 为变压器二次交流电压的有效值。

根据欧姆定律，可得负载的直流电流为

$$I_L = 0.45\frac{U_2}{R_L} \qquad (12\text{-}2)$$

4. 整流二极管的选择

流过整流二极管的平均电流 I_F 与流过负载的直流电流 I_L 相等，即

$$I_F = I_L = 0.45\frac{U_2}{R_L} \tag{12-3}$$

当二极管截止时，它所承受的最大反向电压 U_{RM} 就是 u_2 峰值，即

$$U_{RM} = \sqrt{2}\,U_2 \tag{12-4}$$

根据计算得到的 I_F 和 U_{RM} 选择整流二极管，考虑到电网电压的波动和其他因素，二极管的参数可适当选大些。

【例 12-1】某一直流负载，电阻为 1.5kΩ，要求工作电流为 10mA，如果用半波整流电路，试求整流变压器二次侧的电压值，并选择适当的整流二极管。

已知：$R_L = 1.5\text{k}\Omega$，$I_L = 10\text{mA}$。

求：U_2、I_F 和 U_{RM}。

【解】因为 $U_L = R_L I_L = 1.5\times10^3\times10\times10^{-3}\ \text{V} = 15\text{V}$

所以 $U_2 = \dfrac{U_L}{0.45} = \dfrac{15}{0.45}\ \text{V} \approx 33\ \text{V}$

流过二极管的平均电流为

$$I_F = I_L = 10\text{mA}$$

二极管承受的最大反向电压为

$$U_{RM} = \sqrt{2}\,U_2 = 1.41\times33\ \text{V} \approx 47\text{V}$$

根据以上参数，查晶体管手册，可选用一只额定整流为 100mA、最高反向工作电压为 50V 的 2CZ82B 型整流二极管。

5. 单相半波整流电路的特点

半波整流电路线路简单，使用组件少，但电源的利用率低，输出的直流电压低，脉动大。一般只用于小电流及输出电压和整流效率要求不高的场合。

12.1.2 单相桥式整流电路

1. 电路组成

图 12-4 为单相桥式整流电路的常见三种画法。由变压器和四个整流管组成，其电路接成电桥的形式，故称为桥式整流电路。变压器二次电压 u_2 的波形如图 12-6a 所示。

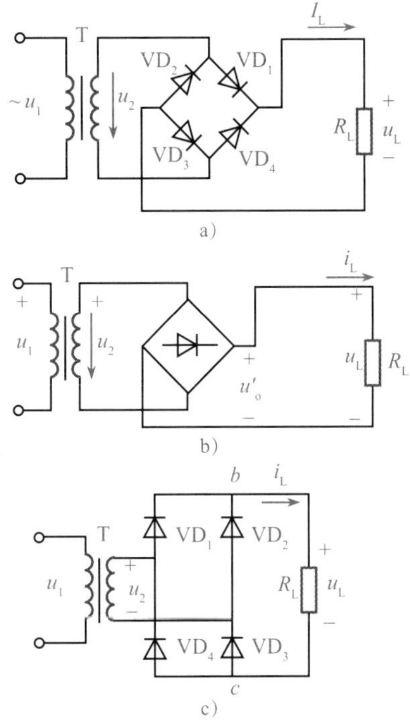

图 12-4　单相桥式整流电路

2. 工作原理

下面以图 12-4a 为例来说明单相桥式整流电路的整流原理。

设在输入电压 u_2 正半周（$0 \sim t_1$）：A 端为正，B 端为负，即 A 点电位高于 B 点电位。二极管 VD_1、VD_3 正偏导通，二极管 VD_2、VD_4 反偏截止，电流 I_{L1} 的通路是：A → VD_1 → R_L → VD_3 → B，如图 12-5a 所示。这时，负载 R_L 上得到一个半波电压，如图 12-6b 中（$0 \sim t_1$）所示。

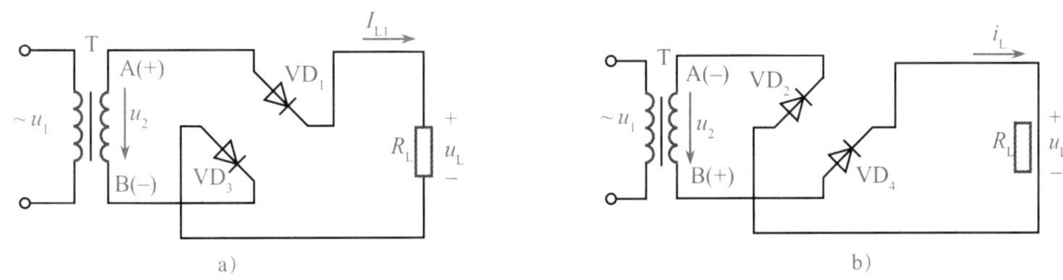

图 12-5　单相桥式整流电流通路

在输入电压 u_2 负半周（$t_1 \sim t_2$）：A 端为负，B 端为正，即 B 点电位高于 A 点电位。二极管 VD_2、VD_4 正偏导通，二极管 VD_1、VD_3 反偏截止，电流 I_{L2} 的通路是：B → VD_4 → R_L → VD_2 → A，如图 12-5b 所示。同样，负载 R_L 上得到一个半波电压，如图 12-6b 中（$t_1 \sim t_2$）所示。

由此可见，在 u_2 的正、负半周，都有同一方向的电流流过 R_L，在负载上即可得到全波脉动的直流电压和电流，如图 12-6b、c 所示，称为全波整流类型，又称为单相桥式全波整流电路。

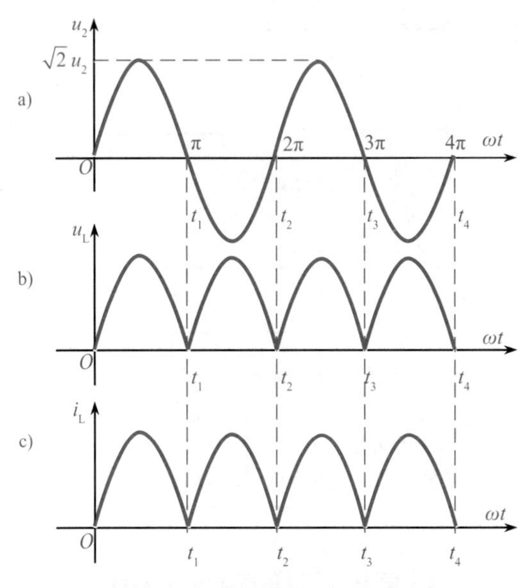

图 12-6　单相桥式整流波形图

3. 负载电压和电流

经计算可得：

负载两端的直流电压为

$$U_L=0.9U_2 \tag{12-5}$$

流过负载的平均电流为

$$I_L=\frac{U_L}{R_L}=0.9\frac{U_2}{R_L} \tag{12-6}$$

4. 整流二极管的选择

在桥式整流电路中，因为二极管 VD_1、VD_3 和 VD_2、VD_4 是轮流导通的，所以流过每个二极管的电流等于负载电流的一半，即

$$I_F=\frac{1}{2}I_L=0.45\frac{U_2}{R_L} \tag{12-7}$$

由图 12-5a 可知，当 VD_1 和 VD_3 导通时，变压器二次电压的正极加到 VD_2、VD_4 的负极，而二次电压的负极却加到 VD_2、VD_4 的正极，由于二极管的正向电压降很小，可以忽略不计，所以 VD_2、VD_4 受到的最大反向电压就是变压器二次电压 u_2 的最大值，即

$$U_{RM}=\sqrt{2}\,U_2 \tag{12-8}$$

考虑到电网电压的波动，在实际选用整流二极管时，应至少有 10%的余量。

【例 12-2】一桥式整流电路，要求它输出 12V 直流电压和 100mA 电流，现有二极管 2CP10（I_F =100mA，U_{RM}=25V）和 2CP11（I_F =100mA，U_{RM} =50V），应选用哪种型号？

已知：U_L = 12V，I_L = 100mA。

求：I_F 和 U_{RM}。

【解】$I_F=\dfrac{1}{2}I_L=0.5\times 100\text{mA}=50\text{mA}$

$$U_2=\frac{U_L}{0.9}=\frac{12}{0.9}\text{V}=13.32\text{V}$$

$$U_{RM}=\sqrt{2}\,U_2=1.414\times 13.32\text{V}=18.84\text{V}$$

可选用四只 2CP10 二极管。

5. 单相桥式整流电路的特点

输出电压脉动小，整流效率高，而且变压器二次侧没有中心抽头，绕组减少一半，每只整流二极管承受的反向电压降低一半，由于每半周内变压器二次侧绕组都有电流流过，变压器利用效率高。

因为桥式整流电路具有上述优点，所以在仪器仪表、通信、控制装置等设备中应用最为广泛。

※2.1.3 单相晶闸管可控整流电路

晶闸管不同于晶体二极管，不仅能将交流电变成直流电，而且可调控直流电的大小，一般容量在 4kW 以下的可控整流装置多采用单相可控整流，对大功率的负载多采用三相可控整流。本节只介绍接电阻性负载的可控整流电路。

1. 单相半波可控整流电路

（1）电路组成

将单相半波整流电路中的整流二极管换成晶闸管即成单相半波可控整流电路，如图 12-7a 所示。其中，R_L 为负载电阻，u_1 和 u_2 为电源变压器的一次侧和二次侧正弦交流电压。

（2）工作原理

由图 12-7a 所示的电路，若门极不加触发电压，晶闸管 VT 均不会导通。

1）$\omega t=\alpha$ 时（t_1 时刻）将触发脉冲 u_G 加到 VT 的门极，晶闸管被触发导通，如果忽略管压降，则负载上得到的电压等于 u_2。

2）ωt 接近 π 时，电源电压降低为零，因晶闸管正向电流小于维持电流而自行关断。

3）ωt 在 u_2 的负半周时，晶闸管因承受反向电压，因而不能导通，这时晶闸管承受的反向电压最大值为 $\sqrt{2}\,U_2$，如图 12-7b 所示。

从电源电压 u_2 的下一个正半周开始，并且在相应的 t_2 时刻加入触发脉冲，晶闸管再次导通。当触发脉冲周期性地（与电源电压同步）重复加在门极上时，负载 R_L 上就可以得到一个单向脉冲的直流电压。

图 12-7b 中，α 称为触发延迟角，θ 称为导通角。α 角又称为触发脉冲的移相角，α 的变化范围也称为移相范围。在单相半波可控整流电路中，晶闸管只有在电源电压 u_2 的正半周时才被触发导通。

当 $\alpha=0$（或 2π 等）时输出电压 U_L 最大，这时晶闸管全导通；当 $\alpha=\pi$（或 3π 等）时输出电压为零，这时晶闸管全封闭；当 α 角在 $0\sim\pi$ 之间变化时，输出电压 U_L 便在 0 到最大值之间连续变化。

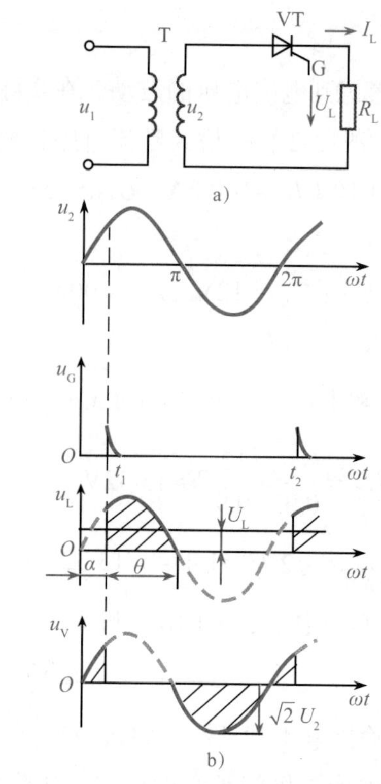

图 12-7　单相半波可控整流电路及波形

（3）负载电压和电流

输出电压和输出电流的平均值分别为

$$U_L = 0.45U_2\frac{1+\cos\alpha}{2} \tag{12-9}$$

$$I_L = \frac{U_L}{R_L} \tag{12-10}$$

式中，α 为触发延迟角，单位是 rad；U_2 为变压器二次电压的有效值。

（4）单相半波可控整流电路的特点

单相半波可控整流电路具有线路简单、调整方便的优点。但输出直流电压较小，电压波形较差，故只适用于小功率整流设备。

2. 单相半控桥式整流电路

（1）电路组成

将单相桥式整流电路中两只整流二极管换成两只晶闸管，便组成了单相半控（即半数为晶闸管）桥式整流电路，如图 12-8a 所示。

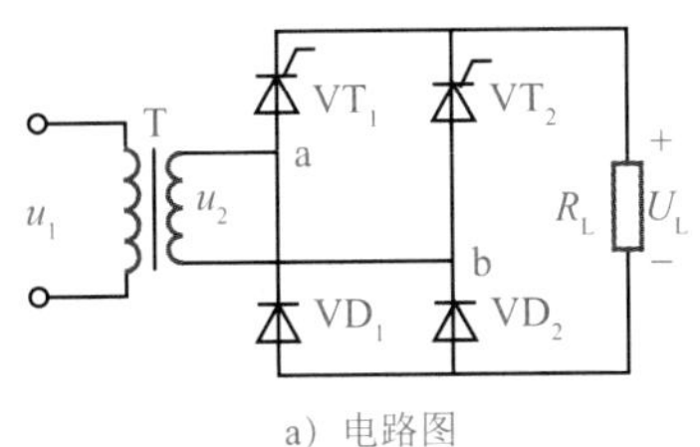

a）电路图

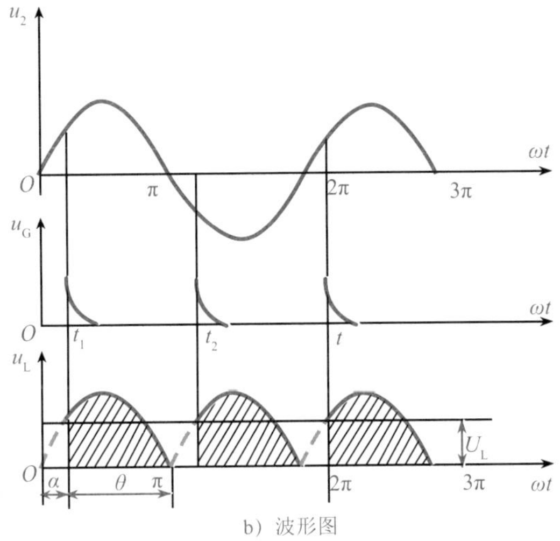

b）波形图

图 12-8　单相半控桥式整流电路

（2）工作原理

1）u_2 为正半周时，晶闸管 VT_1 和二极管 VD_2 承受正向电压，如果这时未加触发电压，则晶闸管处于正向阻断状态，输出电压 $u_L=0$。

2）在 t_1 时刻（$\omega t=\alpha$）加入触发脉冲 u_G，晶闸管 VT_1 触发导通。

3）当 $\omega t=\alpha\sim\pi$，尽管触发脉冲 u_G 已消失，但晶闸管仍保持导通，直至 u_2 过零（$\omega t=\pi$）时，晶闸管才自行关断。在此期间 $u_L=u_2$，极性为上正下负。

4）u_2 为负半周时，晶闸管 VT_2 和二极管 VD_1 承受正向电压，只要加入触发脉冲 u_G，晶闸管就导通，负载上所得到的仍为上正下负的电压。

晶闸管承受正向电压而不导通的范围称为控制角 α，导通的范围称为导通角 θ，$\theta=\pi-\alpha$。控制角 α 越小，导通角 θ 越大，负载上电压平均值 U_L 就越大。改变控制角 α 的大小，便可调整输出电压 U_L 的大小。

（3）负载电压和电流

输出电压的波形如图 12-8b 所示。负载 R_L 上得到的平均直流电压（U_2 和 α 相同时）是半波可控整流时的 2 倍，即

$$U_L=0.9U_2\frac{1+\cos\alpha}{2} \tag{12-11}$$

晶闸管承受的最大反向峰值电压以及整流管承受的最大反向电压均为$\sqrt{2}\,U_2$，每只晶闸管正向平均电流为负载平均电流的一半，即

$$I_L = \frac{U_L}{2R_L} \tag{12-12}$$

图 12-9 所示为另一种单相桥式可控整流电路，作用相当于接在负载电路中的一只开关。R_L 上得到的波形和单相半控桥式整流电路的一样，工作过程同单相半控桥式整流电路。

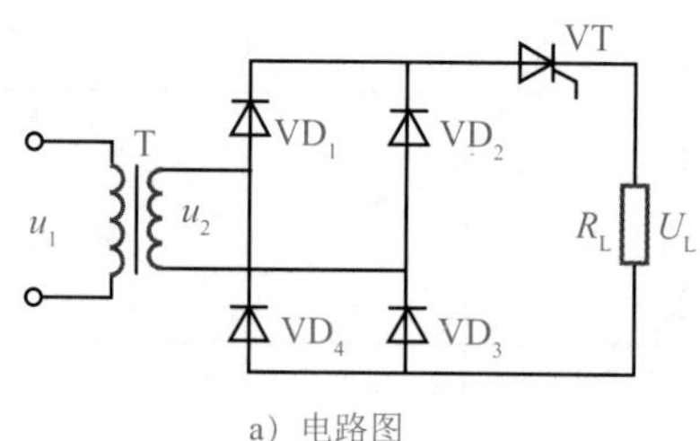

a）电路图

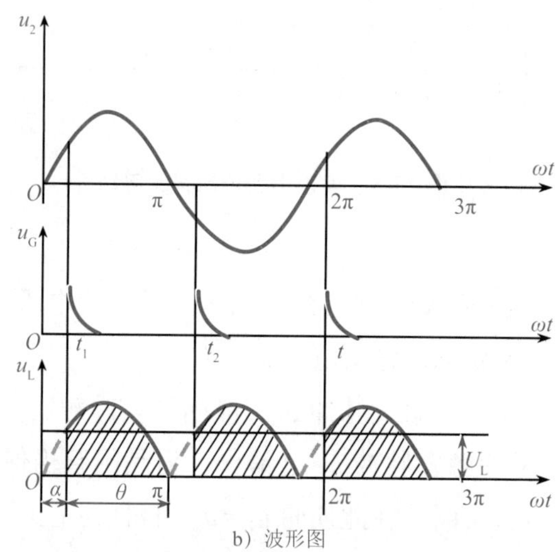

b）波形图

图 12-9　用一只晶闸管的单相桥式可控整流电路

这种电路在晶闸管之前不能接滤波电容，否则会导致当电源电压 u_2 过零时晶闸管阳极电压 u_2' 不过零，影响晶闸管的关断。

12.2 滤波电路

把脉动直流电中的交流成分滤除，叫滤波，滤波电路由电容、电感、电阻组成，如图 12-10 所示。

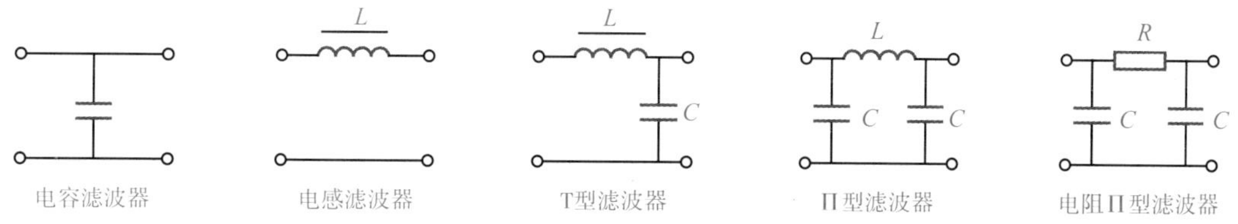

图 12-10　滤波电路的几种形式

12.2.1 电容滤波电路

图 12-11 所示为单相桥式整流电容滤波电路，电容器 C 并联在负载两端。电容器在电路中具有储存和释放能量的作用：当电压升高时，它把部分能量储存起来；当电源电压降低时，就把能量释放出来，因而减少脉动成分，使负载电压比较平滑，称电容器具有滤波的作用。

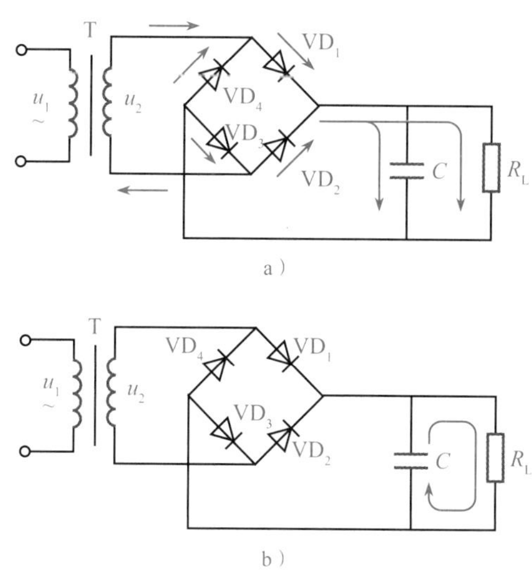

图 12-11　单相桥式整流电容滤波电路

1. 工作原理

单相桥式整流电路在不接电容器 C 时，其输出电压波形如图 12-12a 所示。那么接上电容器 C 后，情况又会怎样呢？

u_2 为正半周：二极管 VD_1、VD_3 在正向电压作用下导通，VD_2、VD_4 反偏截止，如图 12-11a 所示。整流电流分为两路，一路经二极管 VD_1、VD_3 向负载 R_L 提供电流，另一路向电容器 C 充电，将如图 12-12b 中 oa 段所示。到 t_1 时刻，电容器上电压 u_c 接近交流电压 u_2 的最大值 $\sqrt{2}\,U_2$，极性上正下负。经过 t_1 时刻后，u_2 按正弦规律迅速下降直到 t_2 时刻，此时 $u_2 < u_C$，二极管 VD_1、VD_3 受反向电压作用而截止。电容器 C 经 R_L 放电，放电回路如图 12-11b 所示。如果放电速度缓慢，下降速度随之变缓，如图 12-12b 中 ab 段所示。u_2 则按正弦规律变化。

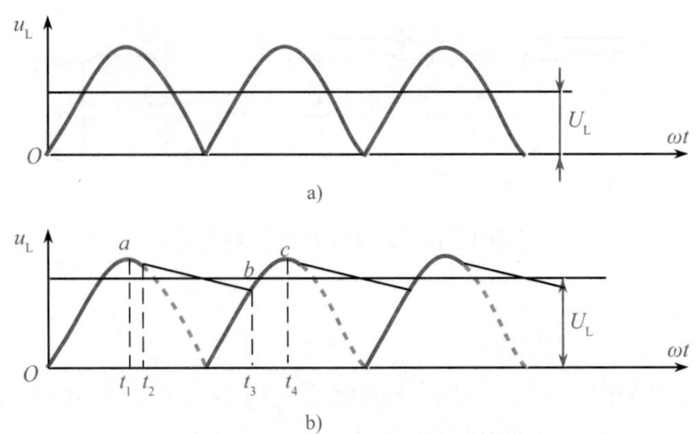

图 12-12　单相桥式整流电容滤波波形图

u_2 为负半周：二极管 VD_2、VD_4 在 t_3 时刻导通，由于 $u_C > u_2$，迫使 VD_2、VD_4 处于反偏截止状态，直到 t_4 时刻 $u_2 > u_C$ 时，VD_2、VD_4 才导通，整流电流向电容器 C 再度充电到最大值$\sqrt{2}\,U_2$，如图 12-12b 中 bc 段所示。

当 $u_2 < u_C$ 时，二极管 VD_2、VD_4 反偏截止，电容器经 R_L 放电。电容器 C 如此周而复始进行充放电，负载上便得到如图 12-12b 所示的锯齿波电压。

电源电压在一个周期内，电容器 C 充、放电各两次。比较图 12-12a 和图 12-12b 可见，经电容器滤波后，输出电压平滑了，交流成分大大减少，提高了输出电压值。

半波整流电容滤波的输出电压波形，特点是电源电压在一个周期内，电容器 C 充放电只有一次，输出电压平均值也得到了一定的提高，如图 12-13 所示。

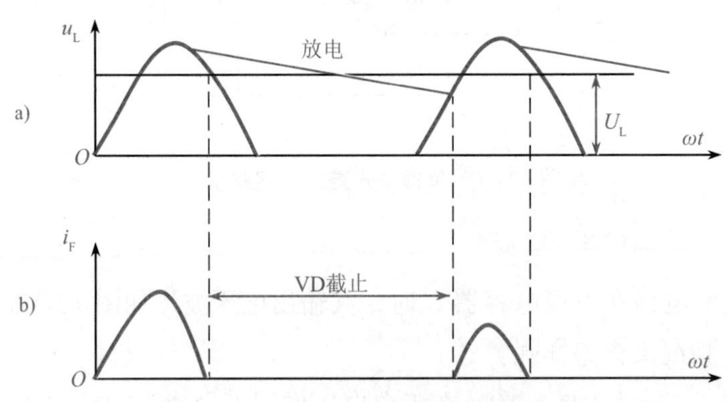

图 12-13　单相半波整流电容滤波波形图

2. 电容滤波的特点

R_LC 越大，电容 C 放电越慢，输出的直流电压就越大，滤波效果也越好；反之，则输出电压低且滤波效果差，如图 12-14 所示。

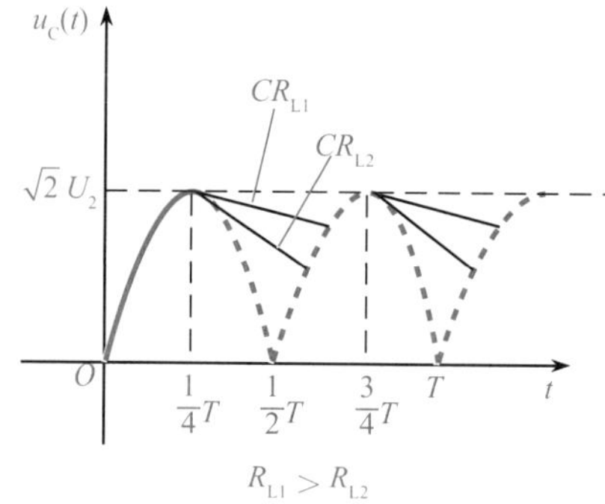

图 12-14　单相半波整流电容滤波波形图

当滤波电容较大时，在接通电源瞬间会有很大的充电电流，称为浪涌电流。

电容滤波适用于负载电流较小且变化不大的场合。

3. 电压和电流的估算

各种整流电路经电容滤波后，有关电压和电流的估算值可参考表 12-1。

表 12-1　电容滤波的整流电路电压和电流的估算

整流电路形式	输入交流电压（有效值）	整流电路输出电压		整流器件上电压和电流	
		负载开路时的电压	带负载时的电压 U_L（估计值）	最大反向电压 U_{RM}	流过的电流
半波整流	U_2	$\sqrt{2}U_2$	U_2	$2\sqrt{2}U_2$	I_L
全波整流	U_2	$\sqrt{2}U_2$	$1.2U_2$	$2\sqrt{2}U_2$	$\frac{1}{2}I_L$
桥式整流	U_2	$\sqrt{2}U_2$	$1.2U_2$	$2\sqrt{2}U_2$	$\frac{1}{2}I_L$

4. 滤波电容的选取

选择滤波电容一般应满足 $R_LC \geqslant (3\sim5)T$（T 为脉动电压的周期）；或按照表 12-2，根据负载电流的大小来选择。

表 12-2　滤波电容的选取

负载电流 I_L/A	2	1	0.5~1	0.1~0.5	0.1 以下	0.05 以下
滤波电容 C/μF	4000	2000	1000	500	200~500	200

注：此为单相桥式整流电容滤波电路 U_L=12~36V 时的参考值。

【例 12-3】　在桥式整流电容滤波电路中，若负载电阻 R_L 为 240Ω，输出直流电压为 24V，试确定电源变压器二次电压，并选择整流二极管和滤波电容。

【解】（1）求电源变压器二次电压 U_2

根据表 12-1 有 $U_L \approx 1.2U_2$

所以 $U_2 = \dfrac{U_L}{1.2} = \dfrac{24}{1.2}\text{V} = 20\text{V}$

（2）整流二极管的选择

$$I_L = \frac{U_L}{R_L} = \frac{24}{240}\text{A}=0.1\text{A}$$

通过每个二极管的直流电流

$$I_F = \frac{1}{2}I_L = \frac{1}{2}\times 0.1\text{A}=50\text{mA}$$

每个二极管承受的最大反向电压

$$U_{RM}=\sqrt{2}\,U_2 \approx 1.414\times 20\text{V}\approx 28\text{V}$$

查晶体管手册，可选用额定正向电流为 100mA、最大反向电压为 100V 的整流二极管 2CZ82C 四只。

（3）滤波电容的选择

根据表 12-2 及前面的计算结果可知，可选用 500μF 电解电容器。

根据电容器耐压公式有

$$U_C \geqslant \sqrt{2}\,U_2 \approx 1.414\times 20\text{V}\approx 28\text{V}$$

因此，可选用容量为 500μF，耐压为 50V 的电解电容器。

12.2.2 电感滤波电路

电容滤波在大电流工作时滤波效果较差，当一些电气设备需要脉动小、输出电流大的直流电时，往往采用电感滤波电路，即在整流输出电路中串联带铁心的大电感线圈，称为阻流圈，如图 12-15a 所示。

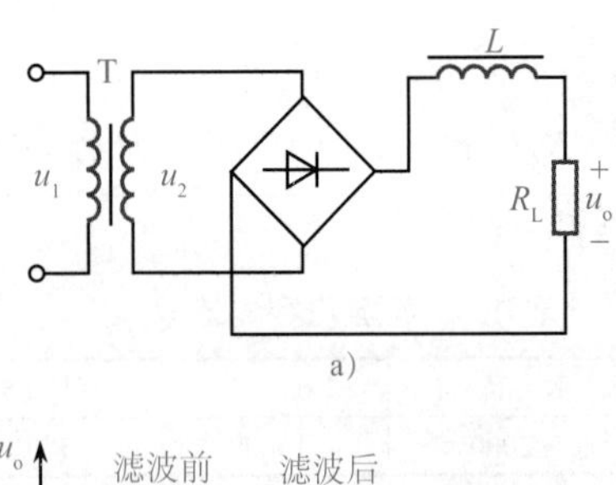

a)

u_o 滤波前 滤波后 O t

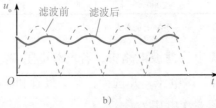

b)

图 12-15　单相桥式整流电感滤波

电感线圈的直流电阻很小，所以脉动电压中直流分量很容易通过电感线圈，几乎全部加到负载上；而电感线圈对交流的阻抗很大，因此大部分降落在铁心线圈上。根据电磁感应原理，线圈上通过变化的电流时，两端会产生自感电动势来阻碍电流变化。当整流输出电流增大时，线圈的抑制作用使电流只能缓慢上升；当输出电流减小时，只能缓慢下降，使得整流输出电流变化平缓，如图 12-15b 中实线所示。电感滤波的效果较电容好。

一般情况下，电感越大，滤波效果越好。但电感太大，体积变大，成本上升，且输出电压会下降，所以滤波电感常取几亨到几十亨。有些整流电路是感性负载，负载本身就起到平滑脉动电流的作用，所以可以不必另加滤波电感。

电感滤波主要用于大电流负载或负载经常变化的场合。整流二极管的导电角大，峰值电流小，输出特性较平坦。因铁心笨重、体积大，易引起电磁干扰的缺点。

12.2.3 复式滤波电路

为了进一步提高滤波效果，可以将电容器和电感器（或电阻器）组合成复式滤波电路。

1. *LC* 滤波电路

在电感滤波电路的基础上，再在 R_L 上并联一个电容，便构成如图 12-16 所示的 *LC* 滤波电路。脉动直流电经过电感 *L*，交流成分被削弱，再经过电容滤波，将交流成分进一步滤除，可在负载上获得更加平滑的直流电压。

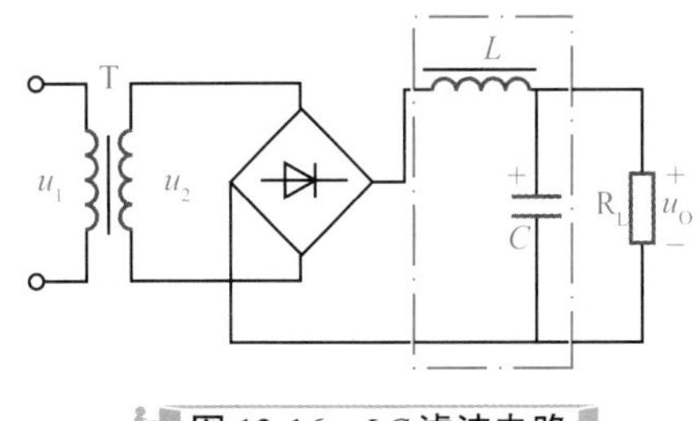

图 12-16　*LC* 滤波电路

LC 滤波电路带负载能力较强，在负载变化时，输出电压比较稳定。由于滤波电容接于电感之后，因此可使整流二极管免受浪涌电流的冲击。

2. *LC*−Π 型滤波电路

在 *LC* 型滤波电路的输入端再并联一个电容，便构成 *LC*–Π 型滤波电路，如图 12-17 所示。

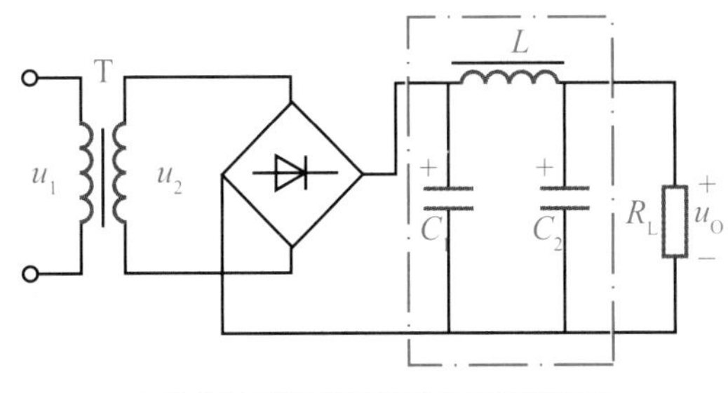

图 12-17　*LC*–Π 型滤波电路

LC–Π 型滤波电路的输出电压比 *LC* 型滤波电路的高，波形也更加平滑。但带负载能力较差，对整流二极管仍存在浪涌电流。为了减小浪涌电流，一般取 $C_1 < C_2$。

3. RC–Π 型滤波电路

当负载电流较小时，常选用电阻 R 代替 LC–Π 型滤波电路中的电感 L，构成 RC–Π 型滤波电路，如图 12-18 所示。脉动电压中交流分量在电阻 R 上产生较大压降，使电容上的交流分量减少，因 R 的存在，同时也会产生直流压降和功率损耗，使输出直流电压降低。一般 R 取几十欧到几百欧，且应满足 $R \ll R_L$。

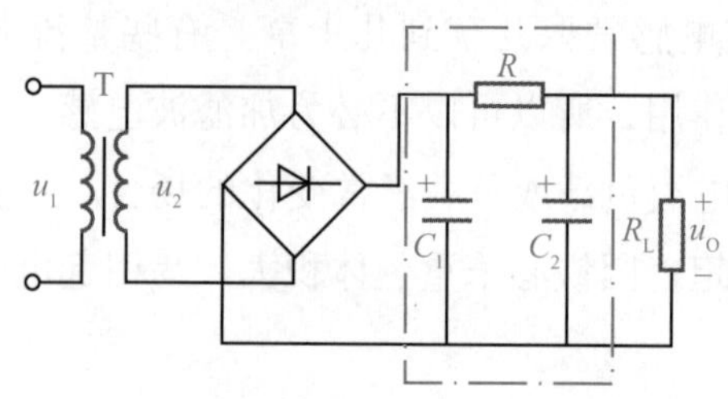

图 12-18　RC–Π 型滤波电路

※4. 电子滤波电路

为了解决电阻 R 上的降压损失和滤波效果，可以采用晶体管构成的电子滤波电路，如图 12-19 所示。

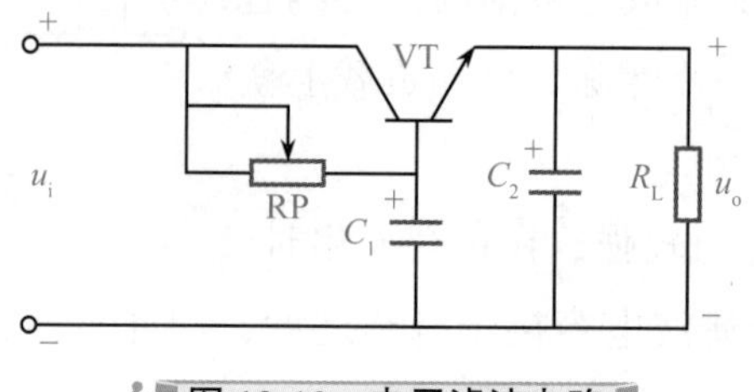

图 12-19　电子滤波电路

图 12-19 中，电位器 RP 与电容 C_1 构成滤波电路，由于基极电流很小，RP 值可以取得很大，因此可提高滤波效果，得到一个脉动极小的基极电流。当 RP 调定后，尽管输入的是脉动的直流电压 u_i，晶体管的集电极—发射极间电压会随之波动，但由于集电极电流基本不变，负载两端电压也不变，相当于脉动电压中的交流分量被降落在晶体管内部。输出电压经电容 C_2 滤波，就获得了一个电压损失很小、波形又很平滑的直流输出电压。该电路常用在整流电流不大但滤波要求高的场合。RP 取几千欧，C_1 取几 μF 到 100μF。

※12.3 稳压电路

实际工作中，经整流滤波后已经变得比较平滑的直流电压，常常因受电网电压波动和负载变化的影响而变化，因此在整流滤波之后，还要接入直流稳压电路来保证输出电压的稳定。

下面介绍一种最简单的硅稳压管稳压电路。

12.3.1 简单的稳压电路

1. 硅稳压二极管的主要参数

（1）稳定电压 U_Z

如图 12-20 给出的曲线中，U_Z 到 U'_Z 是加在稳压管两端的反向电压范围。

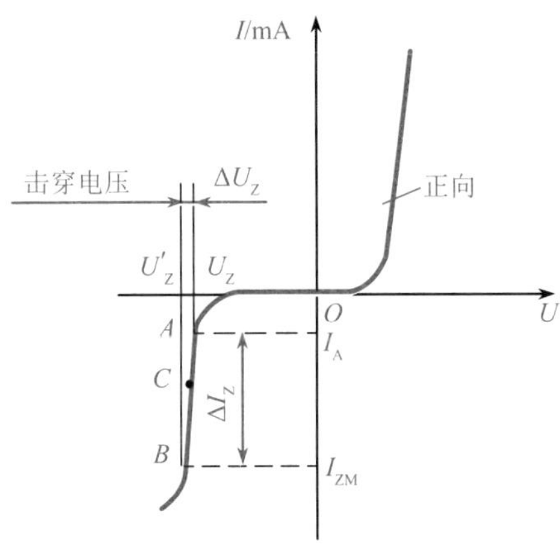

图 12-20 稳压管两端的反向电压范围

（2）稳定电流 I_Z

稳定电流是指维持稳定电压的工作电流，如曲线 C 点处的电流。

（3）最大稳定电流 I_{ZM}

最大稳定电流是指稳压管的最大工作电流，见曲线 B 点处电流。若超过这个电流，稳压管的功耗将超过额定值，管子将发热而损坏。

（4）动态电阻 R_Z

在稳压范围内，稳压管两端电压的变化量与流过的电流变化量之比，即

$$R_Z = \frac{\Delta U_Z}{\Delta I_Z} \tag{12-13}$$

由式（12-13）可知，动态电阻 R_Z 越小，表明电流变化所引起的稳压值变化越小，则稳压性能就越好。

常用稳性管的主要参数见表 12-3。

表 12-3 常用稳性管的主要参数

型号参数	2CW52	2CW104	2VW114	2DW130	2DW143
额定电压 /V	3.2~4.5	5.5~6.5	18~21	42~55	190~220
额定电流 /mA	10	30	10		
最大额定电流 /mA	55	150	47	180	45

（续）

型号参数	2CW52	2CW104	2VW114	2DW130	2DW143
耗散功率 /W	0.25	1	1	10	10
温度系数 /（%℃）	≤ −0.08	−0.03~0.05	≤ 0.11	≤ 0.12	≤ 0.12

2. 简单的硅稳压管电路

（1）电路组成

图 12-21 是利用硅稳压管组成的稳压电路。电阻 R 可利用两端电压的升降使输出电压 U_L 趋于稳定。稳压管 VS 反接在直流电源两端，经电容滤波后的直流电压通过电阻器 R 和稳压管 VS 组成的稳压电路在负载上得到比较稳定的电压。

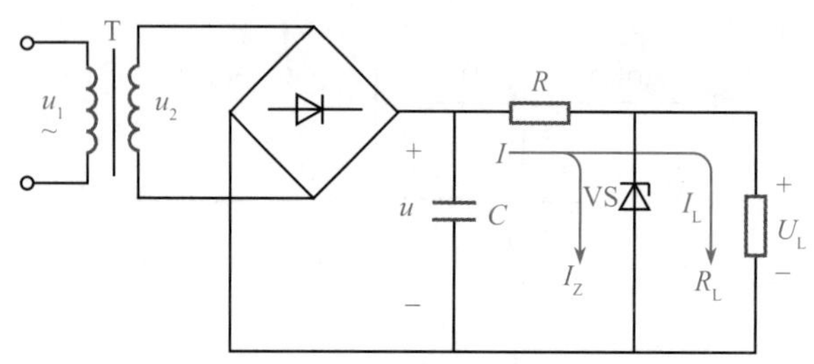

图 12-21　硅稳压管稳压电路

由图 12-21 所示可以看出，经整流滤波后得到的直流电压 U_i，再经过 R 和 VS 组成的稳压电路后送到负载上，其电压与电流之间的关系为

$$U_i = IR + U_L$$

$$I = I_Z + I_L$$

（2）稳压原理

1）负载电阻 R_L 不变而电网电压变化使 U_i 变化。若电网电压波动升高，则使整流滤波输出电压 U_i 上升，引起负载两端电压 U_L 增加。根据稳压管的反向击穿特性，只要 U_L 有少许增大，就会引起 I_Z 显著增加，使流过 R 的电流 I 增加，R 上压降 IR 增大，从而抵消 U_i 的增加，使 U_L 保持稳定。其工作过程可描述为（用“↑”表示增加，用“↓”表示减小）

$$U_i\uparrow \rightarrow U_L\uparrow \rightarrow I_Z\uparrow \rightarrow I\uparrow \rightarrow IR\uparrow \rightarrow U_L\downarrow$$

同理，如果电网电压波动使输出电压 U_i 减小，其工作过程与上述相反，U_L 仍保持稳定。

2）假定电网电压不变而负载 R_L 变化。R_L 减小，引起 U_L 下降，U_L 的下降又引起 I_Z 减小，从而减小了 R 上的电压降，使 U_L 上升而基本维持不变。上述过程可描述为

$$R_L\downarrow \rightarrow U_L\downarrow \rightarrow I_Z\downarrow \rightarrow I\downarrow \rightarrow IR\downarrow \rightarrow U_L\uparrow \rightarrow U_L\uparrow$$

反之亦然，当负载增大时，同样使 U_L 基本维持不变。

从以上分析可知，限流电阻 R 不仅有限流作用，还起调节电压的作用，与稳压管配合以稳定输出电压。因稳压管 VS 与负载 R_L 并联，故又称为并联型稳压电路。

3. 简单的串联型稳压电路

利用晶体管组成的串联型稳压电路如图 12-22 所示，晶体管作为调整组件与负载串联。

图 12-22 所示电路中，电阻 R 既是稳压二极管 VS 的限流电阻，又为晶体管 VT 的基极电流提供通路，保证晶体管工作在放大状态。

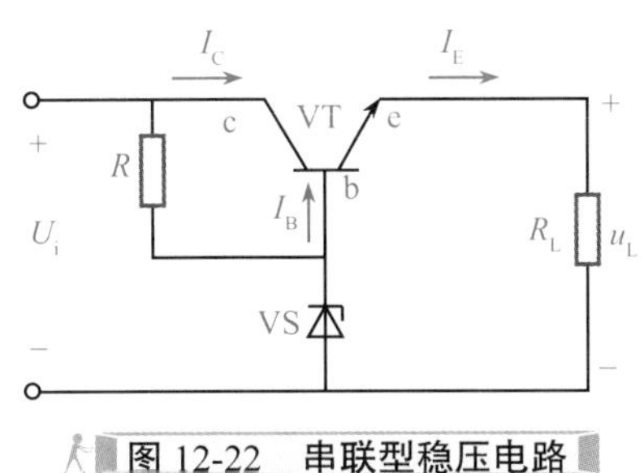

图 12-22　串联型稳压电路

稳压二极管 VS 工作在反向击穿状态，两端电压稳定，不随外电路状态而变化。输入电压 U_i、晶体管的集电极和发射极之间电压 U_{CE} 与输出电压 U_L 是串联关系。

当电源波动或负载变化引起输出电压变化时，串联型稳压电路的稳压过程为

$U_L\downarrow\rightarrow U_E\downarrow\rightarrow U_{BE}\uparrow$（$U_B$ 恒定 $-\ U_E\downarrow$）$\rightarrow I_B\uparrow\rightarrow I_C\uparrow\rightarrow I_E\uparrow\rightarrow I_ER_L\uparrow$

$U_L\uparrow\leftarrow$

反之，若 U_L 增加，经电路的调节作用，会使 U_L 减少，使输出电压保持不变。

12.3.2 开关型稳压电路

开关型稳压电路属于线性稳压电路，调整管工作于线性放大区，缺点是功率消耗大，效率低。为了解决调整管的散热问题，还要安装散热器，这必然要增大电源设备的体积和重量。

在开关型稳压电路中，调整管工作在开关状态。当截止时，电流很小，管耗很小；当饱和时，管压降很小，管耗也很小，因此提高了工作效率，同时可减轻体积和重量。此外，开关型稳压电路因易于实现自动保护，所以在现代电子设备（如电视机、计算机、航天仪器等）中得到广泛的应用。

1. 串联开关型稳压电路

图 12-23 所示为串联开关型稳压电路组成框图，开关调整管 VT 与负载 R_L 串联。

电压电路提供稳定的基准电压 U_R，比较放大器 A_1 对取样电压 u_F 与基准电压 U_R 的差值进行放大，输出电压 u_A 送到电压比较器 A_2 的同相输入端。振荡器产生频率固定的三角波 u_T，作为电源的开关频率。u_T 送到电压比较器 A_2 的反相输入端。当 $u_A>u_T$ 时，

A_2 输出电压 u_B 为高电平，调整管 VT 饱和导通；当 $u_A < u_T$ 时，输出电压 u_B 为低电平，调整管 VT 截止。u_A、u_T 和 u_B 波形如图 12-24a 和图 12-24b 所示。

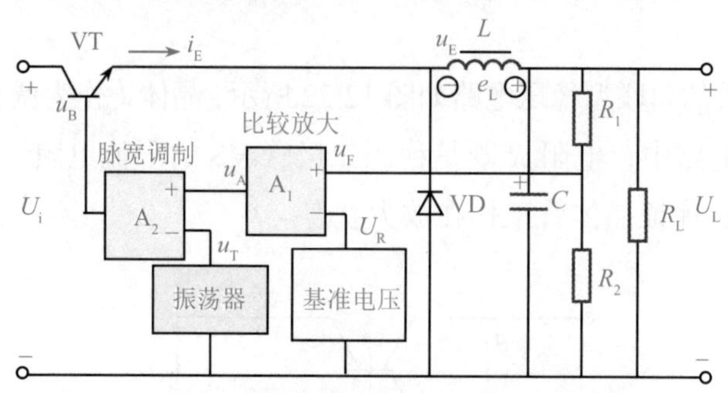

图 12-23　串联开关型稳压电路组成框图

设开关调整管的导通时间为 t_{on}，截止时间为 t_{off}，如图 12-24c 所示，脉冲波形的占空比定义为

$$q = \frac{t_{on}}{T} = \frac{t_{on}}{t_{on} + t_{off}} \tag{12-14}$$

当开关调整管饱和导通时，忽略饱和压降，$u_E \approx U_i$，则输出电压平均值为

$$U_L = qU_i \tag{12-15}$$

电路采用 LC 滤波，VD 为续流二极管。当调整管 VT 导通时，二极管 VD 截止；当 VT 截止时，电感 L 的自感电动势 e_L 极性如图 12-23 所示。自感电动势 e_L 加在 R_1 和 VD 的回路上，二极管 VD 导通（电容 C 同时放电），负载 R_L 中继续保持原方向电流。续流滤波波形如图 12-24d 所示。

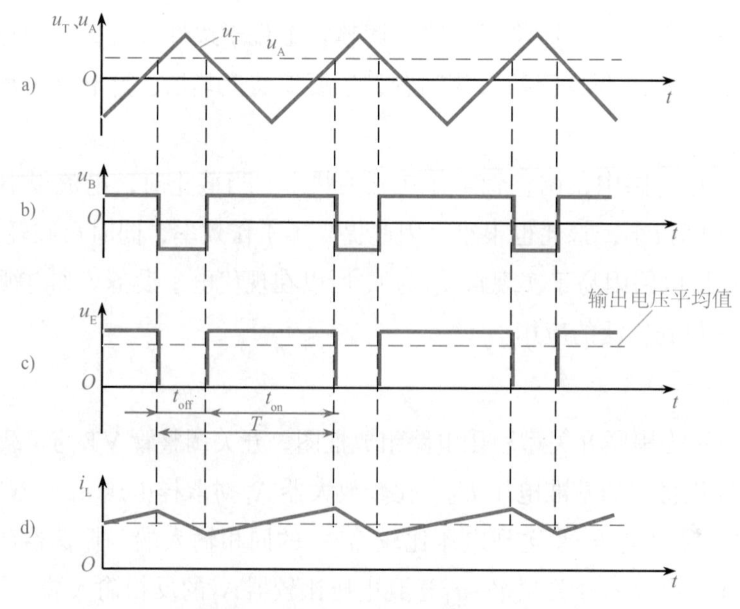

图 12-24　串联开关型稳压电路波形图

假设输出电压 U_L 升高，取样电压同时增大，比较放大器 A_1 输出电压 u_A 下降，调整管 VT 导通时间 t_{on} 减小，占空比 q 减小，输出电压 U_L 随之减小，结果使 U_L 基本不变。调整过程可用下式表示：

$$U_L\uparrow\rightarrow u_F\uparrow\rightarrow u_A\downarrow\rightarrow u_B\downarrow\rightarrow q\downarrow\rightarrow U_L\downarrow$$

以上控制过程是在保持调整管开关周期 T 不变的情况下，通过改变调整管导通时间 t_{on} 来调节脉冲占空比，从而实现稳压的作用。故称脉宽调制式（PWM）稳压电源，简化电路如图 12-25 所示。

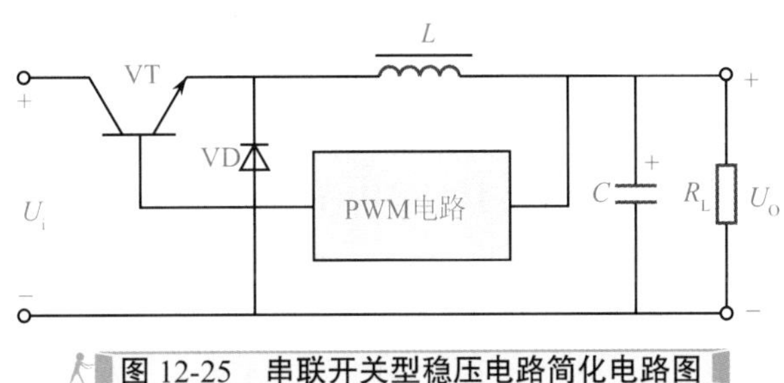

图 12-25　串联开关型稳压电路简化电路图

2. 并联开关型稳压电路

简化原理电路如图 12-26a 所示，开关调整管 VT 与负载 R_L 并联。

当 PWM 电路输出高电平时，调整管 VT 饱和导通，集电极电位近似为零，电感 L 储能，续流二极管 VD 截止，电容 C 对负载 R_L 放电，等效电路如图 12-26b 所示。

当 PWM 电路输出低电平时，调整管 VT 截止，电感 L 产生自感电动势，与输入电压 U_i 相加后通过二极管 VD 对 C 充电，等效电路如图 12-26c 所示。

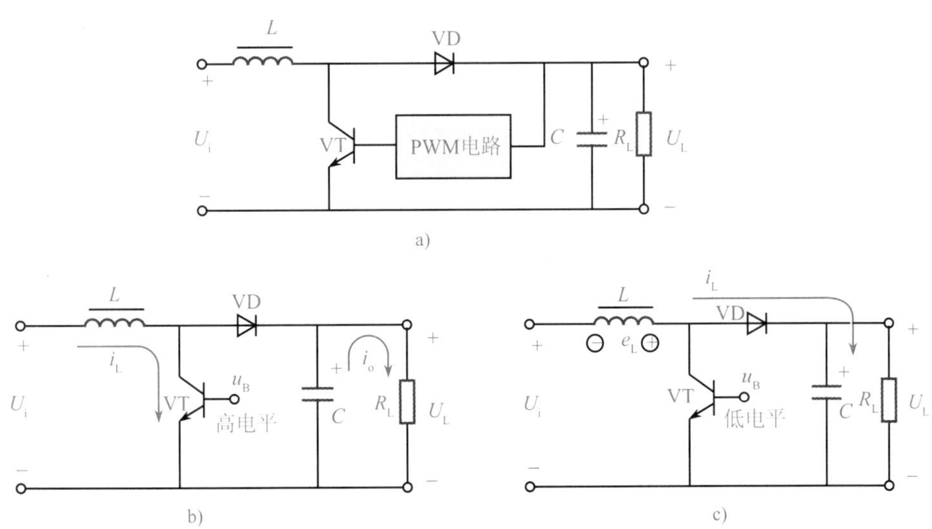

图 12-26　并联开关型稳压电路

并联开关型稳压电路的输出电压大于输入电压，电感 L 越大，储能时间越长，输出电压越大。电容 C 越大，输出电压的脉动则越小。

12.3.3 集成稳压器

利用分立组件组装的稳压电路，输出功率大、安装灵活、适应性广，但体积大、焊点多、调试麻烦、可靠性差。随着电子电路集成化的发展和功率集成技术的提高，产生各式各样的集成稳压器。所谓集成稳压器是指将调整管、取样放大电路、基准电压电路、启动和保护电路等全部集成在一块半导体芯片上而形成的一种稳压集成块。

集成稳压器有多种类型。按原理可分为串联调整式、并联调整式和开关调整式三种，按引出端可分为三端集成稳压器和多端集成稳压器。其中三端集成稳压器发展很快，产品采用和三极管同样的金属封装或塑料封装，不仅外形像晶体管，使用、安装也和晶体管一样简便，如图 12-27 所示。

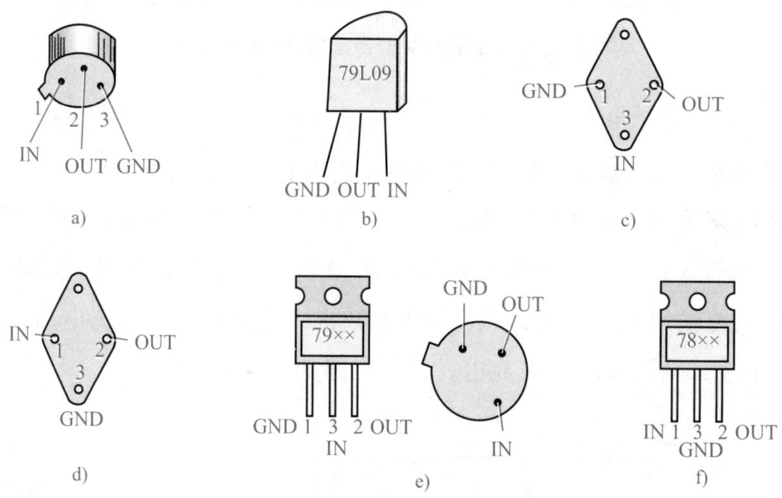

图 12-27　几种三端集成稳压器外形及封装

1. 三端固定输出稳压器

三端固定式集成稳压器的三端是指电压输入、电压输出和公共接地三端，所谓“固定”是指该稳压器有固定的电压输出。典型的产品有 CW78XX 正电压输出系列和 CW79XX 负电压输出系列。其型号意义如下所示：

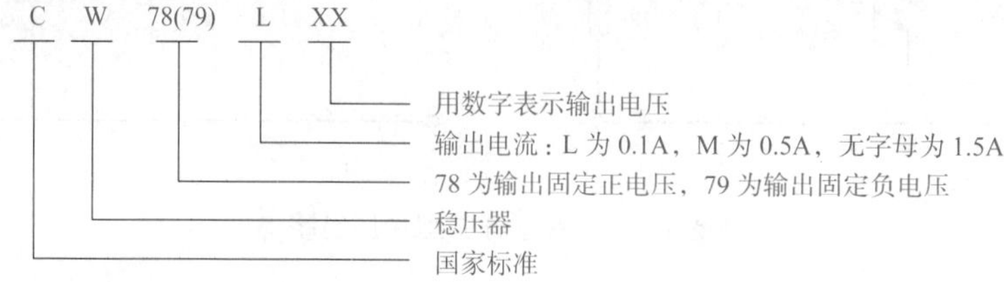

例如：CW7812 表示输出电压 +12V、输出电流 1.5A 的固定式稳压器；CW79L05 表示输出电压 –5V、输出电流 100mA 的固定式稳压器。

2. 三端可调输出稳压器

三端可调式集成稳压器的三端是指电压输入、电压输出、电压调整三端，其输出电压为可调，而且也有正、负之分。比较典型的产品有输出正电压的 CW117/CW217/CW317 系列及输出负电压的 CW137/CW237/CW337 系列，其输出电压分别在 ±（1.2~37V）连续可调。其型号意义如下：

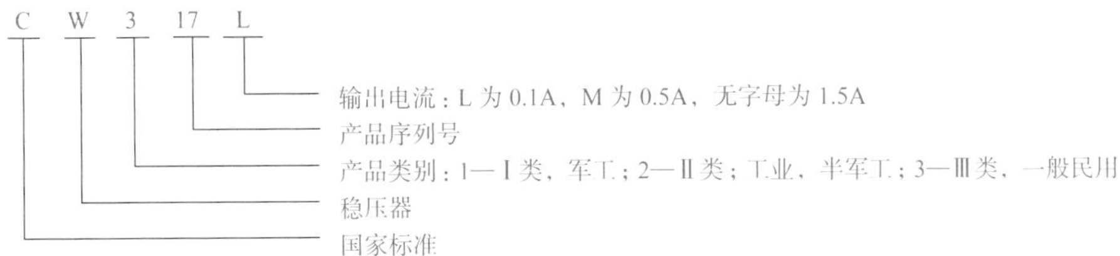

3. 集成稳压器的主要参数

1）最大输入电压 U_{imax} 是指稳压器允许输入的最大电压。

2）最小输入输出压差（$U_i - U_L$）$_{min}$。U_i 表示输入电压，U_L 表示输出电压，此参数表示能正常工作在所要求的输入电压与输出电压的最小差值。由此参数与输出电压之和决定稳压器所需要的最低输入电压。如果输入电压过低，使输入输出压差小于（$U_i - U_L$）$_{min}$，则稳压器输出的纹波变大，性能变差。

3）输出电压范围是指稳压器参数符合指标要求时的输出电压范围。对三端固定输出稳压器，其电压偏差范围一般为 ±5%；对三端可调输出稳压器，应适当选择外接取样电阻分压网络，以建立所需的输出电压。

4）最大输出电流 I_{LM} 是指稳压器能够输出的最大电流值，使用中不允许超出此值。

4. 三端集成稳压器的应用

三端集成稳压器内部电路设计完善，辅助电路功能齐全，只需连接很少的外围元器件，就能构成一个完整的电路，并可以实现提高输出电压、扩展输出电流以及输出电压可调等多种功能。下面介绍几种常见的应用电路。

（1）三端固定输出稳压器的应用

图 12-28a 所示是 CW78XX 系列组成的输出固定正电压的稳压电路。输入电压接 1、3 端，由 2、3 端输出稳定的直流电压。电容 C_1 用作滤波，以减少输入电压 U_i 中的交流分量，还有抑制输入电压的作用。C_2 用来改善负载的瞬时特性，一般不需要大容量的电解电容器。CW79XX 系列输出固定负电压，其组成部分和工作原理与 CW78XX 系列基本相同，应用于只需负输出的场合，如图 12-28b 所示。

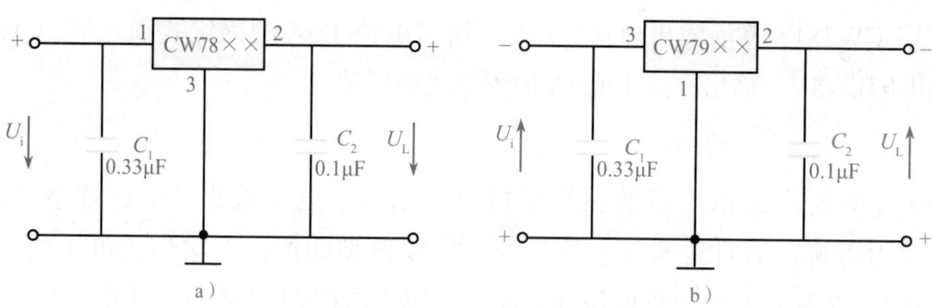

图 12-28　输出固定电压的稳压电路

（2）三端可调输出稳压器的应用

图 12-29a 和图 12-29b 分别是 CW317 和 CW337 的基本接线方法。图中 R、RP 通常称为取样电阻，调节 RP 即可在允许范围内调节输出电压的值。其输出电压为

$$U_o \approx 1.25\left(1+\mathrm{RP}/R\right) \tag{12-15}$$

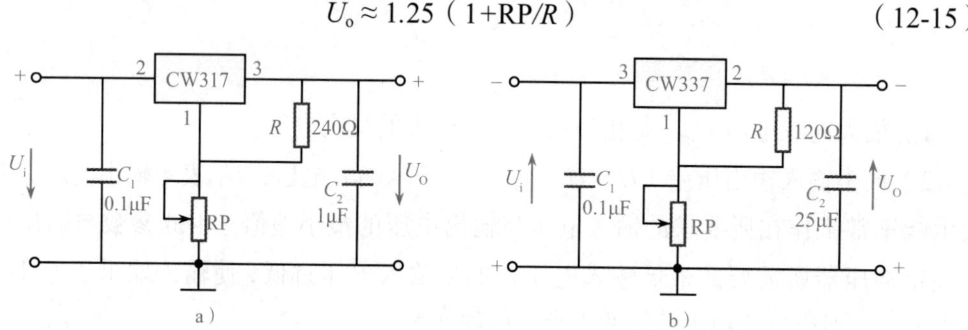

图 12-29　输出固定电压的稳压电路

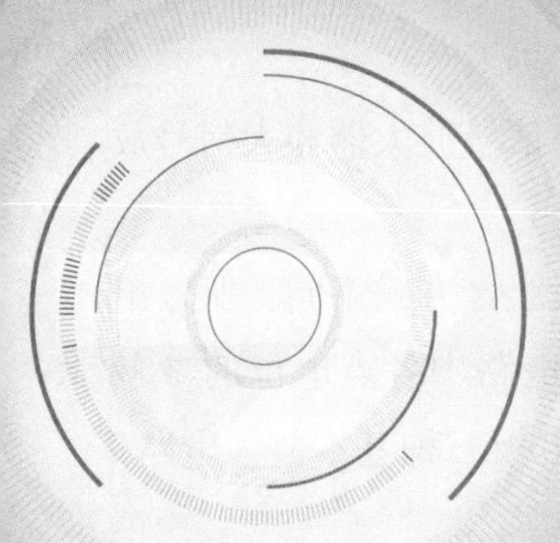

第13章 放大电路和集成运算放大器

学习目标

- 了解放大电路的基本概念、分类及组成。
- 掌握共发射极放大电路的组成、结构、工作原理。
- 了解小信号放大器的静态工作点和性能指标。
- 熟悉反馈的概念及反馈对放大器性能的影响。
- 了解功率放大器的功能及应用电路的工作原理。
- 了解正弦波振荡电路的组成及常见振荡电路的工作原理、特点和振荡频率。
- 了解集成运算放大器的电路结构、符号、引脚性能、特性及在实际中的应用，理解理想集成运放的特性及分析方法。

13.1 共发射极基本放大电路

放大电路是将微弱的电信号进行放大，转变成较强的电信号的电子电路。放大电路是组成各种电子电路的基础，应用十分广泛。

对放大电路的主要要求：第一，要有一定的放大能力，放大后的输出信号电压（电压放大器）或输出信号功率（功率放大器）达到所需的要求；第二，失真要小，即放大后输出信号的波形应尽可能保持与输入信号波形一致。

放大电路的分类：按工作频率的高低来划分，可分为直流放大电路、低频放大电路、中频放大电路和高频放大电路；按用途来分，有电压、电流和功率放大电路；按晶体管的连接方式来分，有共发射极、共基极和共集电极放大电路；按元器件的集成度来分，有分立组件放大电路和集成放大电路；按信号的强弱又可分为小信号放大器和大信号放大器等。

在晶体管放大电路中，因与外部电源、信号源及组件的电路组合方式不同，所以工作特性也不同。按照输入电路与输出电路的交流信号公共端（电路中各点电位的参考点）的不同，晶体管放大电路可分为共发射极、共基极和共集电极三种基本放大电路。这种接法上的改变使放大电路的性能发生了变化，并各具特色。

13.1.1 共发射极基本放大电路的组成

1. 电路组成

图 13-1 所示是由晶体管 VT 组成的共发射极放大电路（又称为固定偏置电路）。整个电路分为输入回路和输出回路两个部分。基极与发射极构成输入回路，用来接收输入信号 u_i。集电极与发射极构成输出回路，将放大后的交流信号 u_o 输出到外接负载 R_L 上。由图可见电路中只有一个放大器件，且以晶体管的发射极作为输入回路和输出回路的公共电极，故称为共发射极放大电路。

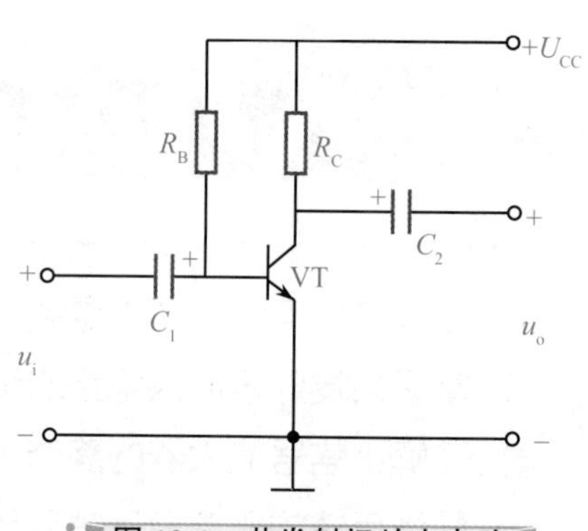

图 13-1 共发射极放大电路

2. 组件作用

（1）晶体管 VT

它是放大器的核心，起电流控制作用，可将微小的基极电流变化量转换成较大的集电极电流变化量。

（2）基极偏置电阻 R_B

U_{CC} 经 R_B 为晶体管提供基极电流 I_b（称为基极偏置电流）。I_B 的大小将直接影响放大器的工作状态。

（3）电极负载电阻 R_C

其作用是将集电极电流的变化量变换成集电极电压的变化量。

（4）耦合电容 C_1 和 C_2

其作用有两点：隔断直流，使晶体管中的直流电流与输入端之前的以及输出端之后的直流电路隔开，不受它们的影响；耦合交流，当 C_1、C_2 的电容量足够大时，对交流信号呈现的容抗很小，可近似短路，这样就可使交流信号顺利地通过。在低频范围内，C_1 和 C_2 应选用容量较大的电解电容器，一般为几微法至几十微法。若信号频率较高，则可选用小容量的电容器。

（5）直流电源 U_{CC}

有两个作用：一是为晶体管 VT 提供发射结正偏，集电结反偏所需的电压；二是为放大电路提供能源。

需要说明的是，信号源和负载不是放大器的组成部分，但它们对放大器有影响。同时，电路中的负载不一定是实际的电阻器，而是表示某种用电设备，如仪表、扬声器、显像管、继电器或下一级放大电路等。

3. 组成原则

1）直流电源要保证晶体管工作在放大状态，并作为输出的能源。

2）偏置电阻与电源配合使放大管有合适的静态工作点。

3）输入信号必须能够作用于放大管的输入回路。

4）输出回路的设置应保证放大后的电流信号能够转换成负载需要的电压形式。

13.1.2 共发射极基本放大电路的工作原理

下面分两种情况讨论电路的工作原理：一是无输入信号，电路处于静止状态（$u_i=0$，静态）时的情况；二是输入交流信号 u_i，放大电路进入交流工作状态（动态）时的情况。

1. 静态工作情况

在放大器没有输入信号（$u_i=0$）时，晶体管的基极回路和集电极回路中只有直流通过，这时的状态称为静态。静态时的基极电流、集电极电流、基极与发射极之间的电压和集电极与发射极之间的电压分别用 I_{BQ}、I_{CQ}、U_{BEQ} 和 U_{CEQ} 表示，一般静态工作点的电流或电压用大写字母表示。通常将静态时的基极电流 I_{BQ} 称为基极偏置电流，在晶体管输出特性曲线上将 I_{CQ} 和 U_{CEQ} 的交点 Q 称为放大器的静态工作点，如图 13-2 所示。

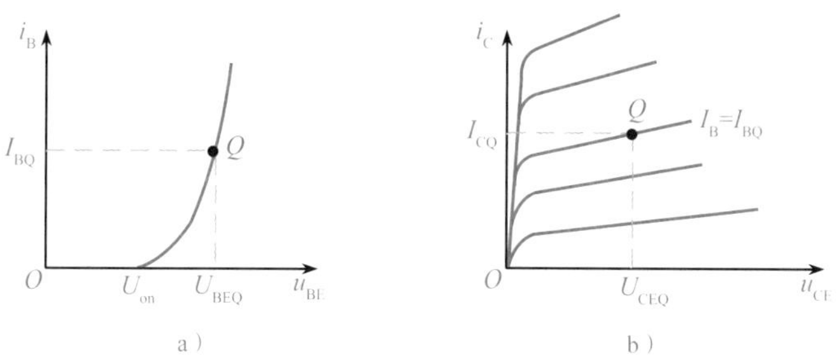

图 13-2　静态工作点的表示

设置静态工作点的目的是给晶体管的发射结预先加上适当的正向电压，以保证 u_i 的整个周期内，放大器都工作在放大状态，避免信号在放大过程中产生失真。

2. 动态工作情况

图 13-1 所示的电路中，设交流信号 u_i（见图 13-3a）通过电容 C_1 加到基极，基极电压和基极电流将发生变化，基极总电流也就是静态时的基极偏置电流 I_{BQ} 和输入信号

u_i引起的交变电流I_i的总和，波形如图13-3b所示，即

$$I_B = I_{BQ} + I_b \tag{13-1}$$

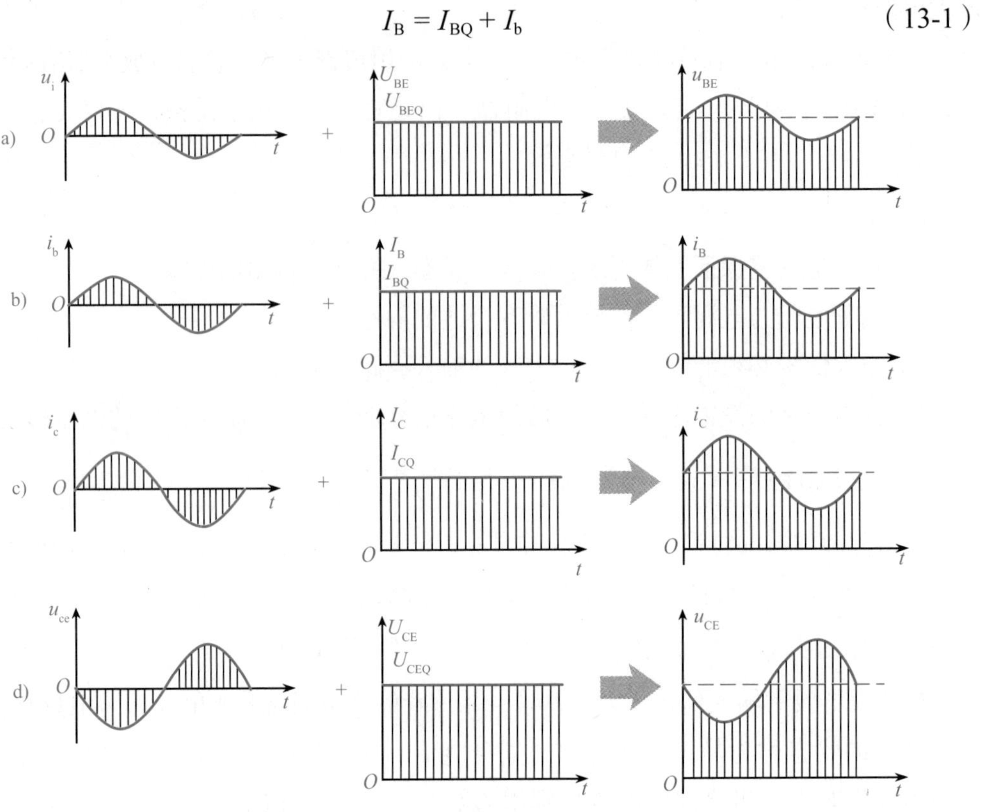

图13-3 放大器各级电压、电流波形分析

由于晶体管的电流放大作用，即有$I_C=\beta I_B$，则

$$I_C=\beta I_B=\beta（I_{BQ}+I_b）=I_{CQ}+I_c \tag{13-2}$$

可见集电极总电流也是静态时的集电极电流I_{CQ}和输入信号u_i引起的交变电流I_c的总和，波形如图13-3c所示。

同样，集电极总电压也是静态时的集电极电压U_{CEQ}和交流电压u_{ce}的总和，即

$$\begin{aligned} u_{CE} &= U_{CC}-（I_{CQ}+I_c）R_C \\ &= U_{CC}-I_{CQ}R_C-I_cR_C \end{aligned} \tag{13-3}$$

由于$U_{CEQ}=U_{CC}-I_{CQ}R_C$

所以

$$\begin{aligned} u_{CE} &= U_{CEQ}-I_cR_C \\ &= U_{CEQ}+（-I_cR_C）=U_{CEQ}+u_{ce} \end{aligned} \tag{13-4}$$

由此可见，集电极与发射极之间的总电压由两部分组成，其中U_{CEQ}为直流电压，u_{ce}为交流电压，波形如图13-3d所示。由于电容C_2的隔直作用，所以放大器的输出电

压只有交流分量，即

$$u_o = u_{ce} = -I_c R_C \tag{13-5}$$

式中，负号表示 u_o 与 u_i 相位相反，称为共发射极放大电路的反相作用。输出电压波形如图 13-3d 中 u_{ce} 所示。

通过以上分析，可以得出如下结论：在单级共发射极放大器中，输出电压 u_o 与输入电压 u_i 频率相同，波形相似，幅度得到放大，相位相反。

※13.1.3 静态工作点的设置和稳定

信号在放大过程中，希望信号的幅值得到增大而信号的波形不变。假如信号经过放大后，输出信号的波形与输入信号相差很远，放大就没有意义了。输出波形与输入波形不完全一致称为波形失真。由于特性曲线非线性引起的波形失真称为非线性失真。产生非线性失真的原因与静态工作点选择是否合适有关。

1. 波形失真与静态工作点的关系

在图 13-1 所示的电路中，静态工作点 Q 对放大电路输出波形影响很大。

1）工作点偏高易引起饱和失真。Q 点上移，直至输出信号电压波形负半周被部分削平，叫作“饱和失真”，如图 13-4 中 Q_A 点。消除饱和失真的方法是，增大 R_b 以减小 I_{BQ}，使 Q 点适当下移。

2）工作点偏低易引起截止失真。Q 点下移，直至输出信号电压波形正半周被部分削平，叫作“截止失真”，如图 13-4 中 Q_B 点。消除截止失真的方法是，减小 R_b 以增大 I_{BQ}，使 Q 点适当上移。

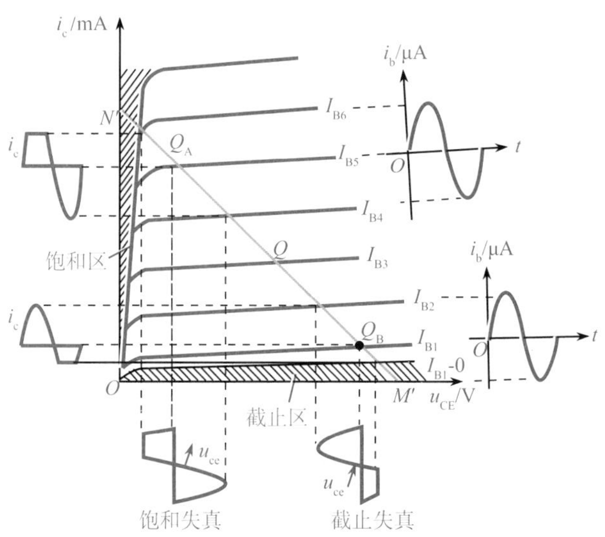

图 13-4　波形失真与静态工作点的关系

如果输入信号幅度过大，则会同时出现截止失真和饱和失真，这时要对输入信号适当加以限制。

由图 13-4 可以看出，为了获得幅度大而不失真的交流输出信号，放大器的静态工作点应选在交流负载线的中点 Q 处。

2. 影响静态工作点稳定的因素

在实际应用中，环境温度的变化、晶体管的更换、电路中组件的老化以及电源电压的波动等，都可能使放大器的静态工作点发生变化，造成放大电路的静态工作点不稳定。其中，最主要的原因是温度变化的影响，因为晶体管的特性和参数对温度的变化特别敏感。

一般情况下，温度每升高 10℃，晶体管的 I_{BQ} 增大一倍，而 I_{CEO}=（1+β）I_{CBO}，将使静态工作点 $I_{CQ}=\beta I_{BQ}+I_{CEO}$ 增加，Q 点上移接近饱和区而出现饱和失真。

因此，为了使工作点稳定，在温度变化时，应设法使 I_{CQ} 保持稳定不变。通常采用分压式偏置电路来实现。

3. 分压式偏置放大电路

（1）电路组成

如图 13-5 所示，在图 13-1 所示的电路的基极增加偏置电阻 R_{B2}，发射极增加发射极电阻 R_E 和交流旁路电容 C$_E$。R_{B2} 与 R_{B1} 的分压保证晶体管基极有合适的直流电压 U_{BQ}；R_E 具有稳定直流工作点的作用；C_E 为交流信号提供了通路，使放大器的交流放大能力不至于因 R_E 的接入而下降。这种偏置电路又称为分压式射极偏置放大电路。

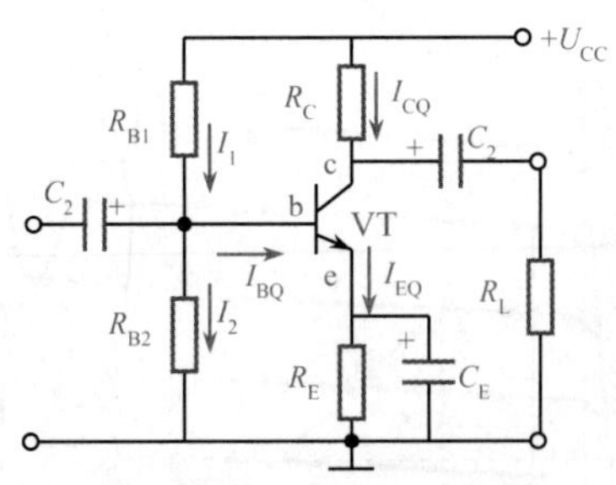

图 13-5 分压式放大电路

（2）稳定静态工作点的原理

适当选择 R_{B1} 和 R_{B2} 的值，使 I_1 远远大于 I_{BQ}，这时基极电压 U_{BQ} 就由 R_{B1} 和 R_{B2} 的分压比确定，即

$$U_{BQ} \approx \frac{R_{B1}}{R_{B1}+R_{B2}}U_{CC} \tag{13-6}$$

由于接入了发射极电阻 R_E，发射极直流电流 I_{EQ} 在其上产生直流电压，加到发射结的直流电压则为

$$U_{BEQ}=U_{BQ}-U_{EQ} \tag{13-7}$$

当温度 T 升高而引起 I_{CQ} 增大时，I_{EQ} 和 U_{EQ} 也相应增大。由于 U_{BQ} 基本不变，由式（13-6）可知，U_{BEQ} 就减小，I_{BQ} 随之减小，从而抑制了 I_{CQ} 的增大，最终使静态工作点趋于稳定。

上述过程可表示为

$$T\uparrow \rightarrow I_{CQ}\uparrow \rightarrow I_{EQ}\uparrow \rightarrow U_{EQ}\uparrow \rightarrow U_{BEQ}\downarrow \rightarrow I_{BQ}\downarrow \rightarrow I_{CQ}\downarrow$$

由以上分析可知，R_E 对 I_{CQ} 的变化具有抑制作用，才使放大器的静态工作点趋于稳定，这种抑制作用称为负反馈。有关负反馈的原理将在 13.3 节中讨论。

※13.1.4 共发射极基本放大电路的交流性能分析

当放大电路在放大交流信号时，是把交流信号叠加在直流电量上，以实现不失真地放大。图 13-1 所示基本共发射极放大电路（或图 13-5 所示的分压式放大电路）的电压放大倍数、输入电阻和输出电阻都是很重要的交流性能指标，下面分别进行简要介绍。

1. 电压放大倍数 A_u

电压放大倍数定义为输出电压 u_o 与输入电压 u_i 之比，用 A_u 表示，即

$$A_u=\frac{u_o}{u_i} \tag{13-8}$$

对图 13-1 所示基本共发射极放大电路（或图 13-5 所示的分压式放大电路）经理论推导或实际测量，有

$$A_u=\frac{u_o}{u_i}=\frac{-\beta R'_L i_b}{R_{be} i_b}=-\frac{\beta R'_L}{R_{be}} \tag{13-9}$$

式中，$R'_L=\dfrac{R_C R_L}{R_C+R_L}$；$R_{be}=\dfrac{u_{be}}{i_b}$，通常为 1kΩ 左右；“—”号表示输出、输入信号反相。

放大电路输出端空载时，$R'_L=R_C$，电压放大倍数为

$$A_u=-\frac{\beta R_C}{R_{be}} \tag{13-10}$$

因为 $R_C>R'_L$，所以，放大电路输出端带载时，电压放大倍数下降，即输出电压减小。

2. 输入电阻 R_i

放大电路的输入电阻是从放大电路的输入端看进去的交流等效电阻。对于图 13-1

可得

$$R_i=R_B // R_{be}\approx R_{be} \tag{13-11}$$

对于图 13-5 可得

$$R_i=R_{B1} // R_{B2} // R_{be}\approx R_{be} \tag{13-12}$$

R_{be} 是晶体管的基极与发射极间的交流等效电阻，$R_{be}=\left[300+(1+\beta)\dfrac{26}{I_{EQ}}\right]\Omega$。

R_i 反映放大电路对所接信号源（或前一级放大电路）的影响程度。放大电路和信号源相接后，放大电路的输入电阻就是前级信号源的负载，它的大小表征放大电路向信号源取用信号量的多少。一般来说，希望 R_i 尽可能大一些，以使放大电路向信号源取用的电流尽可能小，以减少前级的负担。

3. 输出电阻 R_o

放大电路的输出电阻是从放大电路的输出端看进去的交流等效电阻（不包括负载）。对于图 13-1 和图 13-5 所示的电路，其输出电阻一致，为

$$R_o=R_C // R_{ce} \tag{13-13}$$

晶体管工作在放大区时，集电极与发射极间的交流等效电阻 R_{ce} 很大，所以

$$R_o\approx R_C \tag{13-14}$$

输出电阻是衡量放大电路带负载能力的性能指标。对于负载来说，放大器是向负载提供信号的信号源，而它的输出电阻就是信号源的内阻。当负载变化时，为了使输出电压稳定，则要求 R_o 小，R_o 越小带负载的能力越强。

13.2 多级放大电路

实际应用的放大电路通常都是多级的，即把几个单级放大电路适当连接起来构成的放大电路。这是因为要把一个微弱的信号放大到能够推动负载（继电器、扬声器等），靠一级放大是不够的。

13.2.1 多级放大电路的组成

多级放大器通常可分为两大部分，即电压放大（小信号放大）和功率放大（大信号放大），如图 13-6 中框图所示。前置级一般根据信号源是电压源还是电流源来选定，它与中间级的主要作用是放大信号电压。中间级一般都用共发射极电路或组合电路组成。末级要求有一定的输出功率供给负载，称为功率放大器，一般由共集电极电路或互补推挽电路组成，有时也用变压器耦合放大电路。

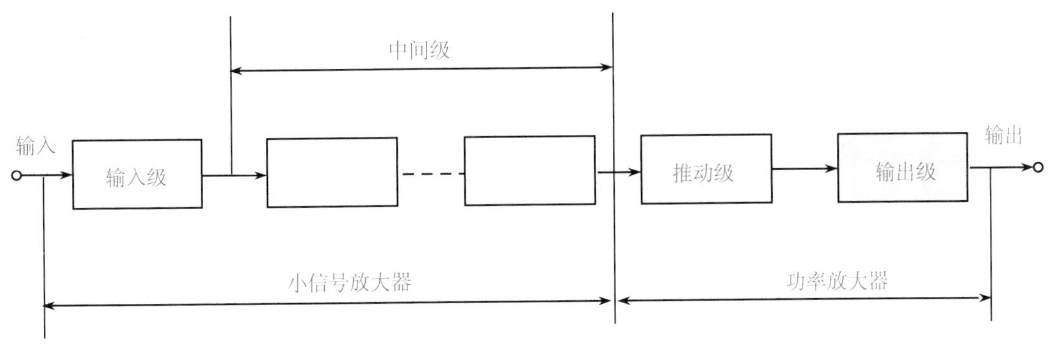

图 13-6　多级放大电路的组成

13.2.2 多级放大电路的耦合方式

多级放大电路中，级与级之间的连接方式称为级间耦合。通常采用的耦合方式有阻容耦合、变压器耦合和直接耦合三种。

1. 阻容耦合

（1）电路组成

图 13-7 所示为两级阻容耦合放大器。第一级的输出信号通过 R_{C1} 和 C_2 加到第二级的输入电阻上，即信号是通过电阻和电容传递的，故称阻容耦合。由于耦合电容的隔直作用，前后级放大器的静态工作点互不影响。

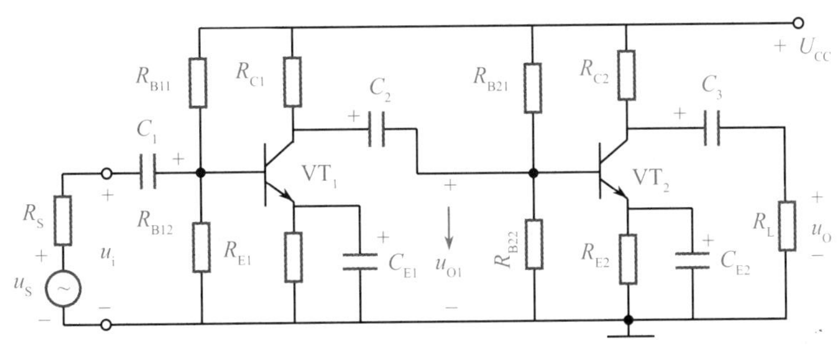

图 13-7　阻容耦合放大电路

（2）电路特点

各级静态工作点互相独立、体积小、价格低。但当频率很低时，电容的容抗不能忽略，输出电压比中频时低，低频响应差，级与级之间阻抗严重失配。所以阻容耦合放大电路一般用在前置放大级中作为电压放大器。

2. 变压器耦合

（1）电路组成

图 13-8 所示为变压器耦合的两级放大器。耦合变压器的作用是隔断前后级的直流联系，同时把前级输出的交流信号通过电磁感应传送到后级。此外，在某些放大器中，

还利用耦合变压器在传递信号的同时实现阻抗变换。

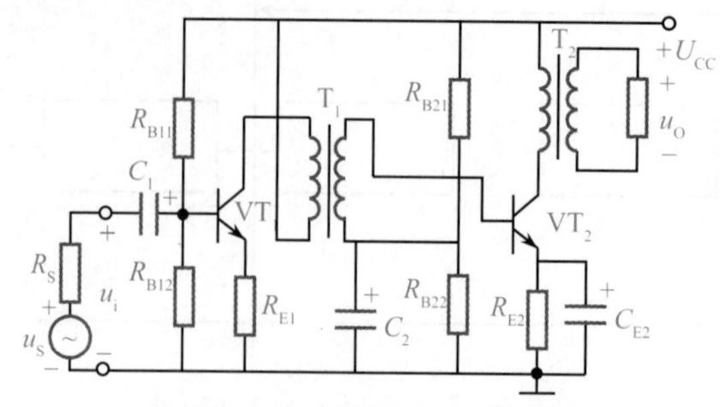

图 13-8　变压器耦合放大电路

（2）电路特点

各级静态工作点互相独立、变压器的阻抗变换可以使级与级之间阻抗匹配，以获得最大输出功率。但它的低频特性较差，不能传输直流信号，而且体积较大，主要应用于调谐放大器或由分立组件组成的功率放大器中。

3. 直接耦合

（1）电路组成

图 13-9 所示为直接耦合放大电路，其前一级放大电路的输出端与后一级放大电路的输入端直接或通过一个电阻连接起来。

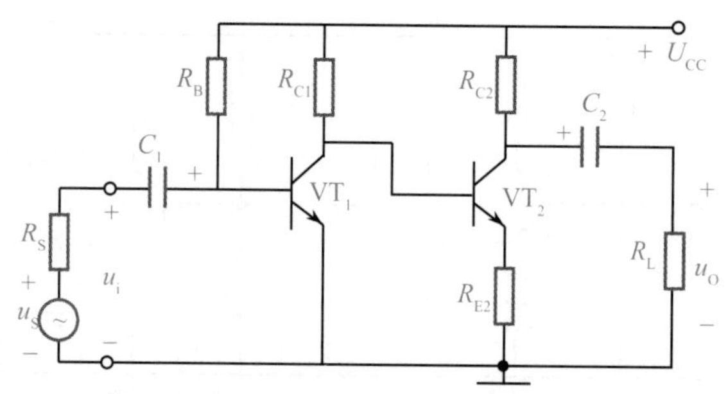

图 13-9　直接耦合放大电路

（2）电路特点

电路中没有外加电抗组件，频率响应好，低频段可以延伸到直流，使用组件少，适用于线性集成电路。但级与级之间阻抗严重失配，功率增益低；各级的静态工作点相互影响，设计和调整比较麻烦。

※13.2.3 多级放大电路的电压放大倍数

（1）多级电压放大倍数

在多级放大电路中，前一级的输出信号电压就是后一级的输入信号电压，如图 13-10 所示。

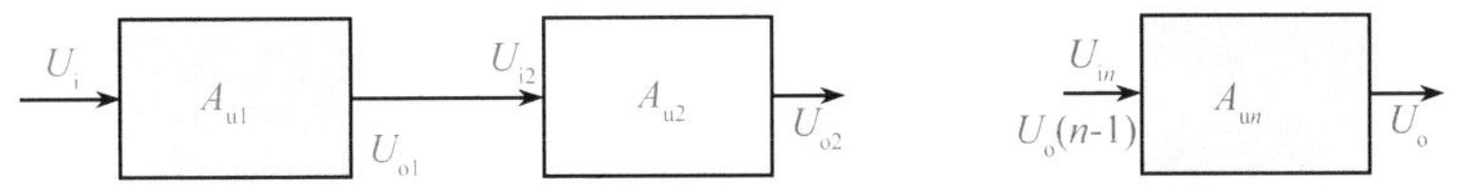

图 13-10　多级电压放大倍数

因此，多级放大电路的总电压放大倍数 A_u 等于各级电压放大倍数的乘积，即

$$A_u=\frac{U_o}{u_i}=\frac{U_{o1}}{U_i}\cdot\frac{U_{o2}}{U_{o1}}\times\cdots\times\frac{U_{on}}{U_{o(n-1)}}=\frac{U_{o1}}{U_i}\cdot\frac{U_{o2}}{U_{i2}}\times\cdots\times\frac{U_{on}}{U_{in}}=A_{u1}A_{u2}\times\cdots\times A_{un} \tag{13-15}$$

（2）放大器的增益

用放大倍数的对数形式表示放大电路放大能力的方法叫作增益。习惯上人们有时也将放大倍数称为增益。放大电路的增益包括功率增益、电压增益和电流增益。

功率增益　　$G_p=10\lg A_P$　　（13-16）

电压增益　　$G_u=20\lg A_u$　　（13-17）

电流增益　　$G_i=20\lg A_i$　　（13-18）

增益的单位为分贝，以 dB 表示。例如：某放大电路的电压放大倍数 $A_u=100$，则其电压增益为 $G_u=20\lg A_u=20\lg 100$ dB $=40$dB。

放大电路的放大倍数用对数表示时，可以简化运算过程。例如：计算多级放大电路的电压增益时有

$$\begin{aligned}G_u&=20\lg A_u=20\lg(A_{u1}A_{u2}\times\cdots\times A_{un})\\&=20\lg A_{u1}+20\lg A_{u2}+\cdots+20\lg A_{un}\\&=G_{u1}+G_{u2}+\cdots+G_{un}\end{aligned}$$

因为它可以将乘法运算变换为加法运算，所以这种方法使计算过程大大简化。

13.3 负反馈放大器

反馈是改善放大器性能的重要手段，也是自动控制系统的基本概念，实用的放大器大都引用负反馈。因此，了解负反馈对放大电路的影响，是十分必要的。

13.3.1 负反馈的基本概念

1. 反馈的定义

凡是将输出量送回到输入端，并对输入量产生影响的过程都称为反馈。

放大器中的反馈是指将输出量（电压或电流）的一部分或全部送回到输入回路，并与输入量进行叠加的过程。

引入了反馈的放大器称为反馈放大器，它由基本放大器和反馈电路两部分组成，如图 13-11 所示。图中⊗称为比较环节，表示信号在此叠加。输出量经反馈电路处理，获

得反馈量送回到输入端，与输入量叠加后，产生净输出量加到放大器的输入端。可见反馈放大器是一闭合回路，又称为闭环放大器，未引入反馈的放大器则称为开环放大器。

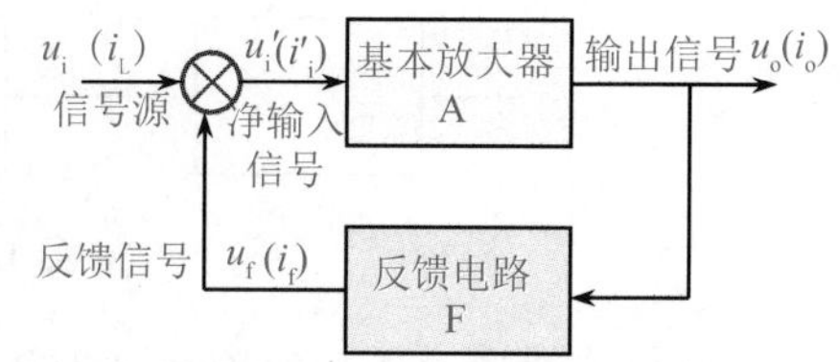

图 13-11 多级电压放大倍数

2. 反馈的类型

由于反馈的极性不同，反馈信号的取样对象不同，反馈信号在输入回路中的连接方式也不同。

（1）正反馈与负反馈

根据反馈极性的不同，可分为正反馈与负反馈。使放大器净输入量增大的反馈称为正反馈，使放大器净输入量减小的反馈称为负反馈。放大器中主要采用负反馈，正反馈多用于振荡电路中。

（2）电压反馈与电流反馈

根据反馈信号从输出端取样方式的不同，可分为电压反馈与电流反馈。如果反馈信号取自放大器的输出电压，称为电压反馈；如果反馈信号取自放大器的输出电流，称为电流反馈。电压反馈的取样环节与放大器输出端并联，电流反馈的取样环节与放大器输出端串联。

（3）串联反馈与并联反馈

根据反馈信号与输入信号连接方式（也称为比较方式）的不同，可分为串联反馈与并联反馈。如果反馈信号在输入端是与信号源串联的，称为串联反馈；如果反馈信号在输入端是与信号源并联的，称为并联反馈。

（4）直流反馈与交流反馈

如果反馈量只含有直流量，称为直流反馈；如果反馈量只含有交流量，称为交流反馈。在图 13-5 所示的分压式偏置放大器中，如果发射极电阻 R_E 接有交流旁路电容 C_E，则 R_E 只对直流量有反馈作用，而对交流量没有反馈作用，即所引入的是直流反馈。如果去掉交流旁路电容 C_E，则 R_E 所引入的就是交、直流反馈。

直流负反馈主要用于稳定放大器的静态工作点，交流负反馈可以改善放大器的动态特性。

※13.3.2 射极输出器

1. 电路组成

图 13-12 所示是由晶体管 VT 组成的共集电极放大电路。由图 13-12 可见，集电极是输入回路和输出回路的公共端，称为集电极放大电路。在共集电极放大电路中，负载电阻 R_E 接在发射极上，因从发射极输出信号，又称为射极输出器。

2. 电路特点

1）电流放大系数大于 1，而电压放大系数小于 1，即共集电极放大电路有电流放大作用，而无电压放大作用。

2）输入电压极性和输出电压极性相位相同。

3）输入电阻大而输出电阻小。输入电阻大可使流过信号源的电流小；输出电阻小，即带负载能力大。

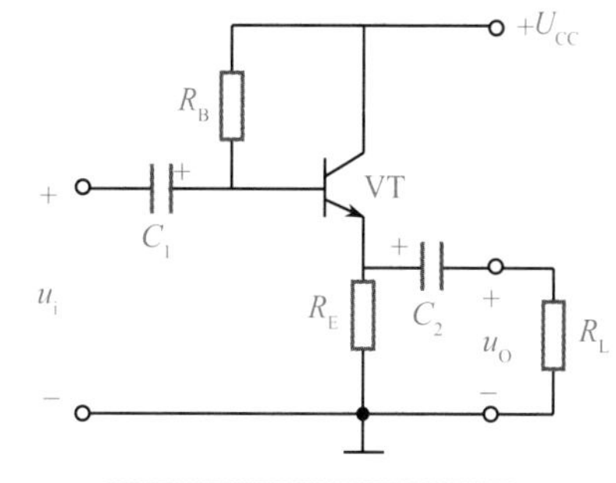

图 13-12　射极输出器电路

3. 射极输出器的应用

射极输出器具有输入电阻高、输出电阻低的特点，可用来作为多级放大电路的输入级、输出级和中间的隔离级。

13.3.3 负反馈对放大电路的影响

1. 负反馈对放大倍数的影响

（1）负反馈使放大倍数下降

反馈信号与输入信号比较，使净输入信号减小，而基本放大倍数不变。因此，具有负反馈的放大电路其放大倍数比不加负反馈时要低。

（2）负反馈提高了放大倍数的稳定性

周围环境温度的变化、元器件的老化与更换，以及负载的变化等原因，往往使放大器件的特性参数等发生变化，从而导致放大器放大倍数的变化。引入负反馈后，使输出信号的变化得到遏制；放大倍数趋于不变，因此提高了放大倍数的稳定性。

2. 负反馈对输入电阻的影响

负反馈对输入电阻的影响，取决于反馈电路在输入端的连接方式，即取决于是串联反馈还是并联反馈。

（1）串联负反馈使输入电阻提高

在串联负反馈中，由于反馈电路与输入电阻串联，电阻越串越大。因此引入串联负反馈后，使得放大电路的输入电阻增大。

（2）并联负反馈使输入电阻下降

在并联负反馈中，由于反馈电路与输入电阻并联，电阻越并越小。因此引入并联负反馈后，使得放大电路的输入电阻减小。

3. 负反馈对输出电阻的影响

负反馈对输出电阻的影响，取决于反馈电路在输出端的连接方式，即取决于是电压反馈还是电流反馈。

（1）电压负反馈使输出电阻降低

电压负反馈可使输出电压在负载变动时保持稳定，使之接近恒压源。因此，电压负反馈使放大电路的输出电阻减小。

（2）电流负反馈使输出电阻提高

电流负反馈可使输出电流在负载变动时保持稳定，使输出接近恒流源。因此，电流负反馈使放大电路的输出电阻增大。

4. 负反馈对放大电路非线性失真的影响

负反馈使放大电路的非线性失真减小，还可以抑制放大电路自身产生的噪声。

负反馈只能减小本级放大器自身产生的非线性失真和自身的噪声，对输入信号存在的非线性失真和噪声则无能为力。

※13.4 低频功率放大器

在实际应用中，经常要求多级放大电路的末级能输出一定的功率去推动负载工作。例如电动机控制绕组、仪表的指示、继电器线包、扬声器音圈等。因此，多级放大电路的末级通常要采用功率放大器。

13.4.1 对功率放大器的要求

1. 输出功率要大

为了得到足够大的输出功率，应使功率放大管的集电极电流和电压变化的幅度尽可能大，这样输出的功率最大。

2. 效率要高

由于功率放大器的输出功率大，所以直流电源消耗的功率也大。功率放大器的效率为放大器输出的交流功率 P_o 与电源提供的直流功率 P_{GB} 的比值，即

$$\eta = \frac{P_o}{P_{GB}} \tag{13-19}$$

3. 非线性失真要小

功率放大器为了输出足够大的功率，就要使电流和电压信号尽可能大，这样会超出晶体管特性曲线的线性范围，而产生非线性失真。这时只有从电路和结构上采取一些措施，以保证输出的波形尽可能保持不失真。

4. 功放管散热要好

在功率放大器中，有部分电能以热的形式消耗，使功放管温度升高。因此，要利用散热装置来提高功放管的最大允许耗散功率，从而提高功率放大器的输出功率。例如，

当 3AD50 不加散热器，环境温度在 20℃时，该管 P_{CM} 仅为 1W；装置合适的散热器，P_{CM} 可提高到 10W。

13.4.2 功率放大器的分类

1. 按功放管静态工作点的设置分类

根据功放管静态工作点 Q 在交流负载线上的位置不同，可分为甲类、乙类、甲乙类、丙类等。它们的集电极电流波形如图 13-13 所示。

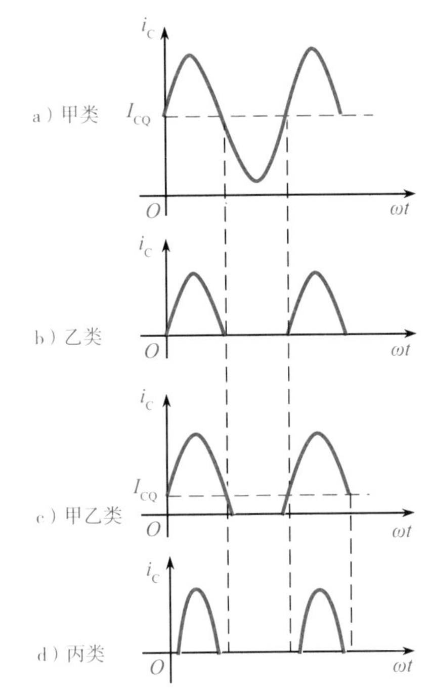

图 13-13　各类功放的集电极电流波形

（1）甲类功放

Q 点在交流负载线的中点，功放管在输入信号的整个周期内都处于放大状态，输出信号无失真。但静态电流大，效率低。前面介绍的小信号放大器就是工作于这一状态。

（2）乙类功放

Q 点设置在交流负载线的截止点，功放管仅在输入信号的半个周期内导通，输出为半波信号。如果采用两只功放管组合起来交替工作，可使输出信号在负载上合成一个完整的全波信号。乙类功放几乎没有静态电流，功耗极小，效率高。

（3）甲乙类功放

Q 点在交流负载线上略高于乙类工作点处，功放管的导通时间略大于半个周期，输出波形比乙类削波程度小些，不是削掉整个半周。功放管静态电流稍大于零，具有较高的效率，是功率放大器常采用的方式。

（4）丙类功放

Q 点设置在截止区，功放管的导通时间小于半个周期，效率比乙类高，主要应用在无线电发射机中作高频功率放大。

2. 按功率放大器的输出端特点分类

1）变压器耦合功率放大器。

2）无输出变压器功率放大器（OTL）。

3）无输出电容功率放大器（OCL）。

4）桥式功率放大器（BTL）。

变压器耦合功率放大器可通过变压器变换阻抗，使负载获得最大功率，但由于变压器体积大，笨重，频率特性差，且不便于集成化，目前应用较少。OTL、OCL 和 BTL 电路都不用输出变压器，目前都有集成电路，并广泛应用于电子产品中。

13.4.3 功率放大器应用电路

1. 单电源互补对称功率放大器（OTL）

OTL 功放电路基本结构如图 13-14a 所示。VT_1 和 VT_2 是一对导电类型不同、但特性对称的配对管。两管都接成射极输出形式，输出电阻小，所以无需变压器就能与低阻抗负载较好地匹配。输出耦合电容 C 同时可充当 VT_2 回路等效电源，电容容量常选用几千微法的电解电容。

因为两只晶体管都工作在乙类状态，当 u_i 为正弦信号电压时，在负载 R_L 上合成输出电压也将在两个半波交界处跨越正负半波时发生交越失真。为了克服交越失真，R_1、VD_1 和 VD_2 给 VT_1 和 VT_2 两管的基极提供一定的偏置电压，使其处于弱导通状态，具体电路如图 13-14b 所示。

u_i 为零时，前级电路应使基极电位 U_B 为 $U_{CC}/2$，由于 VT_1 和 VT_2 的特性对称，因 $U_A \approx U_{CC}/2$，故称 U_A 为中点电压。

u_i 为正半周时，VT_1 导通，VT_2 截止，电源 U_{CC} 通过 VT_1 向电容 C 充电，电流如图 13-14b 中实线所示。

u_i 为负半周时，VT_2 导通，VT_1 截止，电容 C 代替电源 U_{CC} 向 VT_2 供电，电流如图 13-14b 中虚线所示。

功放管 VT_1 和 VT_2 交替工作，在负载上获得正负半周完整的输出波形。电容 C 因容量足够大，可维持两端电压在 $U_{CC}/2$。如果 VT_1 和 VT_2 在导通时都能接近饱和状态，则输出信号的最大幅度 U_m 可接近 $U_{CC}/2$。每只功放管的工作电压为电源电压的 1/2，所以负载可获得的最大功率为

$$P_{OM} = \frac{\left(\frac{U_{CC}}{2}\right)^2}{2R_L} = \frac{U_{CC}^2}{8R_L} \qquad (13\text{-}20)$$

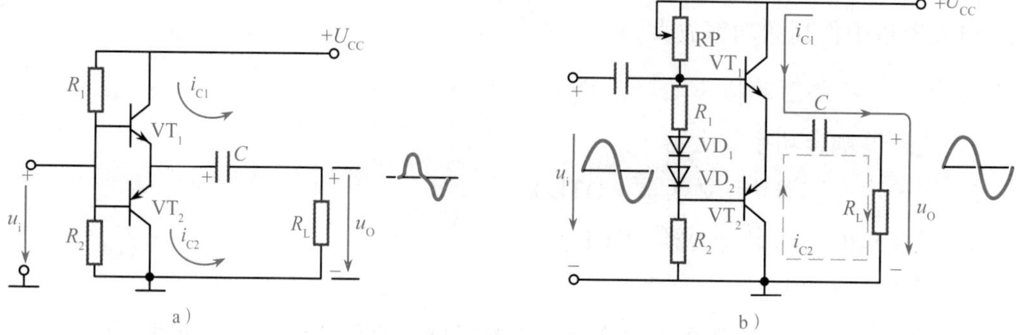

图 13-14 单电源互补对称功率放大器

2. 双电源互补对称功率放大器（OCL）

在如图 13-14b 所示的 OTL 电路中，输出耦合电容 C 为功放管 VT_2 提供负电源。如果直接用一个负电源代替电容 C，就构成了 OCL 功放电路，如图 13-15 所示。

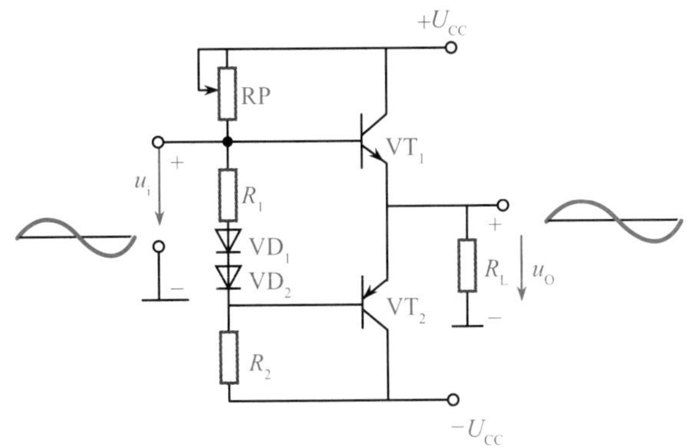

图 13-15 双电源互补对称功率放大器

OCL 电路与 OTL 电路工作原理相似，由于取消了输出耦合电容，采用了直接耦合方式，所以低频响应优于 OTL 电路，而且更便于集成化。

由于电路采用直接耦合方式，若静态工作点失调或某些元器件（如 VD_1、VD_2）虚焊，功放管便会有很大的集电极直流电流，所以要在输出回路中接上熔断器以保护功放管和负载。

3. 复合管 OTL 功率放大器

OTL 电路要求两只功放管必须特性一致，输出信号的正、负半周才能对称，可是大功率异型管很难配对。采用复合管构成 OTL 电路可以解决这一问题，同时还能提高电流放大倍数，如图 13-16 所示。

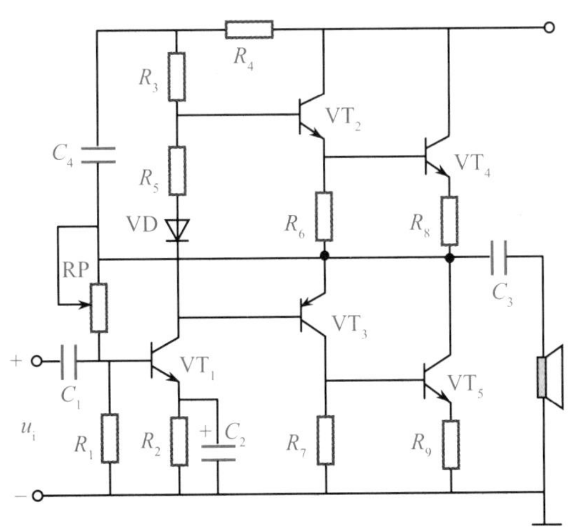

图 13-16 复合管 OTL 功率放大器

※13.5 正弦波振荡器

振荡器是以调谐放大器为基础再加正反馈网络构成。属于能量转换装置，和放大器不同的是，放大器需要输入信号才能输出信号，而振荡器无需外加信号，就能自动产生一定频率、一定振幅和一定波形的交流信号。如果振荡器所产生的交流信号是正弦波，则称正弦波振荡器，广泛应用于电子设备中，例如无线电发射机中的载波信号源，超外差收音机中的本振信号源，数字系统中的时钟信号源，微波炉中的高频振荡源等。

13.5.1 正弦波振荡器的基本原理

1. 自激振荡的概念

如图 13-17 所示，正弦波振荡器由放大电路、选频网络和反馈网络组成。在如图 13-17 所示的框图中，当开关 S 接在位置“1”时，外加输入信号 u_i 经基本放大电路放大后产生输出信号 u_o，若 u_i 是一正弦波信号，则 u_o 也是正弦波信号。

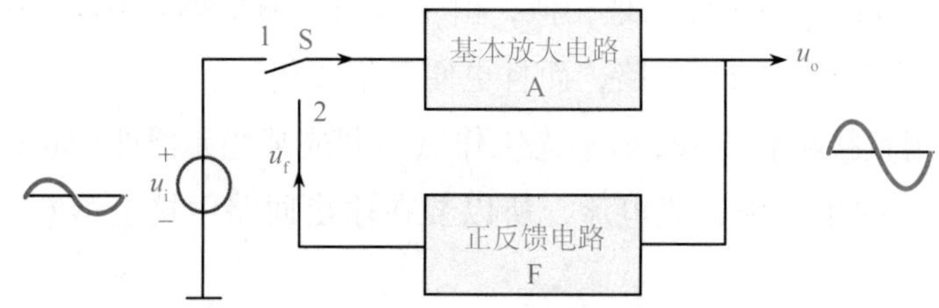

图 13-17 由放大器到自激振荡器框图

输出信号 u_o 经反馈电路产生反馈信号 u_f，通过调整放大电路和反馈网络使 $u_f = u_i$，若瞬间将开关 S 由位置“1”改接在位置“2”，电路的输出信号 u_o 将保持不变。这时的电路虽然没有外加输入信号，却能输出具有一定频率、一定幅值的正弦波信号，称为自激振荡，形成自激振荡的电路称为振荡电路。振荡电路是一种无需外加信号就能将直流电能变为交流电能的能量变换电路。

2. 自激振荡的平衡条件

由上述分析知道，当 $u_f = u_i$ 时，振荡器能维持振荡，结合框图 13-17 所示，可知

$$u_o = A_u u_i \tag{13-21}$$

$$u_f = F u_o \tag{13-22}$$

式中，A_u 为基本放大电路的电压放大倍数；F 为反馈电路的反馈系数。

所以，将式（13-21）和式（13-22）代入关系式 $u_f = u_i$，得

$$A_u F = 1 \tag{13-23}$$

式（13-23）为振荡的平衡条件，也就是说只要满足这个条件，振荡器就能产生自

激振荡。其条件可具体表示为以下两点：

1）振荡的幅值平衡条件

$$|A_uF|=1 \quad (13\text{-}24)$$

它说明振荡时，反馈信号 u_f 和加到放大电路输入端的信号 u_i 大小相等。

2）振荡的相位平衡条件

$$\phi_a=\phi_f=2n\pi（n 为整数）$$

式中，ϕ_a 为输入信号经放大电路产生的相移量；ϕ_f 为输出信号经反馈网络产生的相移量。

这说明振荡时，反馈信号 u_f 与输入信号 u_i 相位相同，也就是说，只要反馈网络引入的是正反馈，就自然满足自激振荡的相位平衡条件。

综上所述，振荡电路是一个具有足够强度正反馈的放大电路。

3. 自激振荡的建立

在图 13-17 中，当开关 S 接到“2”端时，便成为自激振荡器。在接通电源的瞬间，电路受到扰动，这个扰动就是初始信号，它具有跳变的特性，包含丰富的交流谐波，经放大器的选频回路选出回路的谐振频率信号，通过反馈网络送回到输入端，形成“放大→选频→正反馈→再放大”不断循环的过程，振荡便由弱到强地建立起来。当振荡信号幅度达到一定数值时，由于晶体管非线性区的限制作用（有些振荡器设有专门的稳幅环节）使放大倍数降低，振幅也就不再增大，最终使电路维持稳幅振荡。

为了保证振荡器在接通电源后能完成输出信号从小到大直至平衡在一定幅值的过程，电路的振荡条件必须满足：

$$|A_uF|=1 \quad (13\text{-}25)$$

式中，A_u 为基本放大电路的电压放大倍数；F 为反馈电路的反馈系数。

4. 正弦波振荡器的组成及分类

从以上分析可知，正弦波振荡器必须包括以下三部分：

1）放大电路。保证电路具有足够的放大倍数。

2）选频网络。确定电路的振荡频率，使电路产生单一频率的正弦波。

3）反馈网络。引入正反馈信号作为输入信号，使电路产生自激振荡。

正弦波振荡器常按选频网络组成元件来命名，可分为 *LC* 振荡器（振荡频率多在 1MHz 以上）、*RC* 振荡器（振荡频率一般在 1MHz 以下）、石英晶体振荡器（振荡频率非常稳定）等类型。

13.5.2 *LC* 振荡器

LC 正弦波振荡由放大器、*LC* 选频网络和反馈网络三部分组成。常见的 *LC* 正弦波

振荡电路有变压器反馈式、电感三点式和电容三点式。其选频网络都是由电感 L 和电容 C 组成选频电路，利用 LC 谐振特性确定自激振荡输出信号的频率。

1. 变压器反馈式振荡器

其电路如图 13-18 所示。

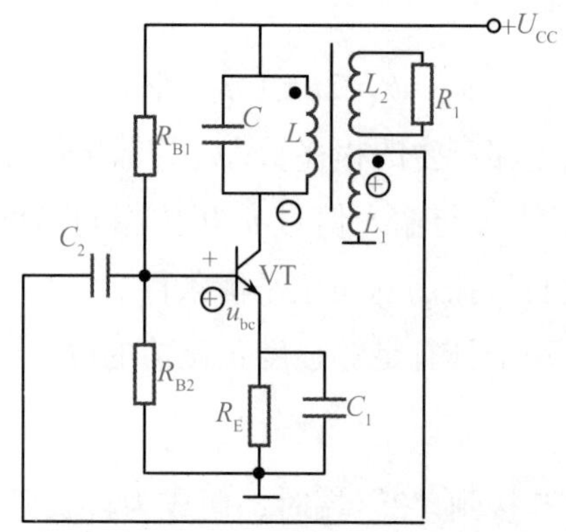

图 13-18　变压器反馈式振荡器

变压器反馈式振荡器易产生振荡，输出电压的波形失真小，应用范围广泛。由于输出电压与反馈电压靠磁路耦合，形成耦合不紧密、损耗较大、振荡频率的稳定性不高等缺点。

2. 电感三点式振荡器

如图 13-19a、b 所示是电感三点式振荡器的原理电路和交流通路。

由于 L_1 与 L_2 之间耦合很紧，故电路容易振荡，输出幅度较大。谐振电容通常采用可变电容，便于调节振荡频率，工作频率可达几十兆赫。

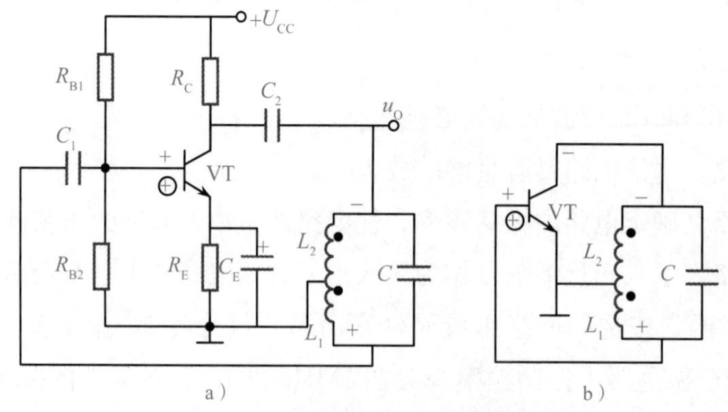

图 13-19　电感三点式振荡器

因反馈电压取自电感，输出信号中含有高次谐波较多，波形较差，用于对波形要求不高的振荡器中。

3. 电容三点式振荡器

图 13-20 所示是电容三点式振荡器原理图及交流通路。

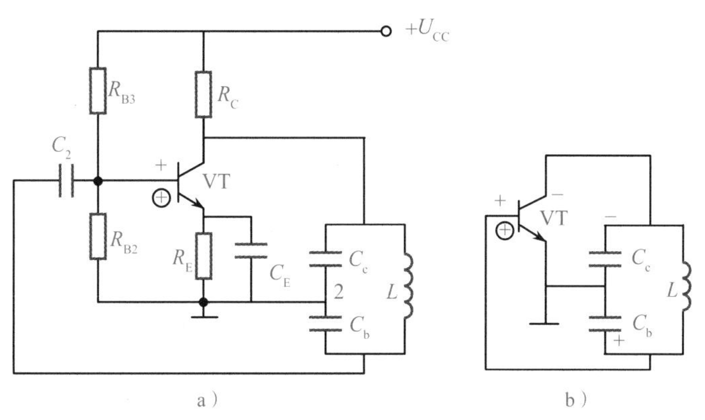

图 13-20　电容三点式振荡器

电容三点式振荡器振荡频率可以很高，一般可达 100MHz 以上。由于反馈信号取自电容，所以反馈信号中所含高次谐波少，输出波形较好。缺点是调节频率不便，调节电容可能造成停振。此外，当振荡频率较高时，晶体管的极间电容将成为 C_b 和 C_c 的一部分。由于晶体管 VT 的极间电容会随着温度等因素变化，故影响了振荡频率的稳定性。

13.5.3 石英晶体正弦波振荡器

在振荡器中，尽管采取了多种稳频措施，其频率稳定度也只能达到 10^{-3} ~ 10^{-5} 数量级，如果要求更高的频率稳定度，就必须采用石英晶体振荡器。石英晶体振荡器的频率稳定度可达 10^{-6} ~ 10^{-11} 数量级，它的优异性能与石英晶体的特性有关。

1. 石英晶体谐振器

将二氧化硅（SiO_2）结晶体按一定的方向切割成很薄的芯片，再将芯片两对应的表面抛光和涂敷银层，作为两极引出接脚，加以封装，就构成石英晶体谐振器。其结构示意图和符号如图 13-21 所示。

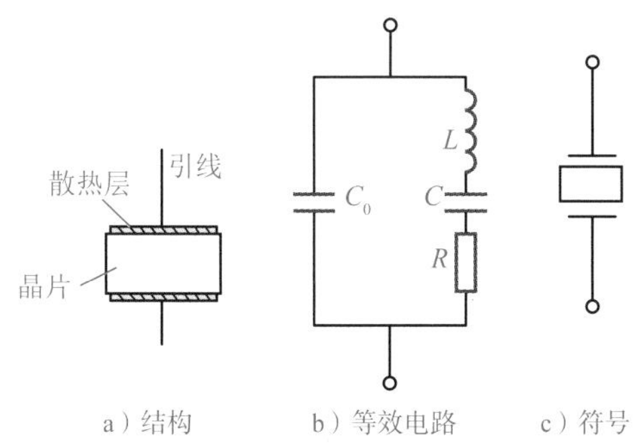

图 13-21　石英晶体谐振器

（1）石英晶体的压电效应和压电振荡

在石英晶体两个引脚上加上一个交变电场时，它将会产生一定频率的机械变形，而这种机械振动又会产生交变电场，上述物理现象称为压电效应。一般情况下，无论是机械振动的振幅，还是交变电场的振幅都非常小。但是，当交变电场的频率为某一特定值时，振幅骤然增大，会产生共振，称为压电振荡。这一特定频率就是石英晶体的固有频率，也称为谐振频率。

（2）石英晶体的等效电路和振荡频率

石英晶体的等效电路如图 13-21b 所示。当石英晶体不振动时，可等效为一个平板电容 C_0，称为静态电容；其值取决于晶片的几何尺寸和电极面积，一般约为几皮法到几十皮法。当晶片产生振动时，机械振动的惯性等效为电感 L，其值为几毫亨到几百毫亨。晶片的弹性等效为电容 C，其值仅为 0.01 ~ 0.1pF，则 $C \ll C_0$。晶片的摩擦损耗等效为电阻 R，其值约为 100Ω，理想情况下 $R=0\Omega$。因此回路的品质因数 Q 很高($Q=\frac{1}{R}\sqrt{\frac{L}{C}}$)。因为 R、C、L 等参数基本不随温度变化，所以它的频率稳定度高。

从图 13-21b 可以看出，石英晶体振荡电路有两个谐振频率：一个是 R、C、L 串联支路的串联谐振频率 f_s，另一个是并联回路的谐振频率 f_p，它们分别为

$$f_s=\frac{1}{2\pi\sqrt{LC}} \tag{13-26}$$

$$f_p=\frac{1}{2\pi\sqrt{L\frac{CC_0}{C+C_0}}}\approx f_s\sqrt{1+\frac{C}{C_0}} \tag{13-27}$$

图 13-22 所示为石英晶体振荡器的等效电抗和频率之间的关系曲线。

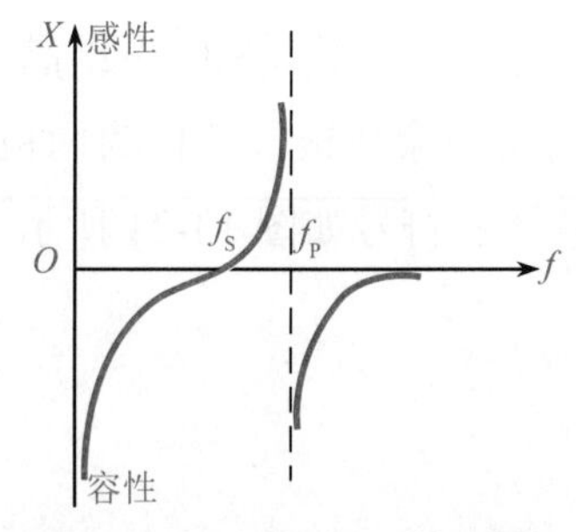

图 13-22　石英晶体振荡器的等效电抗和频率之间的关系曲线

1）当 $f=f_s$ 时，电抗 $X=0$，呈串联谐振，等效为一根短路线，在串联型晶振电路中等效短路元件。

2）当 $f=f_p$ 时，电抗 $X=\infty$，呈并联谐振，等效开路。

3）当 $f_s>f>f_p$ 时，电抗 $X<0$，呈容性。

4）当 $f_s<f<f_p$ 时，电抗 $X>0$，呈感性，在晶振电路中等效为电感元件。

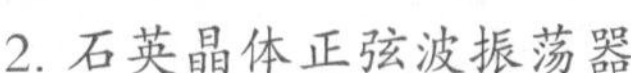

2. 石英晶体正弦波振荡器

石英晶体振荡器的电路形式可分为两类：在电路中作为等效电感组件使用的称为并联型

晶体振荡器；作为串联谐振组件使用，工作在串联谐振频率上的，称为串联型晶体振荡器。

（1）并联型石英晶体振荡器

如果用石英晶体取代 LC 振荡电路中的电感，就得到并联型石英晶体正弦波振荡电路，如图 13-23a 所示。

晶体呈感性的频率范围极窄，所以并联型晶体振荡电路的振荡频率是高度稳定的。

（2）串联型石英晶体振荡器

图 13-23b 所示为串联型石英晶体振荡电路。石英晶体接在晶体管 VT_1、VT_2 组成的正反馈电路中。它的工作原理是利用串联谐振频率 f_s 进行选频，当信号频率接近或等于 f_s 时，石英晶体呈现的阻抗很小，对频率 f_s 的信号可以认为是无衰减及无相移地通过，反馈量最大且无相移。故频率 f_s 的信号满足振荡条件。而其他频率的信号则有很大衰减，产生相移，不能满足相位平衡条件，不能产生振荡。这种电路的振荡频率为

$$f_0 \approx f_s = \frac{1}{2\pi\sqrt{LC}} \tag{13-28}$$

由于石英晶体的频率稳定度很高，且仅有两根引线，安装简单、易调试，所以在正弦波振荡电路和方波发生电路中具有广泛的应用。

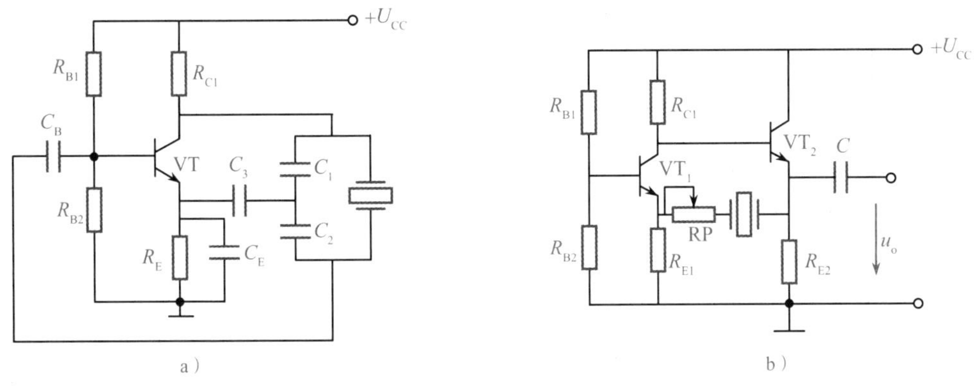

图 13-23　石英晶体正弦波振荡器

13.6 集成运算放大器及其应用

运算放大器是具有高开环放大倍数并带有深度负反馈的多级直接耦合放大电路。它首先应用于电子模拟计算机上，作为基本运算单元，可以作加减、乘除、积分和微分等数学运算。早期的运算放大器是用电子管组成的，后来被晶体管取代。随着半导体集成工艺的发展，自从 20 世纪 60 年代初第一个集成运算放大器问世以来，才使运算放大器的应用超出模拟计算机的界限，在信号运算、信号处理、信号测量及波形产生等方面广泛应用。

13.6.1 集成运算放大器的结构与符号

1. 集成运算放大器的组成

集成运算放大器的种类很多，电路也不相同，但基本结构都是由以下四个部分组成，如图 13-24a 所示。

输入级要求输入电阻能减小零点漂移和抑制干扰信号，大都采用差动放大。

中间级的作用是使集成运放具有较强的放大能力，通常由多级共射（或共源）放大器构成，常采用复合管做放大器。

输出级与负载相接，输出电阻应低，带负载能力强，能输出较大的电压和电流，一般由互补对称电路或射极输出器构成。

偏置电路为各级电路提供稳定和合适的偏置电流，决定各级的静态工作点，一般由恒流源电路构成。

图 13-24b 所示为简单集成运放的原理图。晶体管 VT_1 和 VT_2 组成带恒流负载的差分放大器作为输入级。VT_3 和 VT_4 组成复合管，作为中间级，作用在放大电压。VT_5 和 VT_6 构成复合射极输出器，是输出级。

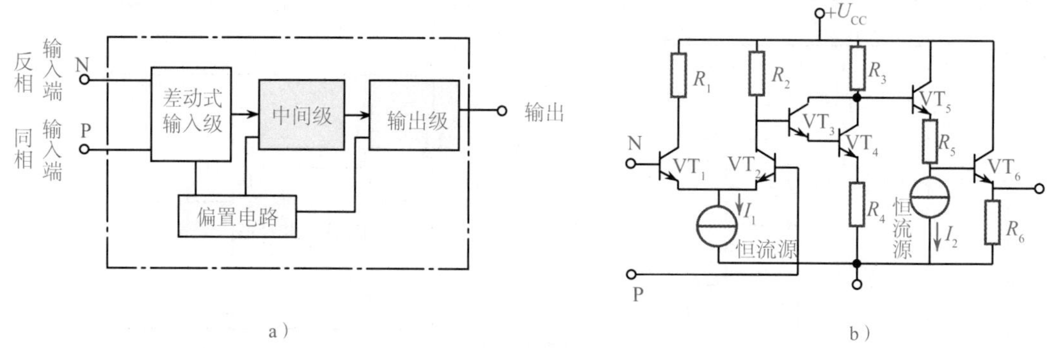

图 13-24 集成运算放大器的组成

2. 集成运算放大器的符号

集成运算放大器的符号如图 13-25 所示，图中“⊳”表示放大器，所指的方向为信号传输方向，“∞”表示开环增益极高。有“+”和“–”两个输入端。当在“+”端输入信号 U_i 时，输出信号 U_o 与 U_i 的极性相同，故“+”端称为同相端。当在“–”端输入信号 U_i 时，输出信号 U_o 与 U_i 的极性相反，故“–”端称为反相端。

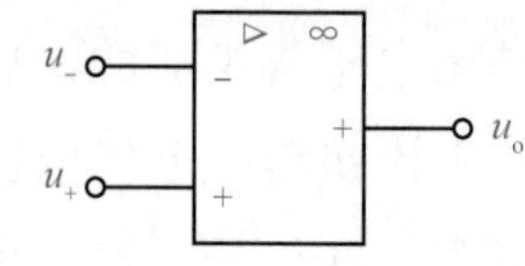

图 13-25 集成运算放大器的符号

3. 集成运算放大器的电压传输特性

集成运放的输出电压与输入电压（即同相输入端与反相输入端之间的差值电压）之间的关系曲线称为电压传输特性。其电压传输特性如图 13-26 所示。

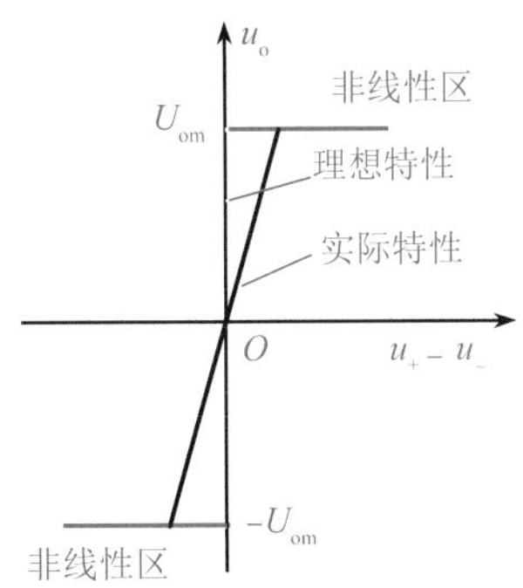

图 13-26 集成运算放大器的电压传输特性

曲线分线性区（图中斜线部分）和非线性区（图中斜线以外的部分）。在线性区，输出电压 u_o 等于 A_{uo}（$U_+ - U_-$），A_{uo} 为开环电压放大倍数。在非线性区，u_o 等于 $\pm U_{om}$（最大输出电压）。

由于外电路没有引入负反馈，集成运放的开环增益非常高，只要加微小的输入电压，输出电压就会达到最大值 $\pm U_{om}$，所以电压传输特性中的线性区非常窄。

4. 集成运算放大器的工作特点

（1）集成运算放大器的理想特性

为了便于分析和计算，一般可将运算放大器视为理想运算放大器。其主要条件如下：

1）开环差模电压放大倍数 $A_{uo} \to \infty$。

2）差模输入电阻 $R_{id} \to \infty$。

3）输出电阻 $R_o \to 0$。

4）共模抑制比 $K_{CMR} \to \infty$。

5）输入偏置电流 $I_{B1} = I_{B2} = 0$。

（2）理想集成运算放大器线性区的特点

1）因为理想运算放大电路的输入偏置电流为零，输入电阻为无穷大，所以流入放大器反相输入端和同相输入端的电流为零，通常称为“虚断”。

2）因为开环差模的电压放大倍数为无穷大，所以当输出电压为有限值时，差模输入电压 $U_+ - U_- = U_o/A_{uo} = 0$，即 $U_+ = U_-$。也就是说，集成运算放大器两输入端对地的电压是相等的，通常称为“虚短”。如果同相输入端接地（或通过电阻接地），即 $U_+ = 0$，则反相输入端的电位也为零，称为“虚地”。

集成运算放大器工作在线性区时，参数接近理想条件，因此工作在线性区的集成运算放大器基本上具备这两个特点。

13.6.2 集成运算放大器的引脚功能

1. 集成运算放大器的封装形式引脚排列

集成运算放大器以金属圆壳封装及双列直插式封装为主，如图 13-27 所示。金属圆壳封装的引脚有 8、10、12 三种形式，双列直插型封装的引脚有 8、14、16 三种形式。

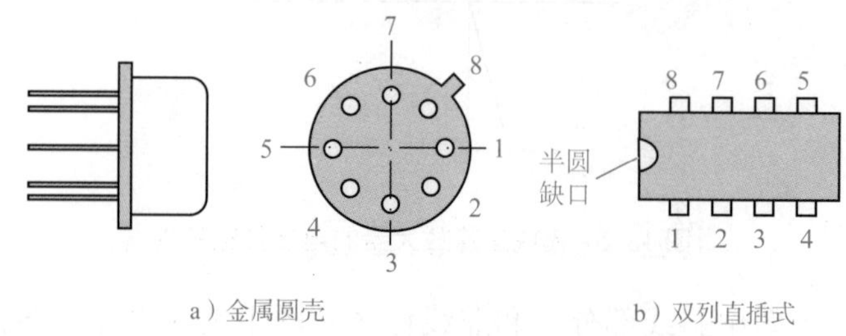

a）金属圆壳　　b）双列直插式

图 13-27　集成运算放大器的外形

集成运放的引脚除输入、输出端外，还有电源端，公共端（地端）、调零端、相位补偿端、外接偏置电阻端等。这些引脚虽未在电路符号上标出，但在实际使用时必须了解各引脚的功能及外接线的方式。

2. 集成运算放大器引脚功能代表符号

表 13-1 列出了集成运算放大器引脚功能代表符号。

表 13-1　集成运算放大器引脚功能代表符号

符号	功能	符号	功能
IN_-	反相输入端	BI	偏置电流输入端
IN_+	同相输入端	C_X	外接电容端
OUT	输出端	C_R	外接电阻及电容的公共端
V_+	正电源输入端	OSC	振荡信号输出端
V_-	负电源输入端	NC	空闲的引线端（空脚）
V_S	表示供电电压	GND	接地端
COMP	补偿端	GNDS	信号接地端
OA	调零端	GNDG	功率接地端

13.6.3 基本集成运算放大器

运算放大器能完成比例、加减、积分与微分、对数与反对数以及乘除等运算，现介绍比例运算、加减运算如下。

1. 比例运算电路

将输入信号按比例放大的电路，称为比例运算放大电路。按输入信号加入不同的输入端的方式，可分为反相输入比例运算放大器和同相输入比例运算放大器。

（1）反相输入比例运算电路

反相输入比例运算放大器的原理图如图 13-28 所示。输入信号 U_i 从反相端输入，所以 U_o 与 U_i 相位相反。输出电压经过 R_f 反馈到反相输入端，构成电压并联负反馈电路。因为输出信号与输入信号的相位相反，也称为反相放大器。R_f 称为反馈电阻，R_1 称为输入电阻，R' 称为输入平衡电阻。选择参数时应使 $R' = R_1//R_f$，让集成运算放大器两输入端的外接电阻相等，确保处于平衡对称的工作状态。

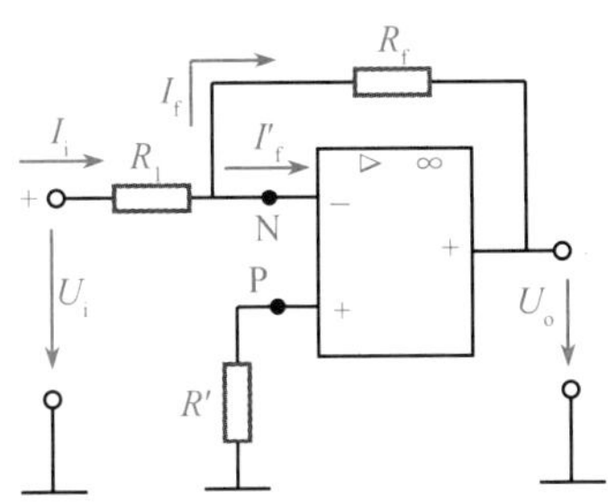

图 13-28　反相比例运算电路

根据分析集成运算放大电路的重要特点（“虚短”与“虚断”）可知：

因为 $U_+ = U_- =0$（$U_+ = 0$，称为“虚地”），$I_+ = I_- = 0$

所以
$$I_i = \frac{U_i - U_N}{R_1} = \frac{U_i}{R_1} = I_f$$

$$U_o = -I_f R_f = -\frac{R_f}{R_1}U_i \tag{13-29}$$

即闭环电压放大倍数为
$$A_{uf} = \frac{U_o}{U_i} = -\frac{R_f}{R_1} \tag{13-30}$$

由式（13-29）可以看出：U_o 与 U_i 成比例关系，改变比例系数，即可改变 U_o 的数值。负号表示输出电压与输入电压极性相反，称为反相比例运算放大电路。

在反相输入运算放大器中，如果 $R_f=R_1$，则 $A_{uf} =-R_f/R_1 =-1$，即输出电压与输入电压大小相等、相位相反，称为反相器。

【例 13-1】在图 13-28 所示的电路中，设 $R_f =100\text{k}\Omega$，$R_1=10\text{k}\Omega$，$U_i =0.5\text{V}$。求运算放大电路的电压放大倍数 A_{uf} 及输出电压 U_o。

【解】由式（13-30）可知

$$A_{uf} = \frac{U_o}{U_i} = -\frac{R_f}{R_1} = -\frac{100}{10} = -10$$

由式（13-29）可知

$$U_o= -\frac{R_f}{R_1}U_i= -10 \times 0.5\text{V}= -5\text{V}$$

（2）同相输入比例运算电路

同相输入比例运算放大器的原理图如图 13-29 所示。输入信号 U_i 经 R' 加到同相输入端，输出信号经 R_f 和 R_1 分压后反馈到反相输入端。因为输出信号与输入信号的相位相同，该电路称为同相放大器。为保持输入端平衡，使平衡电 $R'=R_1//R_f$，根据分析集成运算放大电路的重要特点（“虚短”与“虚断”）可知：

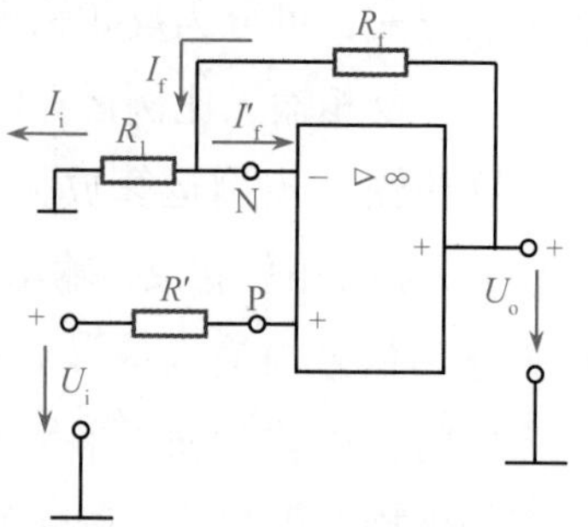

图 13-29 同相比例运算电路

因为 $U_+=U_-=U_i$（“虚短”，但不是“虚地”），$I_+=I_-=0$

所以

$$U_P=U_i=U_N$$

$$I_i=\frac{U_N}{R_1}$$

$$I_f=\frac{U_o-U_N}{R_f}=I_i$$

则

$$U_o=(1+\frac{R_f}{R_1})U_i \tag{13-31}$$

即闭环电压放大倍数为

$$A_{uf}=\frac{U_o}{U_i}=1+\frac{R_f}{R_1} \tag{13-32}$$

由式（13-31）可以看出：U_o 与 U_i 是比例关系，改变 R_f / R_1，即可改变 U_o 的值，由于输入、输出电压的极性相同且有比例关系，故称为同相比例运算放大电路。

同相输入运算放大器中，当 R_f =0 或 $R_1=\infty$ 时，A_{uf} =1+（R_f / R_1）=1，即输出电压与输入电压大小相等，相位相同，这种电路称为电压跟随器。

【例 13-2】在图 13-29 所示的电路中，设 R_f =300kΩ，R_1=20 kΩ，U_i =2.5V。求运算电路的电压放大倍数 A_{uf} 及输出电压 U_o。

【解】由式（13-32）可知

$$A_{uf}=\frac{U_o}{U_i}=1+\frac{R_f}{R_1}=1+\frac{300}{20}=16$$

由式（13-31）可知

$$U_o=\left(1+\frac{R_f}{R_1}\right)U_i=16\times 2.5\text{V}=40\text{V}$$

2. 加法运算电路

加法运算又叫求和运算，在反相比例运算放大器上增加输入支路便组成了反相加法运算电路，也称为反相加法器，如图 13-30 所示。

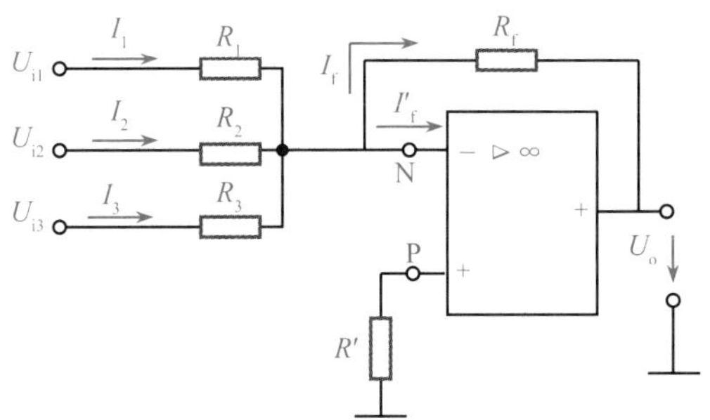

图 13-30　反相加法运算电路

根据集成运算放大电路的重要特点（“虚短”和“虚断”）可知：

$$I_1 = \frac{U_{i1}}{R_1}, I_2 = \frac{U_{i2}}{R_2}, I_3 = \frac{U_{i3}}{R_3}$$

$$I_f = I_1 + I_2 + I_3$$

又因为反相输入端为“虚地”，故有

$$U_o = -I_f R_f$$

即

$$U_o = -\left(\frac{U_{i1}}{R_1} + \frac{U_{i2}}{R_2} + \frac{U_{i3}}{R_3}\right) R_f \qquad (13\text{-}33)$$

从式（13-33）可以看出，电路实现了反相加法运算，负号表明输出电压与输入电压的相位相反。如果在图 13-30 所示的输出端再接一级反相器，可消去负号作为加法运算。为保持输入端平衡，应使得平衡电阻 $R' = R_1//R_2//R_3//R_f$。

3. 减法运算电路

减法运算电路是实现输入信号相减功能的电路，常用差动输入方式来实现，如图 13-31 所示。输入信号 U_{i1}、U_{i2} 分别加到运算放大器的反相输入端和同相输入端上。

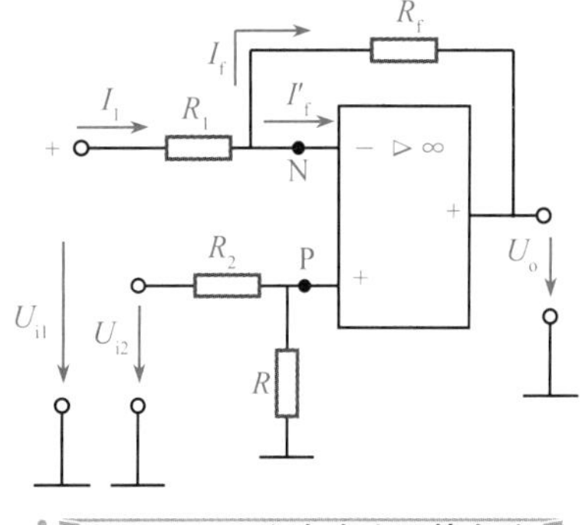

图 13-31　差动减法运算电路

下面利用叠加原理来进行分析。

当 U_{i1} 单独作用时

$$U_{o1} = -\frac{R_f}{R_1} U_{i1} \qquad (13\text{-}34)$$

当 U_{i2} 单独作用时

$$U_{o2} = (1 + \frac{R_f}{R_1})U_+ = (1 + \frac{R_f}{R_1})(\frac{R}{R + R_2})U_{i2} \qquad (13\text{-}35)$$

所以

$$U_o=U_{o1}+U_{o2}=-\frac{R_f}{R_1}U_{i1}+(1+\frac{R_f}{R_1})(\frac{R}{R+R_2})U_{i2} \qquad (13\text{-}36)$$

当 $R_1=R_2$，$R_f=R$ 时，则

$$U_o=\frac{R_f}{R_1}(U_{i2}-U_{i1}) \qquad (13\text{-}37)$$

此时，闭环电压放大倍数为

$$A_{uf}=\frac{R_f}{R_1} \qquad (13\text{-}38)$$

由式（13-37）可知，输出电压正比于两输入电压之差，又称为差动输入比例运算电路。

如果取 $R_1=R_f$，则

$$U_o=U_{i2}-U_{i1} \qquad (13\text{-}39)$$

此电路称为减法运算电路。由于信号电压同时从反相输入端和同相输入端输入，电路存在共模电压，为了保证运算精度，要选用共模抑制比高的集成运放电路。

【例 13-3】在图 13-31 所示的电路中，设 $R_f=R=300\text{k}\Omega$，$R_1=R_2=20\ \text{k}\Omega$，$U_{i1}=2.5\text{V}$，$U_{i2}=2.3\text{V}$。求运算放大电路的电压放大倍数 A_{uf} 及输出电压 U_o。

【解】由式（13-38）可知

$$A_{uf}=\frac{R_f}{R_1}=\frac{300}{20}=15$$

由式（13-39）可得输出电压

$$U_o=\frac{R_f}{R_1}(U_{i2}-U_{i1})=15\times(2.3-2.5)\text{V}=-3\text{V}$$

第14章 数字电子技术基础

- 了解数字信号的特点。
- 熟悉二进制、十进制数的表示方法，掌握它们之间的转换方法。
- 了解三种基本逻辑门电路，以及由基本逻辑门电路组成的复合逻辑门电路的特点。
- 了解逻辑电路图、真值表与逻辑函数间的关系。

14.1 数字电路概述

14.1.1 数字信号和数字电路

电子电路中的电信号分为模拟信号和数字信号。数字量的变化在时间上和数量上都是离散的。也就是说，它们的变化在时间上是不连续的，总是发生在一系列离散的瞬间。同时，它们的数值大小和每次的增减变化都是最小数量单位的整数倍，而小于最小数量单位的数值没有任何物理意义，叫作数字量。表示数字量的信号叫作数字信号，工作在数字信号下的电子电路叫作数字电路。

例如：用电子电路记录从自动生产线上通过的产品数目时，每送出一个产品便给电子电路一个信号，记成1，没有产品送出时加给电子电路的信号记成0。可见，产品数目信号无论在时间上或数量上都是不连续的，因此是一数字信号。最小的数量单位是1或0。

14.1.2 数字电路的特点

数字电路中使用的基本器件是数字集成电路，数字集成电路的技术特点是以实现逻辑功能为目标。数字电路能否满足设计要求，取决于数字集成电路的电路功能与技术参数指标。

数字电路的特点主要有以下几方面：

1）电路结构简单，容易制造，便于集成、系列化生产，成本低廉，使用方便。

2）由数字电路组成的数字系统，工作准确可靠，精度高。

3）不仅能完成数值运算，还可以进行逻辑运算与判断，应用在控制系统中，又称作“数字逻辑电路”。

14.1.3 数的表示方法

数制是数的表示方法，常用的数制有二进制数和十进制数两种。

1. 十进制数

1）基本数码：0、1、2、3、4、5、6、7、8、9。

2）进位原则：逢十进一，即 9+1=10。

对于十进制的任一正整数 A，可以写成以 10 为底的幂次方求和的展开形式，即 $A=b_{n-1}\times 10^{n-1}+b_{n-2}\times 10^{n-2}+\cdots+b_1\times 10^1+b_0\times 10^0$，式中，$n$ 是十进制数的位数（n=1, 2, 3, …），10^{n-1}、10^{n-2}、…、10^1、10^0 是各位数的“权”。

由上可知，十进制数是由数码的值和位权来表示的。

2. 二进制数

1）基本数码：0、1。

2）进位原则：逢二进一，即 $(1+1)_2=(10)_2$。

任一二进制数 P，可以写成 $(P)_2=b_{n-1}\times 2^{n-1}+b_{n-2}\times 2^{n-2}+\cdots+b_1\times 2^1+b_0\times 2^0$，式中，$n$ 是二进制数的位数，2^{n-1}、2^{n-2}、…、2^1、2^0 是各位数的“权”。

例如：$(1011)_2=1\times 2^3+0\times 2^2+1\times 2^1+1\times 2^0$

3. 二进制数转化为十进制数

原则：二进制数的每位数码乘以所在数位的“权”，再相加起来，可得到等值的十进制数。这种方法称为“乘权相加法”。

【例 14-1】将二进制数 $(1011)_2$ 化为十进制数。

【解】 $(1011)_2=(1\times 2^3+0\times 2^2+1\times 2^1+1\times 2^0)_{10}=(2^3+0+2^1+1)_{10}=(11)_{10}$

4. 十进制数化为二进制数

原则：把十进制数不断地用 2 除，并依次记下余数，一直除到商为零。然后把全部的余数，按相反的次序排列起来，就是等值的二进制数。

这种方法称为“除 2 取余倒记法”。

【例 14-2】把十进制数（37）$_{10}$ 化为二进制数。

【解】

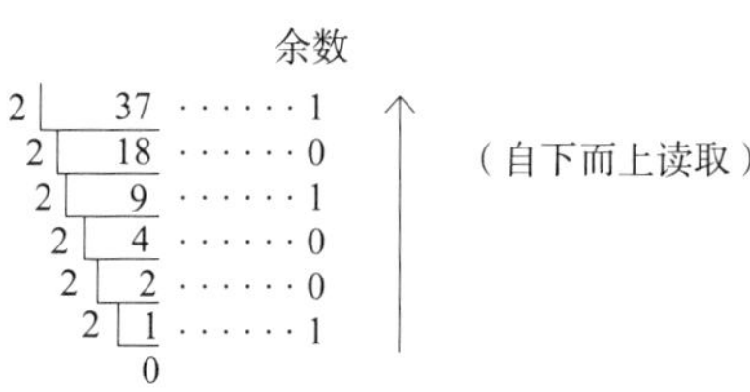

所以（37）$_{10}$ =（100101）$_2$

14.2 逻辑门电路

14.2.1 与逻辑和与门电路

1. 与逻辑

当决定一件事的所有条件都满足时，该件事才会发生，这种因果逻辑关系称为与逻辑。如图 14-1 所示，只有当开关 S_1 和 S_2 都闭合时，灯才会亮。对于灯 L，开关 S_1 和开关 S_2 闭合是“与”逻辑关系。

2. 与门表示方法

1）“与门”电路：如图 14-2a 所示，由两个二极管组成的与门电路。A、B 为两输入端，Y 为输出端。A、B 中只要有一个是低电平，必有一个二极管导通，使输出 Y 为低电平。只有当 A、B 同时为高电平时，Y 才为高电平。

2）与门逻辑符号：如图 14-2b 所示，A、B 表示输入逻辑变量，Y 表示输出逻辑变量。

3）与逻辑表达式：$Y=A\cdot B$。

4）与门真值表：表 14-1 是与门的真值表。所谓真值表是指逻辑门电路输出状态和输入状态的逻辑对应关系。从真值表中可以看出，与门电路的逻辑功能为“有 0 出 0，全 1 出 1”。

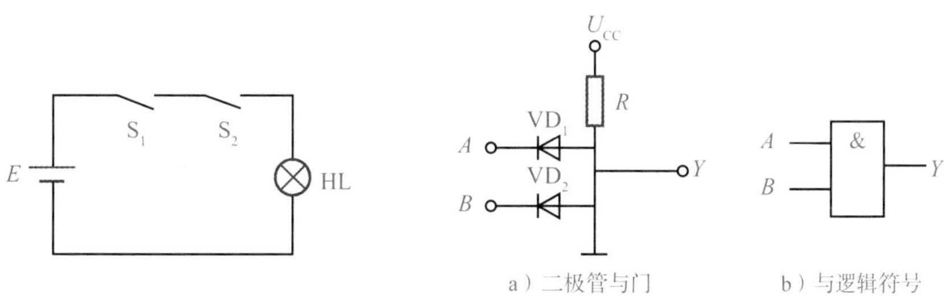

图 14-1　与逻辑图

图 14-2　与逻辑功能的电路

表 14-1 与门真值表

输入		输出
A	B	Y
0	0	0
0	1	0
1	0	0
1	1	1

14.2.2 或逻辑和或门电路

1. 或逻辑

当决定某一事件的条件中，至少有一个条件满足时，该事件就会发生，这种因果关系称为“或”逻辑。如图 14-3 所示，或逻辑关系电路由两个并联开关 S_1、S_2 和灯泡 L 组成。

由图 14-3 可知，只要两个开关中有一个（或两个）接通，灯就会亮；当开关全部断开时，灯才不亮。

2. 或门表示方法

1）或门电路：如图 14-4 所示，由二极管和电阻组成的或门电路组成，A、B 是两个输入变量，Y 是输出变量。

2）或门逻辑符号：如图 14-5 所示，只要 A、B 任一是高电平，输出 Y 就是高电平。只有当 A、B 同时为低电平时，输出才是低电平。

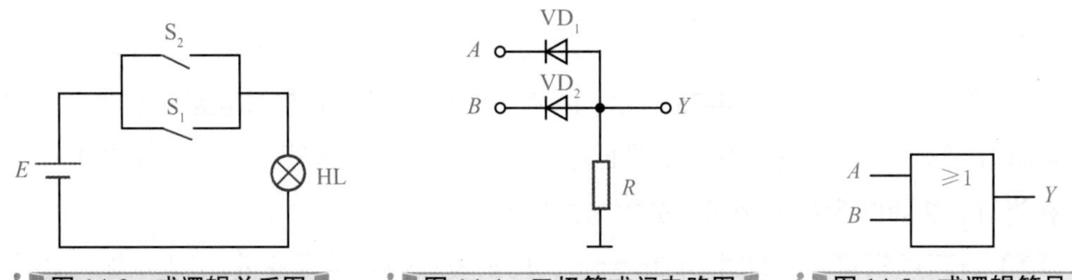

图 14-3 或逻辑关系图　图 14-4 二极管或门电路图　图 14-5 或逻辑符号

3）或逻辑的函数表达式：$Y=A+B$。

4）或逻辑的真值表：或非门真值表见表 14-2。

表 14-2 或门真值表

输入		输出
A	B	Y
0	0	0
0	1	1
1	0	1
1	1	1

14.2.3 非逻辑和非门电路

1. 非逻辑

当一事件的结果和条件总是相反时，这种逻辑关系称为非逻辑。如图 14-6 所示的电路中，当开关 S 断开时，灯才会亮；而当开关 S 闭合时，灯就会熄灭。

2. 非门表示方法

1）非门的逻辑符号：如图 14-7 所示。

图 14-6　非逻辑电路　　图 14-7　非门逻辑符号

2）非门的逻辑表达式：$Y=\overline{A}$。

3）非门的真值表：见表 14-3。

表 14-3 非门真值表

输　入	输　出
A	Y
0	1
1	0

14.2.4 复合逻辑门

把与门、或门和非门组合起来使用，称为组合逻辑门电路。

1. 与非门

1）与非门逻辑图和逻辑符号：在与门后面接一个非门就构成与非门，如图 14-8 所示。

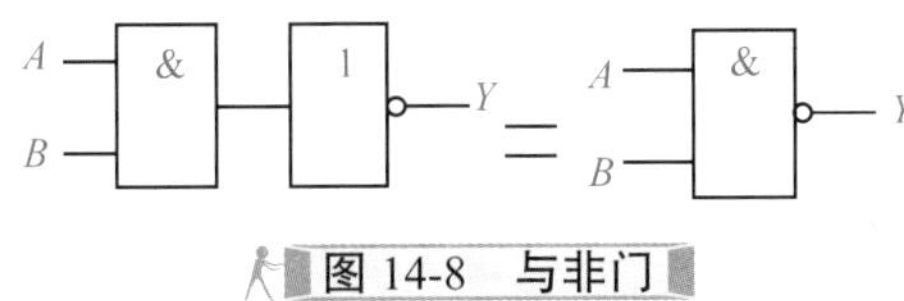

图 14-8　与非门

2）与非门真值表：见表 14-4。从真值表中，与非门的逻辑功能是：有 0 出 1，全 1 出 0。

3）与非门逻辑表达式：$Y=\overline{A \cdot B}$。

表 14-4 与非门真值表

A	B	$A\cdot B$	$\overline{A\cdot B}$
0	0	0	1
0	1	0	1
1	0	0	1
1	1	1	0

2. 或非门

1）或非门逻辑图和逻辑符号：在或门的后面接一个非门，就构成或非门，如图 14-9 所示。

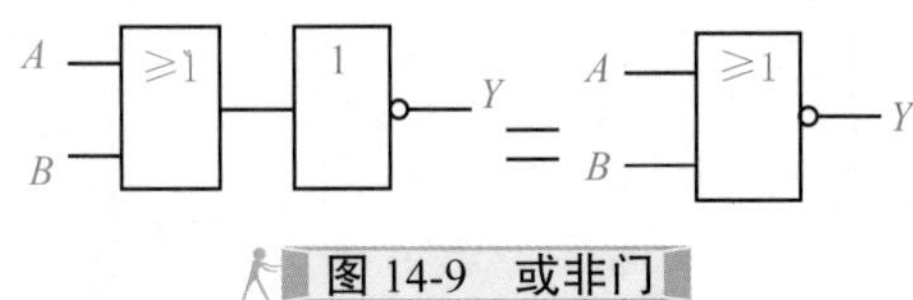

图 14-9　或非门

2）或非门真值表：见表 14-5。由真值表可以看出，或非门的逻辑功能是：有 1 出 0，全 0 出 1。

表 14-5　或非门真值表

A	B	$A+B$	$\overline{A+B}$
0	0	0	1
0	1	1	0
1	0	1	0
1	1	1	0

3）或非门的逻辑表达式为：$Y=\overline{A+B}$。

3. 与或非门

1）与或非门逻辑图和逻辑符号：将两个（或两个以上）与门的输出端接到一个或门的输入端，就构成与或门，在其后再接一个非门，就组成了与或非门，如图 14-10 所示。逻辑符号如图 14-11 所示。

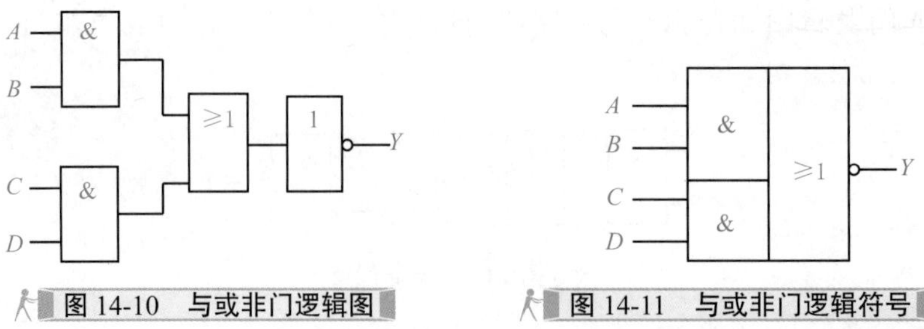

图 14-10　与或非门逻辑图　　图 14-11　与或非门逻辑符号

2）与或非门的真值表：见表 14-6。从真值表中可以看出，与或非门的逻辑功能为全 1 为 0，有 0 为 1。

3）与或非门的逻辑表达式：$Y=\overline{AB+CD}$。

表 14-6　与或非门真值表

A	B	C	D	Y
0	0	0	0	1
0	0	0	1	1
0	0	1	0	1
0	0	1	1	0
0	1	0	0	1
0	1	0	1	0
0	1	1	0	1
0	1	1	1	1
1	0	0	0	1
1	0	0	1	1
1	0	1	0	1
1	0	1	1	0
1	1	0	0	0
1	1	0	1	0
1	1	1	0	0
1	1	1	1	0

14.3 集成门电路

14.3.1 TTL集成与非门电路

TTL 是由晶体管组成的“与非”门逻辑电路，具有结构简单、工作稳定、速度快等优点，并可组成各种门电路、计数器、编码器、译码器等逻辑部件，广泛应用于计算机、遥控和数字通信等设备。

1. 电路组成

图 14-12 所示为国产 T1000 系列与非门的典型电路。该电路由输入级、中间级和输出级三部分组成。

1）输入级由多发射极晶体管 VT_1 和电阻 R_1 组成。特点是用二极管代替基极和集电极间的与门电路，集电极则起电平转移的作用。多发射极晶体管 VT_1 组成的与门电路提高了电路的开关速度。其等效电路如图 14-13 所示。

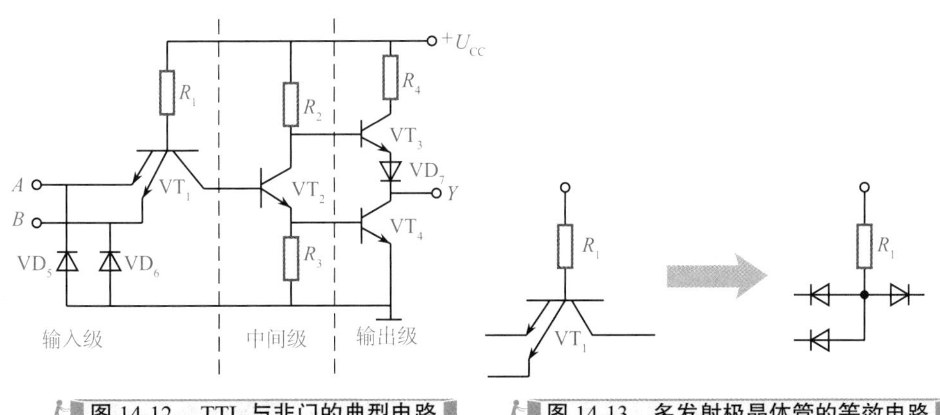

图 14-12　TTL 与非门的典型电路　　图 14-13　多发射极晶体管的等效电路

2）中间级由 VT_2 管和 R_2、R_3 组成倒相级。由 VT_2 管的集电极和发射极分别输出两个相位相反的信号，驱动 VT_3 和 VT_4 管。

3）输出级由 VT_3、VT_4、VD_7 管和 R_4 组成。

2. 工作原理

1）当输入端为高电平（约 3.6V）时，与门输出为高电平，电流由电源经 R_1、VT_1、VT_2、VT_4 到地，VT_2、VT_4 工作在饱和状态，由于 VT_2 饱和，集电极电位 $U_{C2}=U_{CE2}+U_{BE4}\approx 0.3+0.7\text{ V}=1\text{V}$，此值不能使 VT_3 管的发射极和二极管 VD_7 导通，所以 VT_3、VD_7 截止，输出低电平（约 0.3V）。

2）当输入端有任一为低电平（约 0.3V）时，与门输出低电平，使 VT_2、VT_4 管截止，电流由电源、R_2、VT_3、VD_7、负载到地，使 VT_3、VD_7 管导通，输出高电平（约 3.6V）。

综上所述，图 14-12 所示的 TTL 电路只要有一输入端为低电平，输出即为高电平；只有当所有的输入端全为高电平时，输出才是低电平，即 $Y=\overline{AB}$。

输入端的二极管 VD_5 和 VD_6 用来限制负极性干扰脉冲，以保护多发射极晶体管。

3. 主要参数

1）输出高电平 U_{OH}：指任一输入端为低电平时的输出电平值。

2）输出低电平 U_{OL}：指输入信号全为高电平时输出的低电平值。

3）开门电平 U_{ON}：在额定负载条件下，输出为输入高电平的最小值。一般取 $U_{ON}\leqslant 1.8\text{V}$。

4）关门电平 U_{OFF}：在空载条件下，输出为输入低电平的最大值。一般取 $U_{OFF}\geqslant 0.8\text{V}$。

TTL 电路要输出高电平，输入信号必须小于 U_{OFF}；而要输出低电平，输入信号必须大于 U_{ON}。

5）扇出系数 N_o：能驱动同类与非门的最大数目称为扇出系数，又称为负载能力。

14.3.2 CMOS集成门电路

MOS 门电路由绝缘栅场效应晶体管组成，MOS 场效应晶体管有 PMOS 和 NMOS 两类。CMOS 门电路是由 PMOS 和 NMOS 组成的互补对称型逻辑门电路。

CMOS 集成电路与 TTL 集成电路相比，具有集成度高、功耗低、抗干扰能力强、扇出系数大等优点。下面介绍几种 CMOS 门电路。

1. CMOS 非门电路

（1）电路组成

图 14-14 是 CMOS 非门的原理图。图中 VF_N 管是增强型 NMOS 管，作为驱动管（驱动负载的场效应晶体管称为驱动管）；VF_P 管是增强型 PMOS 管，作为负载管（作负载

的场效应晶体管称为负载管）。两管的栅极相连作为输入端，两管的漏极相连作为输出端。VF_N 管的源极接地，VF_P 管的源极接电源正极。

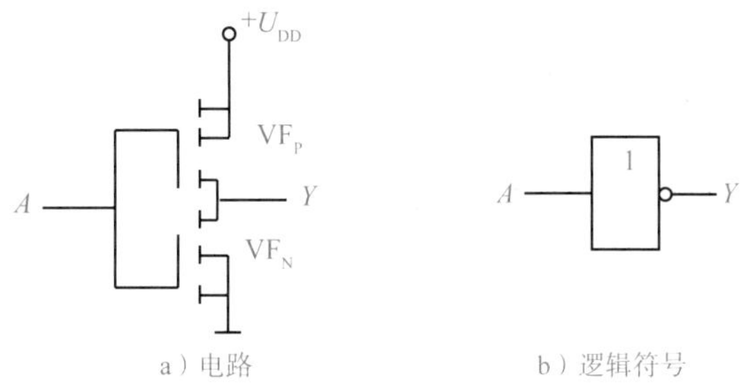

图 14-14 CMOS 非门电路

（2）工作原理

当输入端 A 为低电平时，VF_N 管截止，VF_P 管导通，输出高电平，其值近似于电源电压。

当输入端 A 为高电平时，VF_N 管导通，VF_P 管截止，输出低电平，实现了非逻辑的功能。其逻辑表达式为

$$Y=\overline{A}$$

由上述分析可知，CMOS 非门电路输出幅度近似于 U_{DD}。电路工作时，两管轮流导通，由于截止管的电阻极大，电源 U_{DD} 与地之间无电流通过，所以器件的功耗极低（微瓦以下）。

2. CMOS 与非门电路

（1）电路组成

图 14-15 所示为两输入端与非门电路及其符号，NMOS 管 VF_{N1}、VF_{N2} 串联作为驱动管；PMOS 管 VF_{P1}、VF_{P2} 并联作为负载管。每个输入端连到一个 N 沟道和一个 P 沟道的 MOS 管的栅极。

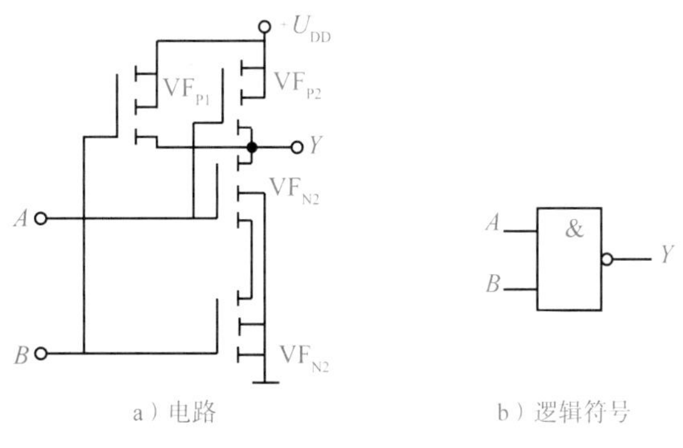

图 14-15 CMOS 与非门

（2）工作原理

当输入端 A、B 为低电平时，VF_{N1}、VF_{N2} 总有一个或两个截止，VF_{P1}、VF_{P2} 总有一个或两个导通，输出为高电平。

当输入端 A、B 全为高电平时，VF_{N1}、VF_{N2} 导通，VF_{P1}、VF_{P2} 截止，输出为低电平。其逻辑表达式为

$$Y=\overline{AB}$$

3. CMOS 或非门电路

（1）电路组成

图 14-16 所示是两输入端 CMOS 或非门电路及其符号图。NMOS 管 VF_{N1}、VF_{N2} 并联作为驱动管，PMOS 管 VF_{P1}、VF_{P2} 串联作为负载管。

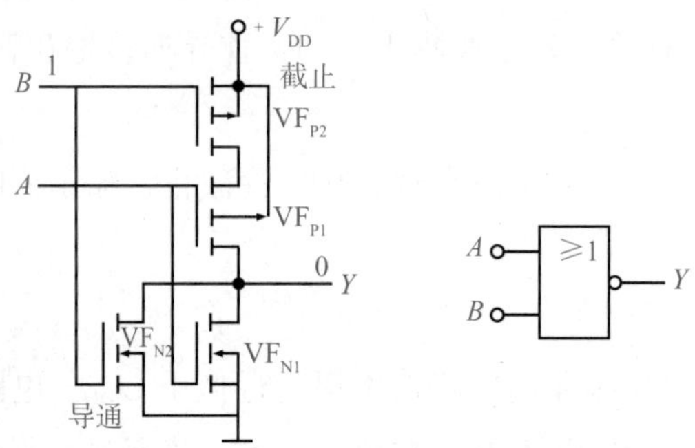

图 14-16 CMOS 或非门及图形符号

（2）工作原理

当输入端 A、B 中有一高电平时，VF_{N1}、VF_{N2} 总有一个或两个管子导通，VF_{P1}、VF_{P2} 总有一个或两个管子截止，输出低电平。

当输入端 A、B 全为低电平时，VF_{N1}、VF_{N2} 均截止，VF_{P1}、VF_{P2} 均导通，输出高电平。其逻辑表达式为

$$Y=\overline{A+B}$$

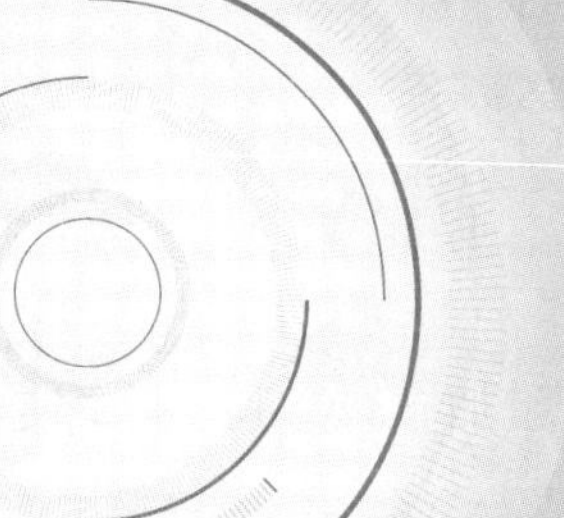

第15章 组合逻辑电路和时序逻辑电路

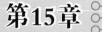

学习目标

- 认识组合逻辑电路的种类。
- 理解组合逻辑电路的读图方法和步骤。
- 了解组合逻辑电路及逻辑部件的特点。
- 了解常见组合逻辑电路和时序逻辑电路的基本功能。
- 了解常见组合逻辑电路和时序逻辑电路的引脚功能，可以正确使用真值表。

15.1 组合逻辑电路

15.1.1 常见的组合逻辑电路

数字电路根据逻辑功能可分成两大类，一类为组合逻辑电路，另一类为时序逻辑电路。

在组合逻辑电路中输出取决于输入的状态，与电路原来的状态无关。这是组合逻辑在电路上的特点。既然组合逻辑电路的输出与电路的历史状况无关，在电路中就不能包含有存储单元。

在各种数字系统当中。经常出现的逻辑电路有如下几种。

1. 编码器

把输入的每一高、低电平信号编成对应的二进制代码。

2. 译码器

把输入的每一二进制代码译成对应的高、低电平信号输出。

3. 数据选择器

在数字信号的传输过程中，从一组输入数据中挑选出某一数据。

4. 加法器

在二进制数之间作算术运算，目前在数字计算机中无论是加、减、乘、除都是以加法器作运算。因此，加法器是算术运算器的基本单元。

5. 数值比较器

在数字系统中经常要求比较两个数字的大小的逻辑电路统称为数值比较器。

15.1.2 组合逻辑电路的读图方法和步骤

组合逻辑电路的读图方法和步骤如下：

1）根据组合逻辑的电路图，写出逻辑函数表达式。

2）将表达式化简。

3）由最简的表达式列真值表。

4）根据真值表来确定电路的逻辑功能，用简练的语言说明其功能。

【例 15-1】组合电路如图 15-1 所示，分析该电路的逻辑功能。

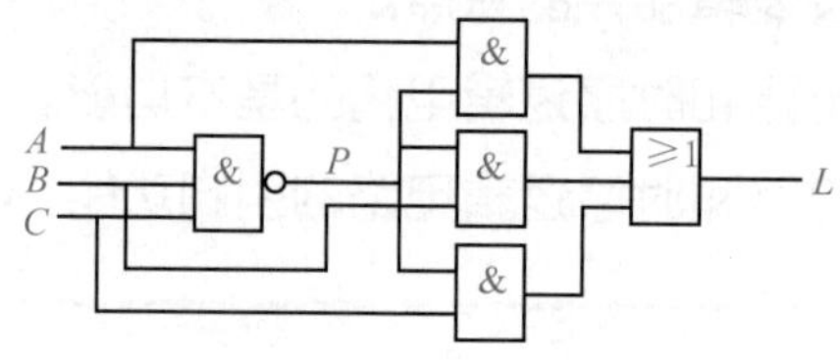

图 15-1　组合逻辑电路

【解】（1）由逻辑图逐级写出逻辑表达式。为了写表达式方便，借助中间变量 P。

$$P=\overline{ABC}$$

$$L=AP+BP+CP=A\,\overline{ABC}+B\,\overline{ABC}+C\,\overline{ABC}$$

（2）化简与变换：

$$L=\overline{ABC}(A+B+C)=\overline{ABC+\overline{A+B+C}}=\overline{ABC+\overline{A}\,\overline{B}\,\overline{C}}$$

（3）由表达式列出真值表，见表 15-1。经过化简与变换的表达式为两个最小项之和的非，列出真值表。

表 15-1　真值表

A B C	L
0 0 0	0
0 0 1	1
0 1 0	1
0 1 1	1
1 0 0	1
1 0 1	1
1 1 0	1
1 1 1	0

（4）分析逻辑功能：

由真值表可知，当 A、B、C 不同为“1”或“0”时，电路输出为“1”，称此电路为“不一致电路”。例【15-1】中输出变量只有一个，对于多输出变量的组合逻辑电路，分析方法完全相同。

15.2 编码器与译码器

15.2.1 编码器

所谓编码，就是用文字、符号或者数码按一定规律编排，编成不同的代码，用以表示特定含义的过程。比如电信局给每台电话机或手机编上号码的过程就是编码。在数字电路中只有 0 和 1 两个数码，将 0 和 1 按一定规律编排组成不同代码，使其具有特种意义，称为二进制编码。

1. 二进制编码器

用 n 位二进制代码对 2^n 个信号进行编码的电路，叫作二进制编码器。

图 15-2 所示是 3 位二进制编码器的示意图。

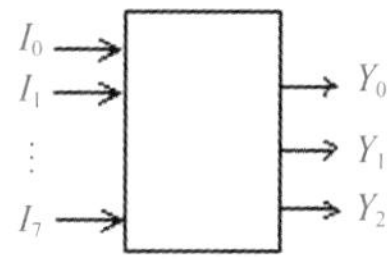

图 15-2　3 位二进制编码器示意图

I_0、I_1、…、I_7 是 8 个编码对象，分别代表十进制数 0、1、…、7 八个字。编码的输出是 3 位二进制代码，用 Y_0、Y_1、Y_2 表示。

编码器每次只能对一个输入信号进行编码，即输入的 I_0、I_1、…、I_7 八个变量，要求任一为 1 时，其余均为 0，得出的真值表见表 15-2。

表 15-2　二进制编码器真值表

十进制数	输入变量	Y_0　Y_1　Y_2
0	I_0	0　0　0
1	I_1	0　0　1
2	I_2	0　1　0
3	I_3	0　1　1
4	I_4	1　0　0
5	I_5	1　0　1
6	I_6	1　1　0
7	I_7	1　1　1

从真值表可以得出：

$$Y_0=I_4+I_5+I_6+I_7$$

$$Y_1=I_2+I_3+I_6+I_7$$

$$Y_2=I_1+I_3+I_5+I_7$$

上式所对应的逻辑图如图 15-3 所示。

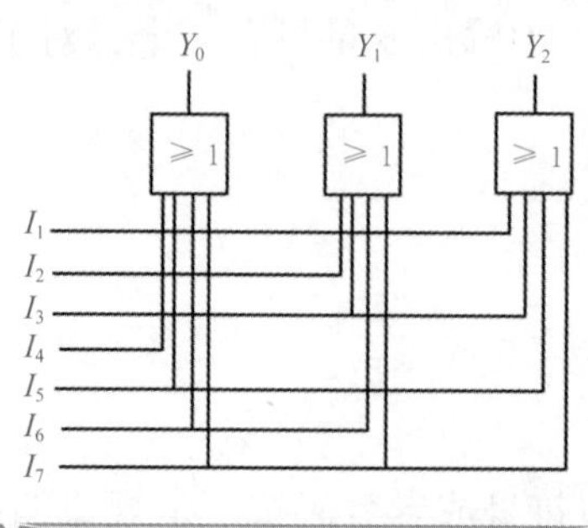

图 15-3　二进制编码器逻辑图

当 I_4=1，I_0、I_1、I_2、…、I_7 为 0 时，Y_0、Y_1、Y_2 编码输出为 100，其余类推。

2. 二－十进制编码器

将十进制数 0、1、2、3、…、9 编成二进制代码的电路，称为二－十进制编码器。

由于十进制数有十个数码对应 4 位二进制代码，即 2^4=16>10，因此，二－十进制编码器的输出信号为 4 位，如图 15-4 所示。

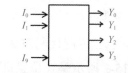

图 15-4　二－十进制编码器示意图

下面介绍常用的 8421BCD 编码器。8421 码是二进制代码，它的“权”分别是 8、4、2、1。每组代码加权系数之和，就是十进制数。例如代码 1010，即 8+0+2+0=10。

表 15-3 列出了 8421BCD 码的真值表。

表 15-3　8421BCD 码真值表

十进制数	输入变量	8421 码 Y_0 Y_1 Y_2 Y_3
0	I_0	0 0 0 0
1	I_1	0 0 0 1
2	I_2	0 0 1 0
3	I_3	0 0 1 1
4	I_4	0 1 0 0
5	I_5	0 1 0 1
6	I_6	0 1 1 0
7	I_7	0 1 1 1
8	I_8	1 0 0 0
9	I_9	1 0 0 1

上述编码器的缺点是在工作时只允许一个输入端输入有效信号，优先编码器则允许几个信号同时加到编码器的输入端，由于各输入端的优先级别不同，编码器只接受级别最高的输入信号，而不接受其他的输入信号。

74LS147 是一种 8421BCD 优先编码器。其逻辑符号及功能如图 15-5 所示。

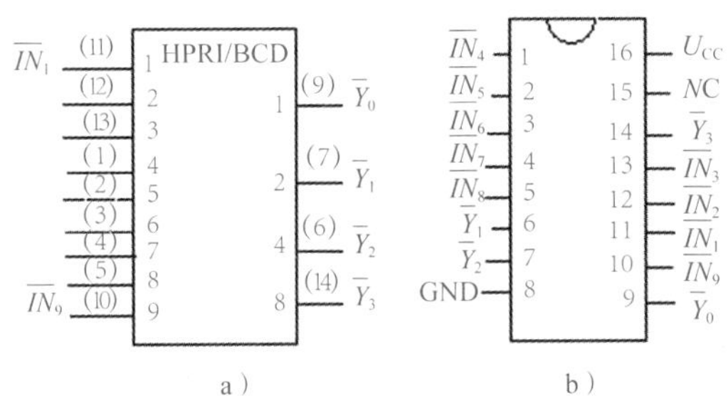

图 15-5　二－十进制优先编码器 74LS147

该电路的特点是将九位输入数据编为四位 BCD 码输出，输入、输出均为低电平有效。当输入端的输入数据为 0 时，只要将输入端全部接入高电平即可。74LS147 优先编码器的功能见表 15-4。

表 15-4　二－十进制优先编码器 74LS147 的功能

输　入									输　出			
$\overline{IN_9}$	$\overline{IN_8}$	$\overline{IN_7}$	$\overline{IN_6}$	$\overline{IN_5}$	$\overline{IN_4}$	$\overline{IN_3}$	$\overline{IN_2}$	$\overline{IN_1}$	$\overline{Y_3}$	$\overline{Y_2}$	$\overline{Y_1}$	$\overline{Y_0}$
1	1	1	1	1	1	1	1	1	1	1	1	1
1	1	1	1	1	1	1	1	0	1	1	1	0
1	1	1	1	1	1	1	0	×	1	1	0	1
1	1	1	1	1	1	0	×	×	1	1	0	0
1	1	1	1	1	0	×	×	×	1	0	1	1
1	1	1	1	0	×	×	×	×	1	0	1	0
1	1	1	0	×	×	×	×	×	1	0	0	1
1	1	0	×	×	×	×	×	×	1	0	0	0
1	0	×	×	×	×	×	×	×	0	1	1	1
0	×	×	×	×	×	×	×	×	0	1	1	0

15.2.2 译码器

能实现译码功能的逻辑电路称为译码器。译码是编码的逆过程。

1. 二进制译码器

将二进制代码“翻译”成对应输出信号的电路，叫作二进制译码器。

二进制译码器的示意图如图 15-6 所示。

二进制译码器的真值表见表 15-5。

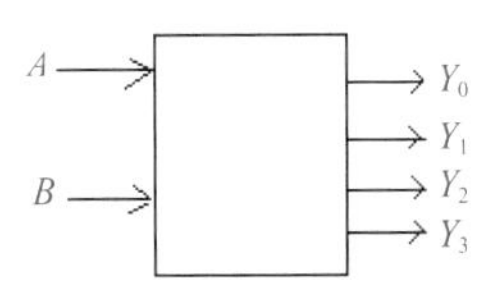

图 15-6　二进制译码器示意图

表 15-5　二进制编码器真值表

A　B	Y_0　Y_1　Y_2　Y_3
0　0	0　0　0　1
0　1	0　0　1　0
1　0	0　1　0　0
1　1	1　0　0　0

由真值表可得：$Y_0=AB$，$Y_1=A\overline{B}$，$Y_2=\overline{A}B$，$Y_3=\overline{AB}$。

图 15-7 为两位二进制译码器的逻辑图。

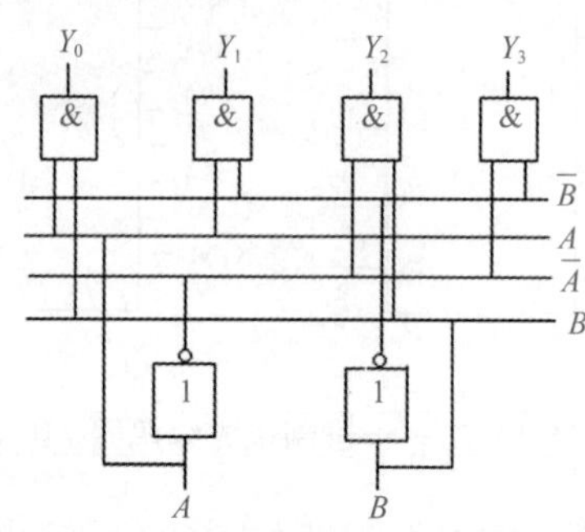

图 15-7　两位二进制译码器的逻辑电路

图中若 AB 为 1、0 状态时，只有 Y_1 输出高电平，其余与门输出均为低电平。

2. 二－十进制译码器

将二进制代码翻译成十进制数信号的电路，叫作二－十进制译码器。

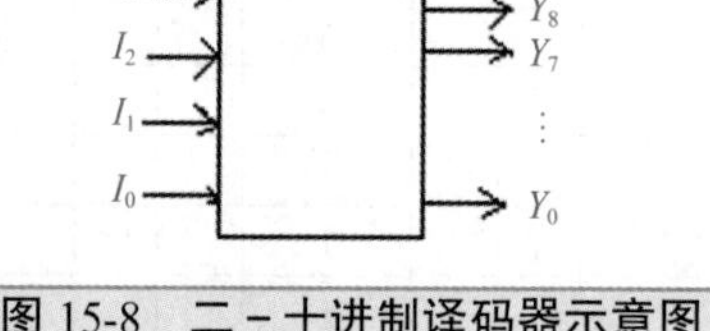

图 15-8　二－十进制译码器示意图

二－十进制译码器示意图如图 15-8 所示。由图 15-8 可知，二－十进制译码器有四个输入端，10 个输出端，通常也叫 4 线－10 线译码器。

图 15-9 为 8421BCD 码译码器逻辑图，输出为低电平。

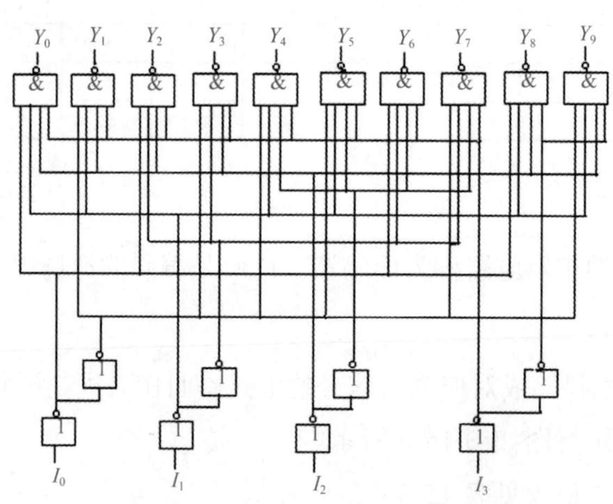

图 15-9　8421BCD 码译码器逻辑图

由逻辑电路图可得

$$Y_0=\overline{\bar{I}_0\bar{I}_1\bar{I}_2\bar{I}_3},\ Y_1=\overline{I_0\bar{I}_1\bar{I}_2\bar{I}_3},\ Y_2=\overline{\bar{I}_0 I_1\bar{I}_2\bar{I}_3},$$

$$Y_3=\overline{I_0 I_1\bar{I}_2\bar{I}_3},\ Y_4=\overline{\bar{I}_0\bar{I}_1 I_2\bar{I}_3},\ Y_5=\overline{I_0\bar{I}_1 I_2\bar{I}_3},$$

$$Y_6=\overline{\bar{I}_0 I_1 I_2\bar{I}_3},\ Y_7=\overline{I_0 I_1 I_2\bar{I}_3},\ Y_8=\overline{\bar{I}_0\bar{I}_1\bar{I}_2 I_3},\ Y_9=\overline{I_0\bar{I}_1\bar{I}_2 I_3}$$

Y_0 ~ Y_9 就是译码器的输出端。当 $I_0I_1I_2I_3$ 分别表示 0000~1001 码时，就能得到如表 15-6 所示的译码器真值表。

表 15-6　二进制编码器真值表

I_3 I_2 I_1 I_0	Y_0 Y_1 Y_2 Y_3 Y_4 Y_5 Y_6 Y_7 Y_8 Y_9
0 0 0 0	0 1 1 1 1 1 1 1 1 1
0 0 0 1	1 0 1 1 1 1 1 1 1 1
0 0 1 0	1 1 0 1 1 1 1 1 1 1
0 0 1 1	1 1 1 0 1 1 1 1 1 1
0 1 0 0	1 1 1 1 0 1 1 1 1 1
0 1 0 1	1 1 1 1 1 0 1 1 1 1
0 1 1 0	1 1 1 1 1 1 0 1 1 1
0 1 1 1	1 1 1 1 1 1 1 0 1 1
1 0 0 0	1 1 1 1 1 1 1 1 0 1
1 0 0 1	1 1 1 1 1 1 1 1 1 0

例如：当 $I_0I_1I_2I_3$=0001 时，Y_1=0，而 Y_0=Y_2=Y_3=⋯ Y_9=1，表示 8421BCD 码译成十进制码为 1。

15.3 触发器

15.3.1 RS触发器

1. 基本 RS 触发器

基本 RS 触发器由两个“与非”门交叉连接而成，如图 15-10 所示，图 15-10a 为逻辑电路图，图 15-10b 为逻辑符号。它有两输入端 $\overline{S}_D$ 和 $\overline{R}_D$，两互补输出 Q 和 $\overline{Q}$，两输出端的状态在正常情况下是相反的，通常把 $\overline{Q}$ 端作为触发器的工作状态。

触发器在正常情况下具有两个稳定状态，一是 Q=1，$\overline{Q}$=0 状态，称为“1”态或“置位”状态；另一是 Q=0，$\overline{Q}$=1 状态，称为“0”态或“复位”状态。$\overline{S}_D$ 称为直接置位端或直接置“1”端，$\overline{R}_D$ 称为直接复位端或直接置“0”端。由于具有两种稳定状态，故称为双稳态触发器。在分析中，用 Q^n 表示触发器原来的状态，用 Q^{n+1} 表示触发器接受输入信号触发后的新状态。

表 15-7 所示为基本 RS 触发器的真值表。

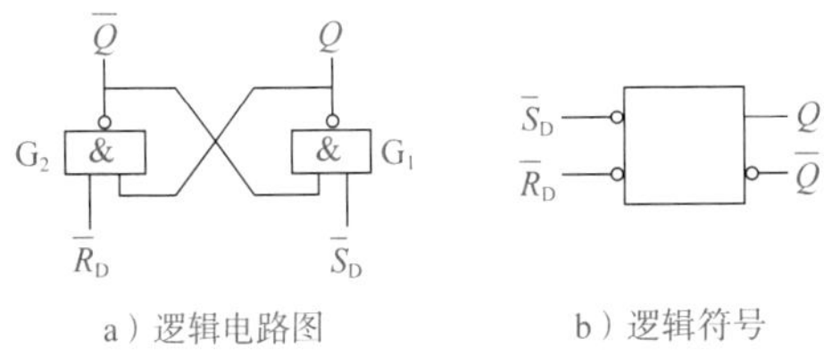

a）逻辑电路图　　b）逻辑符号

图 15-10　基本 RS 触发器

表 15-7　基本 RS 触发器的真值表

S	R	Q^{n+1}
0	0	0
0	1	1
1	0	Q^n
1	1	不定

2. 同步RS触发器

基本RS触发器是直接触发的触发器，其输入不受约束，随时可将触发器置“0”或置“1”。在数字系统中，采用多个触发器工作时，常要求各触发器同步翻转，以避免混乱各触发器的逻辑关系。可在触发器电路中增加门控电路，使得触发器只在同步控制信号到达时才改变输出状态。称此同步控制信号为时钟脉冲信号，简称时钟，用 *CP*（Clock Pulse）表示。时钟脉冲信号是周期矩形窄脉冲或对称方波。

具有时钟控制的RS触发器称为同步RS触发器或者钟控RS触发器。其逻辑电路及逻辑符号如图15-11a和图15-11b所示。G_1 和 G_2 门组成基本RS触发器，G_3 和 G_4 门组成输入控制电路(引导电路)。*CP* 为时钟信号，*S* 和 *R* 为输入信号，*Q* 和 $\overline{Q}$ 为互补输出，$\overline{S}_D$ 和 $\overline{R}_D$ 为直接置位和复位端，用来设置初始状态，不用时应使 $\overline{S}_D=\overline{R}_D=1$。

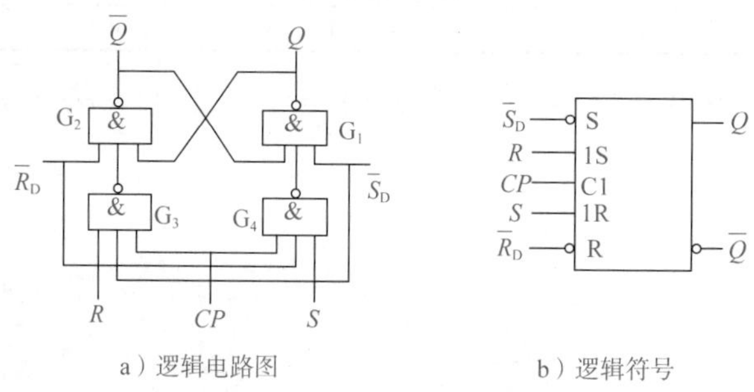

图15-11 同步RS触发器

同步RS触发器的真值表见表15-8。

同步RS触发器与基本RS触发器相比较，由于增加了时钟控制电路，除了具有记忆存储信号的功能外，还可构成数字电路中的寄存器和计数器。图15-12所示为一同步RS触发器构成的计数器。但它存在两个问题，一个是存在禁用的不定状态，另一个是当构成计数器时，会出现空翻现象。

表15-8 同步RS触发器真值表

S *R*	Q^{n+1}
0 0	Q^n
0 1	0
1 0	1
1 1	不定

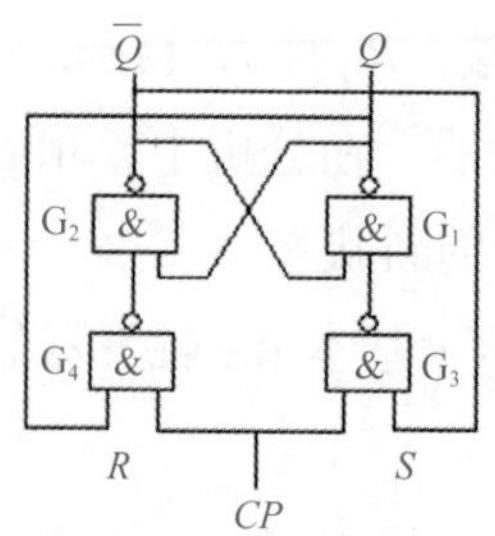

图15-12 同步RS触发器构成的计数器

为了克服电平触发方式的空翻现象，需要采用新的输入控制电路。下面将介绍目前使用最广泛的两种触发器：维持阻塞型D触发器和主从型JK触发器。

15.3.2 D触发器

图 15-13a 所示为维持阻塞型 D 触发器逻辑电路图，它由 6 个“与非”门组成。其中，G_1 和 G_2 两门构成基本 RS 触发器，G_3、G_4、G_5 和 G_6 4 个门构成导引电路，输出端为互补的 Q 和 $\overline{Q}$，时钟脉冲加在 G_3 和 G_4 门输入端，输入信号 D 加在 G_6 门输入端，①、②、③、④为 4 根维持阻塞反馈线。表 15-9 所示为 D 触发器的真值表。

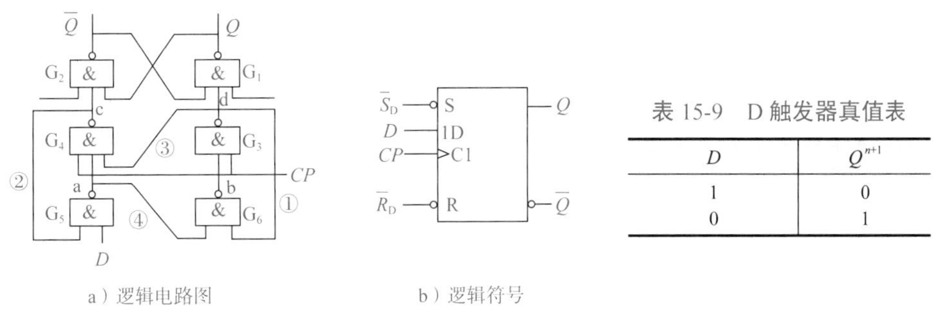

表 15-9　D 触发器真值表

D	Q^{n+1}
1	0
0	1

图 15-13　维持阻塞型 D 触发器

维持阻塞型 D 触发器的逻辑符号如图 15-12b 所示，图中 CP 输入端没有小圆圈，表示它是在 CP 前沿触发器翻转的触发器，如果是下降沿触发，则需在 CP 输入端加上小圆圈。若输入 D 有两个以上输入端如 D_1、D_2、D_3 时，则输入之间是“与”逻辑关系，即 $D=D_1D_2D_3$。

图 15-14 所示为 D 触发器输入信号时的工作波形。

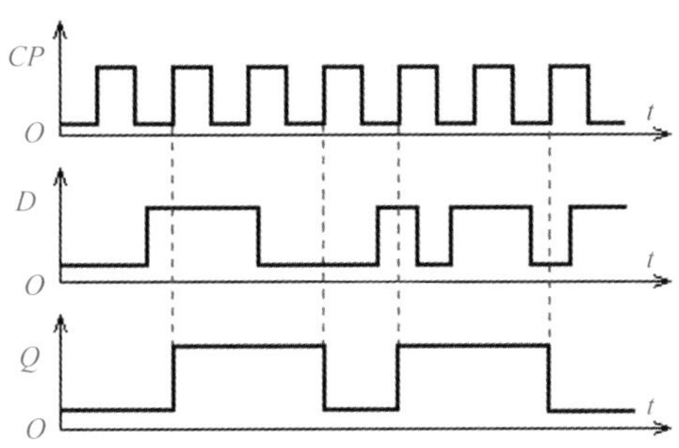

图 15-14　维持阻塞型 D 触发器工作波形

中规模集成 TTL 维持阻塞型 D 触发器有 7424、74H74 等型号。图 15-15 为 7474 型双 D 集成触发器的内部集成了两个独立的维持阻塞型 D 触发器，其输入、输出分别用 $1D$、$2D$，$1Q$、$2Q$ 表示。

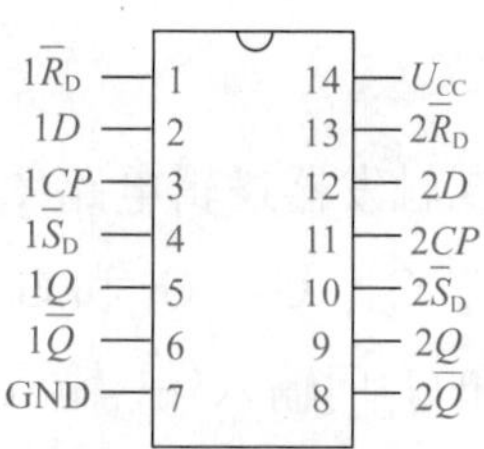

图 15-15　7474 型双 D 集成触发器引脚排列图

15.3.3 JK触发器

在时钟信号下逻辑功能符合表 15-10 的逻辑功能者，都叫作 JK 触发器。本节以主从型 JK 触发器为例进行讲解。

图 15-16 为主从型 JK 触发器的逻辑电路和逻辑符号。从图 15-16a 的逻辑电路可知，它是由两个同步 RS 触发器相连而成，触发器 FF_1 称为主触发器，触发器 FF_2 称为从触发器。主触发器的输出为从触发器的输入，从触发器的输出 Q 和 $\overline{Q}$ 交叉反馈至主触发器的输入，主触发器增加了两个信号输入端 J 和 K，电路中的非门为隔离引导门，它使主触发器和从触发器分别得到相位相反的时钟脉冲信号，这样可将接收输入信号和改变输出状态从时间上分开。$\overline{S}_D$ 和 $\overline{R}_D$ 为设置初始状态用的直接触发端，触发器工作时应将其保持在高电平上。

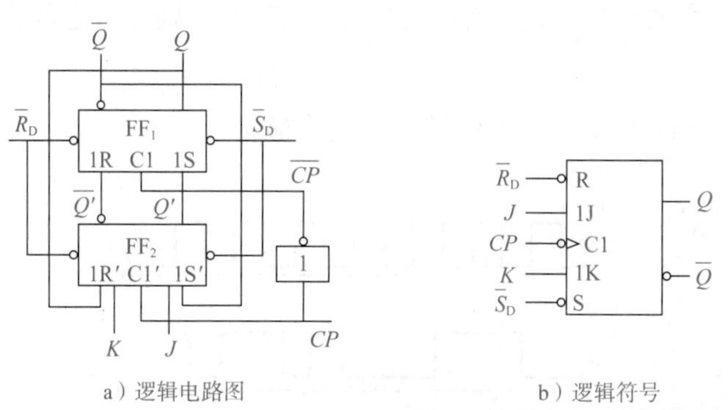

a）逻辑电路图　　b）逻辑符号

图 15-16　主从型 JK 触发器

主从型 JK 触发器的真值表见表 15-10。

表 15-10　JK 触发器真值表

S R	Q^{n+1}
0 0	Q^n
0 1	0
1 0	1
1 1	$\overline{Q^n}$

主从型 JK 触发器在 CP=1 期间，主触发器接收输入信号，在 CP 由“1”下降到“0”时刻，从触发器输出状态与主触发器相同，这种触发方式称为主从触发方式，在图 15-

16b 所示的逻辑符号中，*CP* 输入端的小圆圈和“>”符号表明输出状态的改变是在 *CP* 下降沿发生的，输出端的“┐”符号表明输出状态相对于输入信号有一延迟，即主从触发。

主从型 JK 触发器后沿翻转的工作情况可用图 15-17 所示的工作波形图来说明。

中规模集成主从型 JK 触发器有 7472、74H72 等，图 15-18 所示为 7472 型双 JK 集成触发器引脚排列图，内部集成了两个独立的主从 JK 触发器，其输入、输出分别用 1*J*、1*K*、1*Q*、2*J*、2*K*、2*Q* 表示。

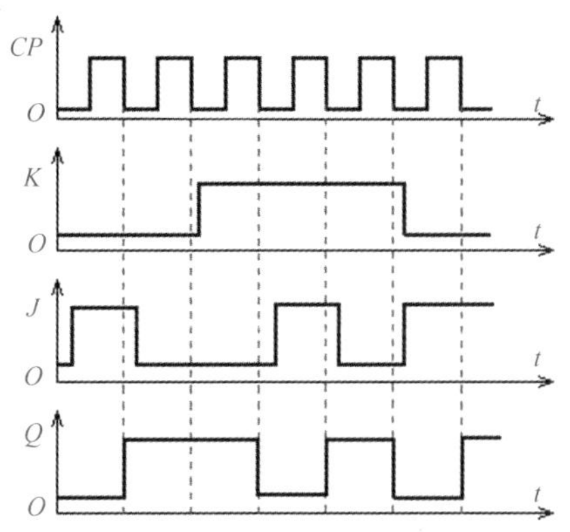

图 15-17　主从型 JK 触发器工作波形

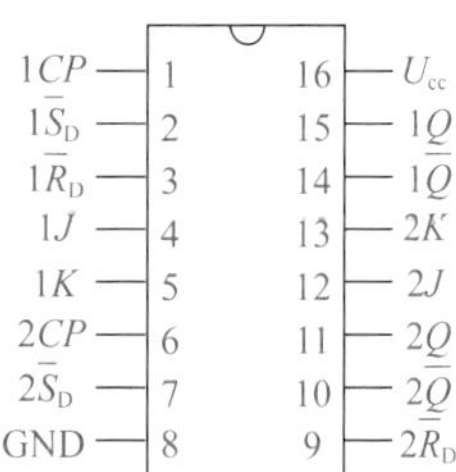

图 15-18　7472 型双 JK 集成触发器引脚排列图

主从型 JK 触发器对 *J*、*K* 端输入信号要求较高，降低触发器的抗干扰能力，会限制主从型 JK 触发器的使用范围。

15.4 寄存器

在计算机和数字系统中，常需要暂时存放一些数码，能暂时存放数码的逻辑部件称为寄存器。

寄存器由具有记忆功能的触发器和起控制作用的门电路组成。一个触发器可以寄存一位二进制数，因此能存储 *n* 位二进制数的寄存器需要 *n* 个触发器。

寄存器接收数码的方式有双拍和单拍接收方式两种，前者是第 1 拍清零，第 2 拍存数；后者则是 1 拍就完成存数。

寄存器按功能可分为多种，运用较多的则是数码寄存器和移位寄存器，不仅能寄存数码，而且能使数码移位的移位寄存器是数字系数中进行算术运算的必需部件。

15.4.1 数码寄存器

图 15-19 所示的逻辑电路是由 D 触发器组成的 4 位数码寄存器。时钟脉冲端 *CP* 作为存数指令端，D_0~D_3 为 4 位数码输入端，Q_0~Q_3 为 4 位数码的原码输出端，$\overline{Q}_0$~$\overline{Q}_3$ 为

4 位数码的反码输出端，$\overline{S}_D$ 为清零指令端。

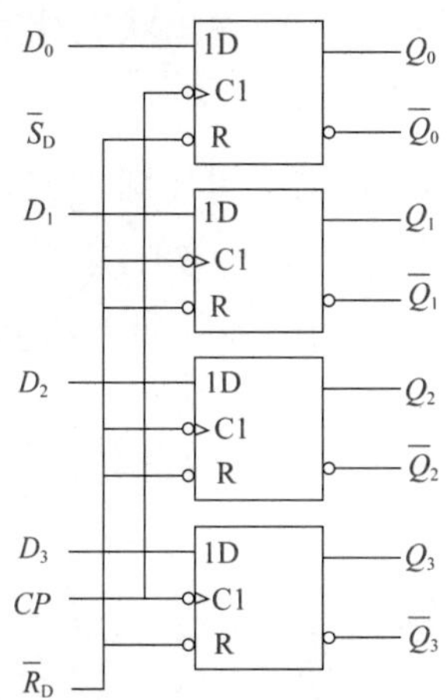

图 15-19 D 触发器组成的数码寄存器逻辑电路

当存入 4 位数码时，会先将数码送到相应的数据端，等存数指令到达后，即 $\overline{Q}^{n+1}=D$ 时数码便存入了寄存器，一直保存到下一次存数指令到达前。因输出端未加控制电路，数码可直接取出，若加入输出控制门电路，则需要等到取数指令到达后，才能取数。这种将数码一并存入又一并取出的方式称为并入并出方式。该电路存数前不需要清零，一步可完成存数过程，属于单拍接收方式。

TTL 中规模集成数码寄存器有 4 位的 74175、74LS175 等，另外还有 6 位、8 位等集成器件。

15.4.2 移位寄存器

移位寄存器在移位脉冲作用下，将寄存器中的数码依次向左移或向右移。按移动方式可分为单向（左移或右移）移位寄存器和双向移位寄存器，按数码输入、输出方式可分为串行输入、并行输入、串行输出、并行输出等。

1. 单向移位寄存器

（1）串行输入–串并行输出右移寄存器

图 15-20 所示为用 D 触发器构成的串行输入–串并行输出右移寄存器的逻辑电路。每个 D 触发器的输出端 Q 接到前一级 D 触发器的 D 输入端。最左边的 D 触发器 FF_3 的 D 端作为串行输入端，最右边的 D 触发器 FF_0 的输出端 Q_0 作为串行输出端。由于 D 触发器的输出状态 Q^{n+1} 仅决定于 CP 脉冲到来之前瞬时的输入 D^n 的状态，所以，每来一个移位脉冲，上一触发器的输出状态就移入到下一触发器中，即数码向右移了一位。现举例说明。

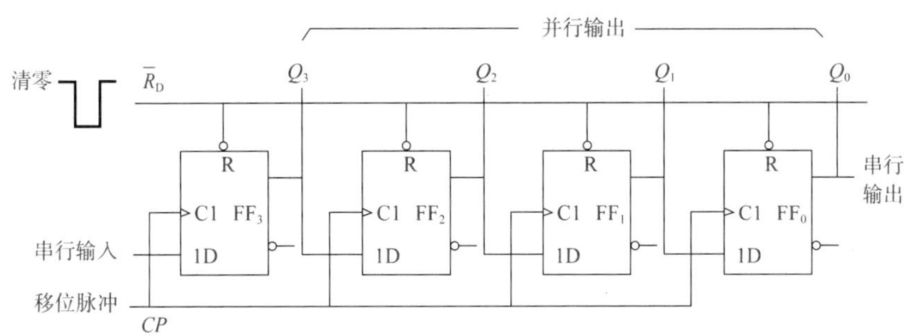

图 15-20　串行输入 - 串并行输出右移寄存器逻辑电路

在输入数码之前，首先清零。设需要寄存的 4 位数码是 1101，右移寄存器先从数码的最低位输入并向右移位。当第一个移位脉冲 CP 来到后，串行输入信号的最低位“1”移入 FF_3，此时 4 个触发器的输出状态 $Q_3Q_2Q_1Q_0$=1000。第 2 个 CP 脉冲来到后，串行输入信号的次低位“0” 移入 FF_3。同时 FF_3 的“1” 移入 FF_2，此时 $Q_3Q_2Q_1Q_0$=0100；同样，第 3 个 CP 脉冲来到后，$Q_3Q_2Q_1Q_0$=1010；第 4 个脉冲来到后，$Q_3Q_2Q_1Q_0$=1101，在 4 个 CP 移位脉冲的作用下，全部移入寄存器中。

若需输出 4 位数码时，并行输出，可通过 4 个触发器输出端 Q_3、Q_2、Q_1、Q_0 直接取出数码；串行输出，则需继续再输入 4 个 CP 移位脉冲，就可以在最低位触发器 FF_0 的输出端 Q_0 串行取出被寄存的数码。

上述数码移位过程见表 15-11，其工作波形如图 15-21 所示。

表 15-11　4 位右移寄存器状态表

CP	D_3	Q_3 Q_2 Q_1 Q_0
1	1	1 0 0 0
2	0	0 1 0 0
3	1	1 0 1 0
4	1	1 1 0 1
5	0	0 1 1 0
6	0	0 0 1 1
7	0	0 0 0 1
8	0	0 0 0 0

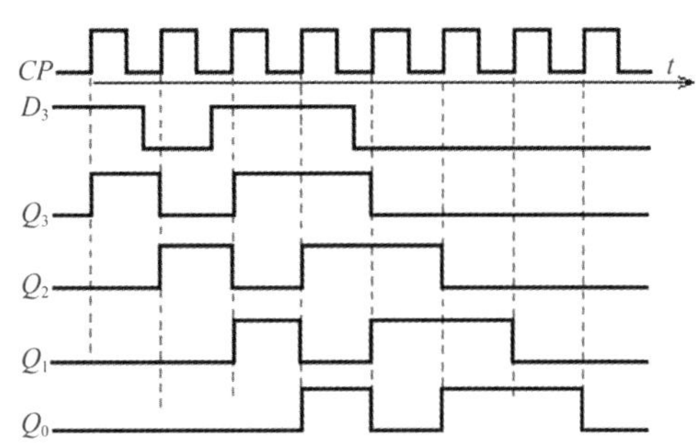

图 15-21　4 位右移寄存器工作波形

（2）并串行输入 - 串行输出左移寄存器

图 15-22 所示是采用 4 个 D 触发器和 4 个与非门组成的 4 位并串行输入 - 串行输出左移寄存器的逻辑电路。每个 D 触发器的输出端接到下一个触发器的输入端。最右边的 D 触发器 FF_0 的输入 D 端作为串行输入端，最左边的 D 触发器 FF_3 的输出端 Q_3 作为串行输出端，4 个 D 触发器的直接置 “1” 端 $\overline{S}_D$ 通过 4 个与非门在存数指令脉冲控制下作为并行输入端。

左移寄存器的串行输入数码从高位到低位依次输入到 FF_0 的 D 端。与前面所述的右移寄存器工作情况相似，在连续输入 4 个 CP 移位脉冲后，待寄存的 4 位数码逐个左移，存入寄存器中。

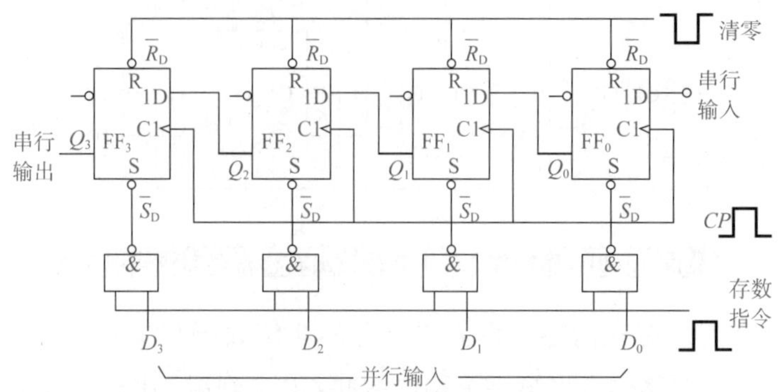

图 15-22 并串行输入 – 串行输出左移寄存器

该寄存器若使用并行输入方式，输入数码需采用双拍输入。第 1 步，在各 D 触发器 $\overline{R}_D$ 端加清零负脉冲，将各触发器清零。第 2 步，将 4 位待寄存数码加在 D_3、D_2、D_1、D_0 端，当存数指令脉冲到达后，便可将待寄存的 4 位数码直接存入寄存器中。

需要输出数码时，只要再输入 4 个 CP 移位脉冲，就可在触发器 FF_3 的输出端 Q_3 依次取出 4 位寄存的数码。

2. 双向移位寄存器

双向移位寄存器由于功能完善、实用而在实际中使用得更多。较为典型的有中规模集成双向移位寄存器 74194（4 位）、74LS194（4 位）、74198（8 位）、74LS198（8 位）等。下面以 74LS194 为例，介绍双向移位寄存器。图 15-23a 为 74LS194 的逻辑电路，图 15-23b 为逻辑符号。该电路由 4 个边沿 D 触发器 FF_0~FF_3 和 4 个与非门输入控制电路组成，D_{SR} 为数码右移串行输入端，D_{SL} 为数码左移串行输入端，D_0~D_3 为数码并行输入端，M_1 和 M_0 为移位寄存器控制端，$\overline{CP}$ 为清零端，CP 为时钟脉冲端，Q_0~Q_3 为并行输出端。这是串行输入、串并行输出的双向移位寄存器。

该双向移位寄存器用 M_1 和 M_0 控制端的不同取值并通过 4 个相同的四选一数据选择器来选择和控制移位寄存器的工作方式。

若 M_1M_0=00，在 CP 上升沿到达时寄存器工作在“保持”状态。

若 M_1M_0=01，在 CP 上升沿到达时寄存器工作在“右移”状态，寄存数码可从 D_{SR} 端输入。

若 M_1M_0=10，在 CP 上升沿到达时寄存器工作在“左移”状态，寄存器可从 D_{SL} 端输入。

若 M_1M_0=11，在 CP 上升沿到达时寄存器工作在“数码并行输入”状态，待寄存的数码可从 D_0~D_3 端并行输入。

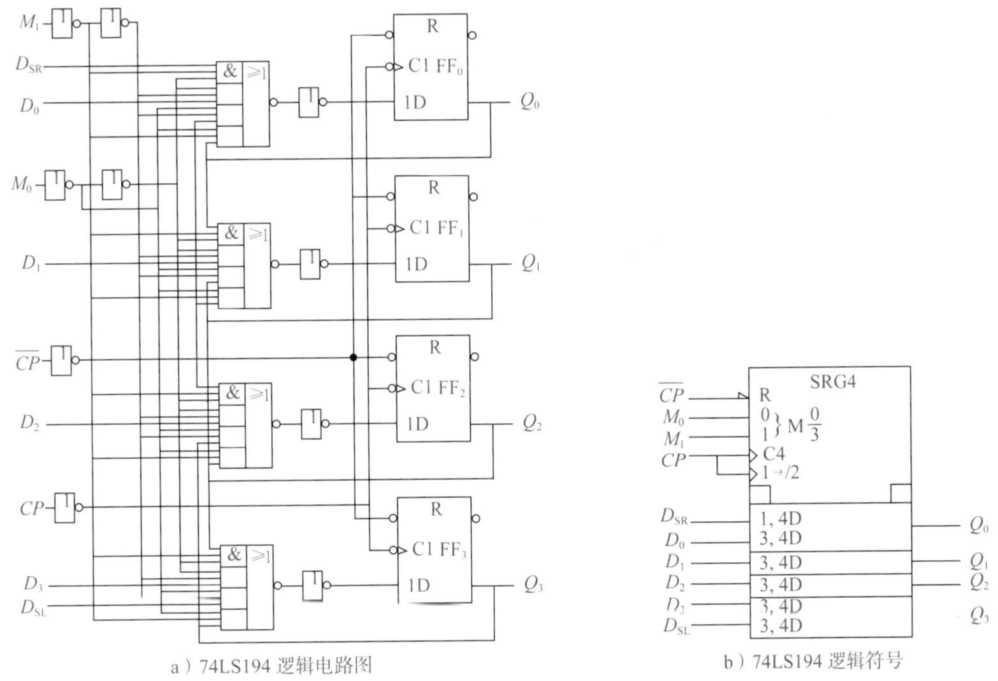

a）74LS194 逻辑电路图　　b）74LS194 逻辑符号

图 15-23　集成双向移位寄存器 74LS194

综上所述，74LS194 具有左移、右移、并行输入、保持等 4 种功能。表 15-12 所示为其逻辑菜单。表中的“×”处为任意状态、“↑”表示上升沿。

表 15-12　74LS194 双向移位寄存器逻辑菜单

功能	输入状态										输出			
	$\overline{CP}$	M_1	M_0	CP	D_{SR}	D_{SL}	D_0	D_1	D_2	D_3	Q_0^{n+1}	Q_1^{n+1}	Q_2^{n+1}	Q_3^{n+1}
清零	0	×	×	×	×	×	×	×	×	×	0	0	0	0
保持	1	×	×	×	×	×	×	×	×	×	Q_0^n	Q_1^n	Q_2^n	Q_3^n
存数	1	1	1	↑	×	×	d_0	d_1	d_2	d_3	d_0	d_1	d_2	d_3
右移	1	0	1	↑	1	×	×	×	×	×	1	Q_0^n	Q_1^n	Q_2^n
	1	0	1	↑	0	×	×	×	×	×	0	Q_0^n	Q_1^n	Q_2^n
左移	1	1	0	↑	×	1	×	×	×	×	Q_1^n	Q_2^n	Q_3^n	1
	1	1	0	↑	×	0	×	×	×	×	Q_1^n	Q_2^n	Q_3^n	0
保持	1	0	0	↑	×	×	×	×	×	×	Q_0^n	Q_1^n	Q_2^n	Q_3^n

15.5 计数器

计数器是能累计输入脉冲数目的时序逻辑电路。除了计数，计数器还可定时、分频和进行数字运算等，几乎所有的数字系统中都有计数器。因此，计数器是数字系统中非常重要和基本的时序逻辑部件。

计数器按时钟脉冲作用方式可分为同步计数器和异步计数器；按进位制可分为二进

制计数器、十进制计数器和任意进制计数器；按计数功能可分为加法计数器、减法计数器和可加可减的可逆计数器；此外，按集成工艺还可分为 TTL 型计数器和 MOS 型计数器等。

15.5.1 二进制计数器

1. 二进制加法计数器

二进制的加法是“逢二进一”，即 0+1=1，1+1=10。当本位是 1，再加 1 时，本位便为 0，同时高位加 1。1 位二进制数需一个触发器表示，n 位二进制数则需用 n 个触发器构成。

（1）异步二进制加法计数器

异步计数器是指计数器脉冲不是同时加到各触发器的 CP 端，只加到最低触发器的 CP 端，其他触发器由相邻低位触发器输出的进位脉冲来触发。故各级触发器不是同时翻转的。

图 15-24a 是由 JK 触发器构成的异步 4 位二进制加法计数器的逻辑电路，图 15-24b 为计数器的工作波形图。表 15-13 所示为该计数器的状态表。

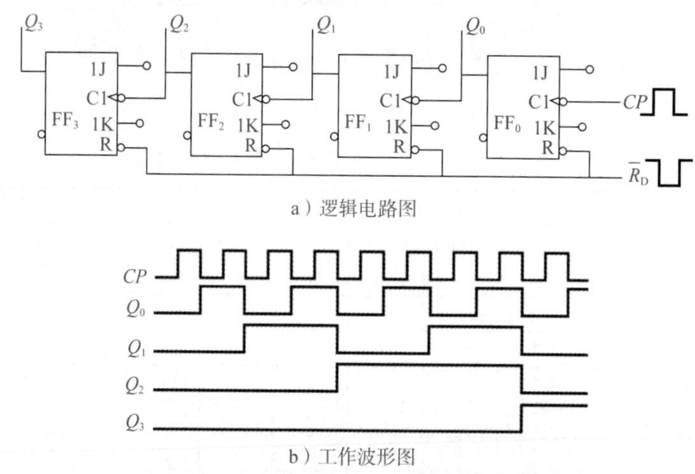

a）逻辑电路图

b）工作波形图

图 15-24 异步 4 位二进制加法计数器

异步计数器的优点是电路结构简单，缺点是高位触发的翻转须在低位触发器翻转之后进行，不是同时动作，所以进位时间较长，计数速度受到影响。

表 15-13 二进制加法计数器状态表

CP	Q_3 Q_2 Q_1 Q_0	十进制数
0	0 0 0 0	0
1	0 0 0 1	1
2	0 0 1 0	2
3	0 0 1 1	3
4	0 1 0 0	4

（续）

CP	$Q_3\ Q_2\ Q_1\ Q_0$	十进制数
5	0 1 0 1	5
6	0 1 1 0	6
7	0 1 1 1	7
8	1 0 0 0	8
9	1 0 0 1	9
10	1 0 1 0	10
11	1 0 1 1	11
12	1 1 0 0	12
13	1 1 0 1	13
14	1 1 1 0	14
15	1 1 1 1	15
16	0 0 0 0	0

（2）同步二进制加法计数器

同步计数器是指计数器脉冲直接加到所有触发器的 CP 端，使各触发器能够同时动作，大大减少了进位时间，计数速度较快。

同步计数器通过控制各触发器输入端的状态来决定各触发器是否翻转。以 4 个 JK 触发器构成的同步二进制加法计数器为例，讨论触发器输入端的接法，分析表 15-13 所示的二进制加法计数器状态表可以得出各触发器输入端 J 和 K 的激励方程。

1）FF_0 的激励方程：$J_0=K_0=1$。

2）FF_1 的激励方程：$J_1=K_1=Q_0$。

3）FF_2 的激励方程：$J_2=K_2=Q_1Q_0$。

4）FF_3 的激励方程：$J_3=K_3=Q_2Q_1Q_0$。

根据上述结果，可构成同步二进制加法计数器逻辑电路，如图 15-25 所示，由于采用多输入端的 JK 触发器，故不需要另外加用与门。同步二进制加法计数器的工作波形与图 15-24b 相同。

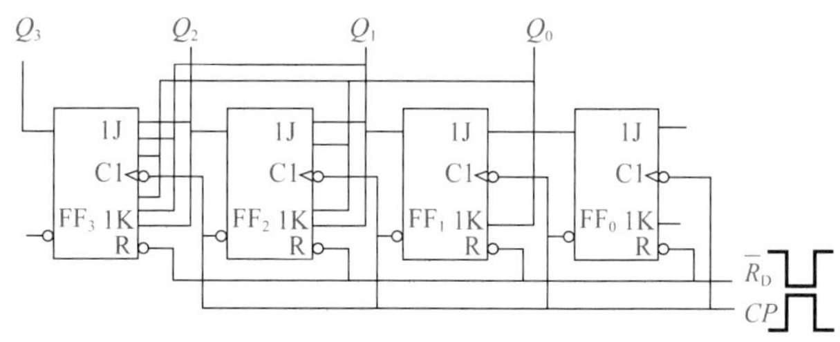

图 15-25　同步 4 位二进制加法计数器

2. 二进制减法计数器

二进制减法计数器的功能是计数器的计数值随计数脉冲的增加而递减，若仍以 4 位二进制数为例，则二进制减法计数器的状态表见表 15-14。二进制的减法运算与加法运算的不同之处是，当 0 减 1 时，须向相邻高位借 1。对于计数器则是本位触发器由“0”

态翻成“1”态时，将向相邻高位触发器发出借位脉冲，并使其翻转。

表 15-14 二进制减法计数器状态表

CP	Q_3 Q_2 Q_1 Q_0	十进制数
0	1 1 1 1	15
1	1 1 1 0	14
2	1 1 0 1	13
3	1 1 0 0	12
4	1 0 1 1	11
5	1 0 1 0	10
6	1 0 0 1	9
7	1 0 0 0	8
8	0 1 1 1	7
9	0 1 1 0	6
10	0 1 0 1	5
11	0 1 0 0	4
12	0 0 1 1	3
13	0 0 1 0	2
14	0 0 0 1	1
15	0 0 0 0	0

3. 二进制可逆计数器

图 15-26a 是由 JK 触发器构成的 4 位同步二进制减法计数器的逻辑电路，图 15-26b 为其工作波形图。

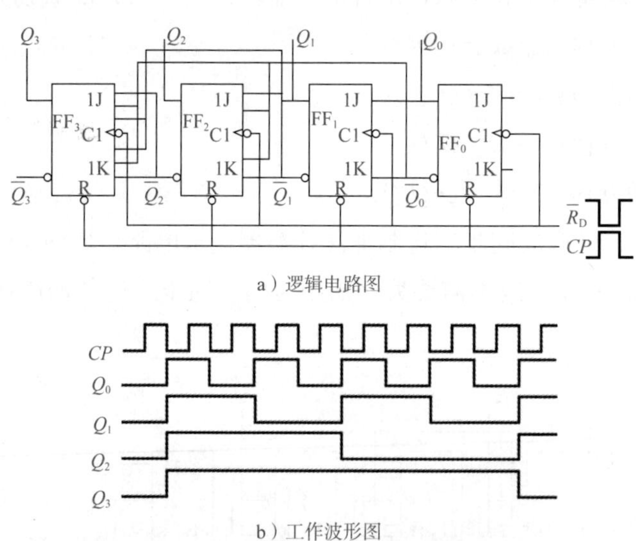

a）逻辑电路图

b）工作波形图

图 15-26 4 位同步二进制减法计数器

分析表 15-14 可得同步二进制减法计数器各触发器的激励方程分别为

$$J_0 = K_0 = 1\ ;\ J_1 = K_1 = \overline{Q}_0\ ;$$

$$J_2 = K_2 = \overline{Q}_1\overline{Q}_0\ ;$$

$$J_3 = K_3 = \overline{Q}_2\overline{Q}_1\overline{Q}_0。$$

若将上述同步二进制加法计数器与同步二进制减法计数器组合在一起，便构成了同步二进制可逆计数器，如图 15-27 所示。当控制端 X=1 时，为加法电路；当 X=0 时，为减法电路。

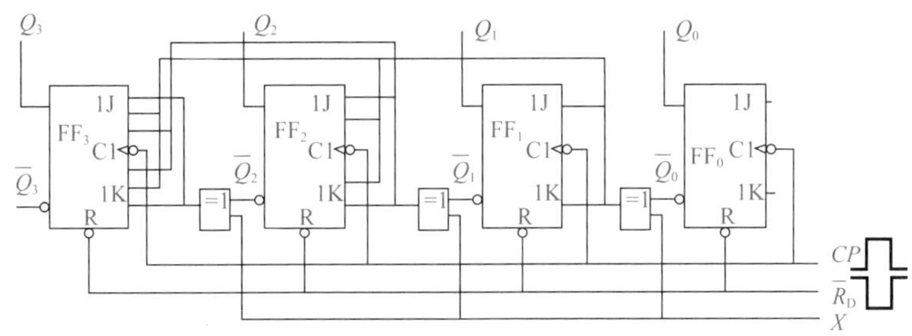

图 15-27 同步二进制可逆计数器

15.5.2 十进制计数器

在实际工作中，人们习惯于使用十进制数，而不是二进制数，所以在数字系统中常采用二－十进制计数器。

在 15.2.1 节中，已介绍过使用广泛的 8421BCD 码。本节主要介绍 8421BCD 码十进制加法计数器。

表 15-15 所示为 8421BCD 码十进制加法计数器的状态表。

对异步和同步二进制加法计数器电路稍做变动，便可分别得到异步和同步十进制加法计数器的逻辑电路图。

1. 异步十进制加法计数器

表 15-15 所示为异步十进制加法计数器的状态表。

表 15-15 8421BCD 码十进制加法计数器的状态表

CP	Q_3 Q_2 Q_1 Q_0	十进制数
0	0 0 0 0	0
1	0 0 0 1	1
2	0 0 1 0	2
3	0 0 1 1	3
4	0 1 0 0	4
5	0 1 0 1	5
6	0 1 1 0	6
7	0 1 1 1	7
8	1 0 0 0	8
9	1 0 0 1	9
10	0 0 0 0	0

图 15-28a 所示为异步 4 位十进制加法计数器的逻辑电路，图 15-28b 为其工作波形图。

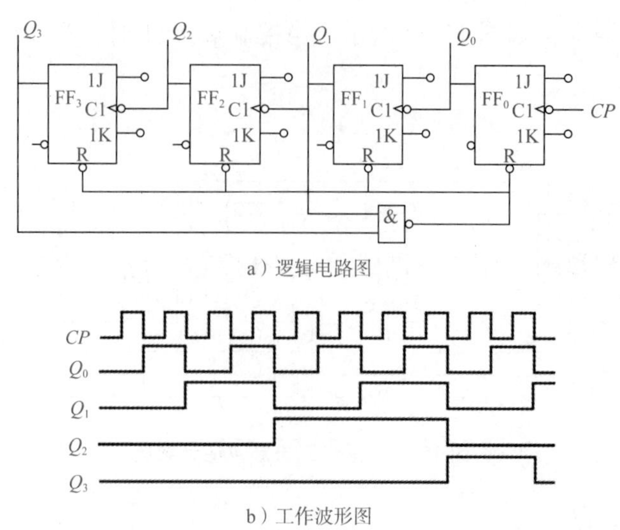

a）逻辑电路图

CP
Q_0
Q_1
Q_2
Q_3

b）工作波形图

图 15-28　异步十进制加法计数器

2. 同步十进制加法计数器

同步计数器是通过控制各触发器输入端的状态来决定各触发器的翻转。对于十进制加法计数器，要求在计数到第 9 个脉冲，即 4 个触发器的状态 $Q_3Q_2Q_1Q_0$=1001 时，再来一个计数脉冲，这 4 个触发器应复位为“0000”，同时向高位发出进位信号。

根据表 15-15，运用观察法，可得出同步十进制加法计数器各 JK 触发器输入端 J 和 K 的激励方程：

1）触发器 FF_0 的激励方程：$J_0=K_0=1$。

2）触发器 FF_1 的激励方程：$J_1=\overline{Q_3}Q_0$，$K_1=Q_0$。

3）触发器 FF_2 的激励方程：$J_2=K_2=Q_1Q_0$。

4）触发器 FF_3 的激励方程：$J_3=Q_2Q_1Q_0$，$K_3=Q_0$。

根据上述各触发器输入端的激励方程，可构成由 4 个主从型 JK 触发器组成的 4 位同步十进制加法计数器，逻辑电路如图 15-29 所示。

其工作波形与图 15-28b 所示相同。

同二进制计数器一样，也可以构成十进制减法计数器、可逆计数器以及其他编码形式的十进制计数器。

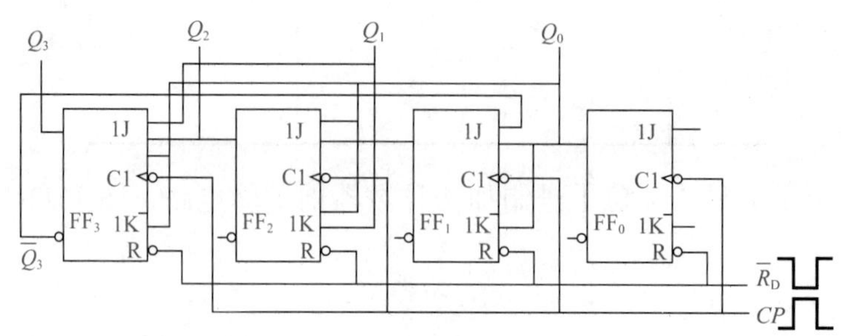

图 15-29　同步十进制加法计数器逻辑电路图

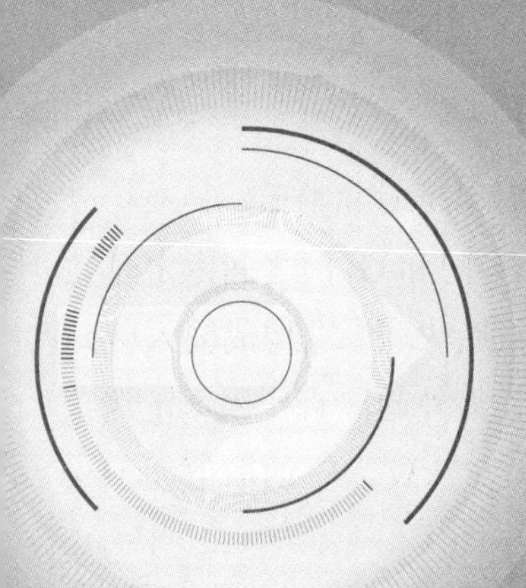

※第16章 数字电路的典型应用

学习目标

- 认识单稳态触发器，多谐振荡器以及 A–D 和 D–A 转换器。
- 了解单稳态触发器脉冲整形电路的作用。
- 了解多谐振荡器产生矩形脉冲的作用，学会在频率稳定性要求较高的场合，需采取稳频措施。
- 了解 555 定时器是将模拟电路和数字电路集成在同一硅片上的时基电路，掌握其各种应用电路的组合。
- 学会使用将模拟量转换为数字量或将数字量转换为模拟量的转换器，即 A–D 转换器和 D–A 转换器。

16.1 脉冲信号的产生与整形电路

在数字系统中，各种不同的脉冲信号起着控制、启动、定时等重要作用。下面对脉冲信号的产生、波形的变换和整形分别做一些介绍。

16.1.1 单稳态触发器

在本书第 15 章时序逻辑电路中介绍了双稳态触发器有两个稳定状态，在外加信号触发下，可以从一个稳定状态转变为另一个稳定状态。单稳态触发器只有一个稳定状态，在外加信号触发下，可以从稳定状态转变到另一个暂稳状态，经过一定的时间延迟后，又自动地翻转回原来的稳定状态，且暂稳态的持续时间与触发信号无关，仅取决于电路本身的参数。

由于具备以上特点，单稳态触发器被广泛用于电路中的定时、延时和整形。

图 16-1 所示为 TTL 与非门构成的微分型单稳态触发器。G_1 门和 G_2 门之间由定时组件 R 与 C 耦合并构成微分电路；G_2 门到 G_1 门之间采用正反馈；R_1 和 C_1 构成输入微分电路。其作用是将外加触发信号 u_1 变换为窄脉冲触发 G_1 门，另外起隔直作用。正常情况下，R 的取值要小于 TTL 与非门的关门电阻 R_{OFF}，即 $R < 0.7k\Omega$，R_1 的取值大于 TTL 与非门的开门电阻 R_{ON}，即 $R_1 > 2k\Omega$。

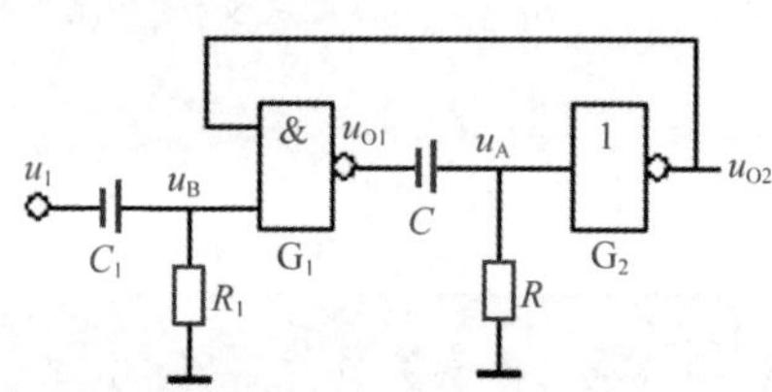

图 16-1　微分型单稳态触发器

1. 工作原理

由于 $R<R_{OFF}$，$R_1>R_{ON}$，所以在未加触发信号时，即 u_1 为高电平时，G_2 门关闭，u_O 为高电平；而 G_1 开通，u_{O1} 为低电平。这时触发器处于稳态。

当输入负的矩形脉冲，即 u_1 的负跳变到来时，经过输入微分电路，使得门 G_1 的输入 u_1 端得到负尖脉冲，G_1 门关闭，u_{O1} 变为高电平，由于电容 C 两端电压不能突变，所以 u_A 也变为高电平，则 G_2 门开通，u_{O2} 变为低电平，并反馈到 G_1 门。此时，即使触发信号消失，但 G_1 仍在 u_{O2} 的作用下关闭。其过程如下：

$$u_1 \downarrow \rightarrow u_B \downarrow \rightarrow u_{O1} \uparrow \rightarrow u_A \uparrow \rightarrow u_{O1} \downarrow$$

此时，触发器进入暂稳状态。

暂稳态期间，G_1 门输出的高电平经过电阻 R 对电容 C 充电，充电路径为 $u_{O1} \rightarrow C \rightarrow R \rightarrow$ 地，充电时间常数为 $\tau_{充}=(R_{O1}+R)C \approx RC$，$R_{O1}$ 为 G_1 门高电平输出电阻，通常较小，可忽略不计。随着电容 C 充电，u_A 按指数规律下降，当 u_A 下降到 G_2 门的翻转阈值电平 U_T 时，则 G_2 门开始由开通转向关闭，电路又发生下面的正反馈过程：

$$u_A \downarrow \rightarrow u_{O2} \uparrow \rightarrow u_{O1} \downarrow$$

结果导致 G_2 门迅速关闭，G_1 门开通，电路退出暂稳态，自动返回原来稳定状态。这样，在输出端得到由充电常数 RC 决定宽度的负脉冲波。同时，电容 C 通过开通的 G_1 门放电，并使 u_A 恢复到稳态值，为下一次的翻转做好准备。

图 16-2 为微分型单稳态触发器各点的波形图。

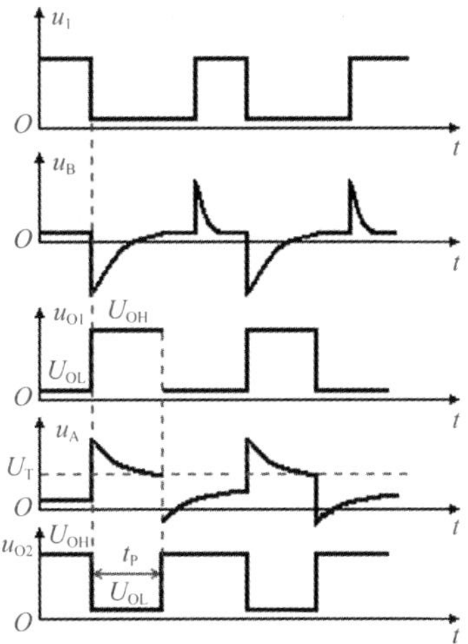

图 16-2　微分型单稳态触发器的工作波形

2. 参数分析

（1）输出脉冲宽度 t_P

输出脉冲宽度 t_P 也就是暂稳态的持续时间，当电阻 R 两端电压 $u_A=U_T$ 时，充电结束，故根据 RC 电路暂态过程的分析可知：

$$u_A=(U_{O1H}-u_C)R/(R+R_{O1})$$

其中：$u_C=U_{O1H}-U_{O1H}e^{-\frac{1}{(R+R_{O1})C}}$

令 $u_A=U$，上面两式整理可得

$$t_P=(R+R_{O1})C\ln(\frac{R}{R+R_{O1}}\bullet\frac{U_{OH}}{U_T}) \qquad (16\text{-}1)$$

若取 $R_{O1}=100\Omega$，$R=470\Omega$，$U_{OH}=3.6V$，$U_T=1.4V$，则近似值：

$$t_P\approx0.8RC \qquad (16\text{-}2)$$

若改变 t_P 可改变 C 或 R 的值，但 R 值不能调得太大，否则在稳态时 G_2 门不能可靠关闭。

（2）电路恢复时间 t_{re} 和最高工作频率 f_{max}

暂稳态结束后，电路有一个恢复过程，电容开始放电，故电路恢复时间就是电容的放电时间，通常取 $t_{re}\approx(3\sim5)RC$

因此，外加的触发信号 u_1 的最小时间间隔 $T_{max}=t_P+t_{re}$

电路的最高工作频率 f_{max} 为

$$f_{max}=\frac{1}{t_P+t_{re}} \qquad (16\text{-}3)$$

单稳态触发器除了以上介绍的微分型单稳态触发器，还有积分型单稳态触发器和集成单稳态触发器。

3. 单稳态触发器的应用

单稳态触发器用作脉冲的定时、脉冲的延时、脉冲的整形等。下面用 74121 组成的电路为例说明其部分用途。

（1）脉冲延时

数字系统中，往往需要在一个脉冲信号到达后，延迟一段时间后再产生一个滞后脉冲信号。图 16-3a 是采用两个 74121 构成的脉冲延时电路，图 16-3b 为其工作波形。输出脉冲 u_O 滞后于输入脉冲 u_I 一段时间 t_{P1}，即第 1 个 74121 的暂稳时间，其宽度可由 C_1 和 R_1 的值决定；而输出脉冲 u_O 的脉宽为 t_{P2}，可由第 2 个 74121 的 C_2 和 R_2 的值确定。

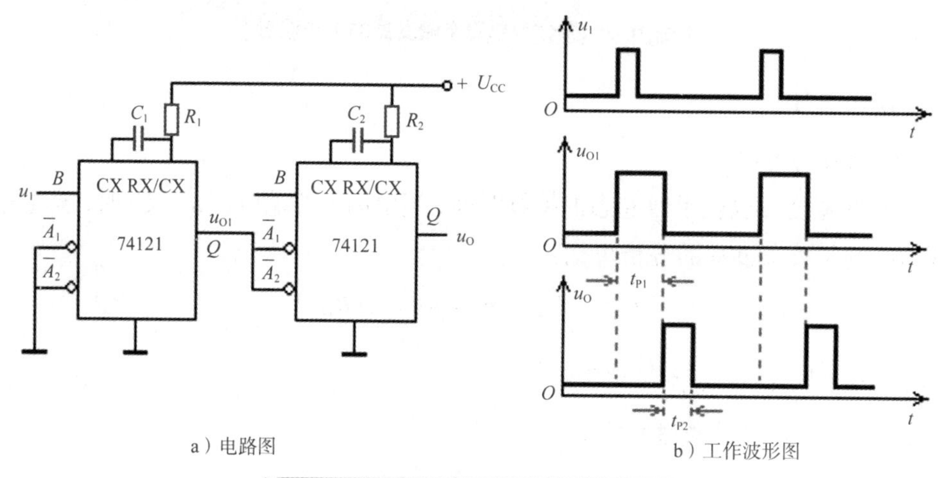

a）电路图　　b）工作波形图

图 16-3　74121 构成的脉冲延时电路

（2）脉冲整形

脉冲整形电路的作用是将幅度和宽度都不规则的脉冲信号整形为定幅和定宽的脉冲信号。图 16-4a 是利用 74121 构成的脉冲整形电路，图 16-4b 为其工作波形。需要整形的脉冲作为触发信号输入触发器的 *B* 输入端，则 *Q* 端输出规则的脉冲信号 u_O，其脉宽可通过外接的 *C* 和 *R* 来调节，幅度则为 TTL 门电路输出的高、低电平之差。

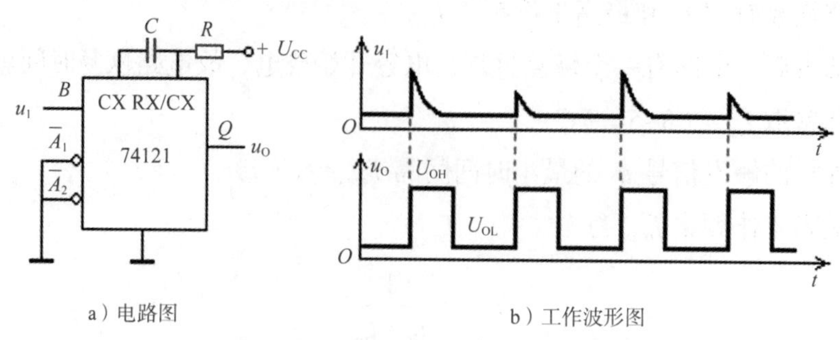

a）电路图　　b）工作波形图

图 16-4　74121 构成的脉冲整形电路

（3）噪声消除电路

在脉冲信号中往往混杂有噪声，这些噪声多为尖脉冲且宽度较窄。图 16-5a 是采用 74121 和一个 D 触发器构成的噪声消除电路，图 16-5b 为其工作波形。通过调节 74121 外接的 C 和 R 使其输出的暂稳态脉冲的宽度大于噪声宽度而小于有用脉冲信号的脉宽，输入信号 u_1 接至单稳态触发器的 B 端和 D 触发器的 1D 输入端以及直接复位端，由于有用信号的脉宽大于单稳态触发器的输出脉宽，因此单稳态触发器输出端 $\overline{Q}$ 进入稳态时的上升沿使 D 触发器置 1，当有用信号消失后，D 触发器清零，完成一个输出脉冲；若输入信号中伴有噪声，噪声的前沿将使单稳态触发器翻转，由于输出的暂稳态脉宽大于噪声脉宽，当暂稳态结束 $\overline{Q}$ 输出为上升沿时，噪声已消失，而在暂稳态这段时间内，D 触发器处于关闭状态，噪声无法输出，从而在输出信号中消除了噪声。该过程波形如图 16-5b 所示。

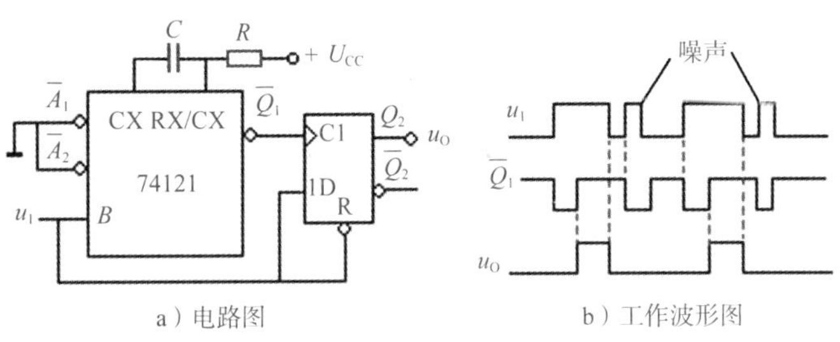

图 16-5　74121 构成的噪声消除电路

16.1.2　多谐振荡器——无稳态触发器

单稳态触发器的两种状态一个是稳态，另一个为暂稳态，多谐振荡器的两种状态都是暂稳态，而且不需要外加触发信号，它会自动地从一个暂稳态转入另一个暂稳态，输出高、低电平交替的周期性矩形脉冲，由于矩形包含有众多的谐波信号，故将矩形波发生器称为多谐振荡器，也称为无稳态触发器。

多谐振荡器用来产生各种矩形波，作为数字系统中的时钟脉冲信号源。下面介绍石英晶体多谐振荡器。

数字系统中，很多电路对时钟脉冲频率稳定度有很高的要求。而石英晶体多谐振荡器可以很好地满足大多数数字电路的要求。因为石英晶体的频率稳定度可达到 10^{-10}~10^{-11}。石英晶体有极好的选频特性，请参考第 13 章介绍。

图 16-6 所示为一石英晶体多谐振荡器电路，电路中的非门既可以采用 CMOS 型，也可以采用 TTL 型。石英晶体串入多谐振荡器正反馈回路，只有频率为晶体固有谐振频率 f_s 的信号可通过晶体形成强正反馈，其他频率的信号均被衰减掉。电路中的 R_1、R_2 使反相器工作于线性区，对于 TTL 电路通常取 0.7~2kΩ，而对于 CMOS 电路常取

100~100MΩ。电容 C_1、C_2 起耦合作用，其容抗可忽略不计。由于石英晶体很多谐波被衰减，所以 u_{O2} 不是一个良好的矩形波，因此电路中加入 G_3 门对脉冲波形进行整形。

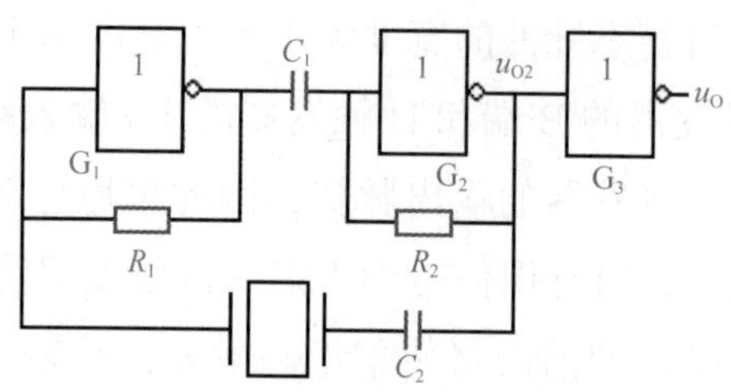

图 16-6　石英晶体多谐振荡器电路

16.1.3 集成 555定时器及其应用

集成 555 定时器是将模拟电路和数字电路相结合的集成电路。它的性能灵活、适用范围广，外部加接阻容组件便可构成多谐振荡器或单稳态触发器，其本身就可以作为施密特触发器。因此，集成 555 定时器广泛应用于脉冲波形的产生与变换、测量与控制等。

1. 集成 555 定时器

集成 555 定时器分双极型和 CMOS 型两大类，尽管内部电路不同，但所有 555 定时器的逻辑功能和外部线排列是完全相同的，而且所有双极型号的最后 3 个数码都是 555（单定时器）或 556（双定时器），所有 CMOS 型号的最后 4 个数码都是 7555 或 7556。下面以国产双极型集成 555 定时器为例对定时器电路进行介绍。

图 16-7 为集成 555 定时器逻辑电路图。555 的名称来源于其内部由 3 个 5kΩ 电阻组成的分压器。

电路由两个高精度运算放大器构成的电压比较器 C_1 和 C_2、一个基本 RS 触发器、放电通路的晶体管 VT、输出缓冲的反相器 G 以及 3 个等值电阻构成的分压器等组成。图中的数字为外部引脚编号。

由分压器提供的$\frac{1}{3}U_{CC}$ 和$\frac{2}{3}U_{CC}$ 参考电压分别接到电压比较器 C_2 的反相端和 C_1 的同相端。下面介绍各引脚端的功能及定时器的逻辑功能表。

1）1 端：接地端。

2）2 端：低电平触发器。若比端输入电平低于$\frac{1}{3}U_{CC}$（下限触发电平）时，RS 触发器置位，输出高电平。

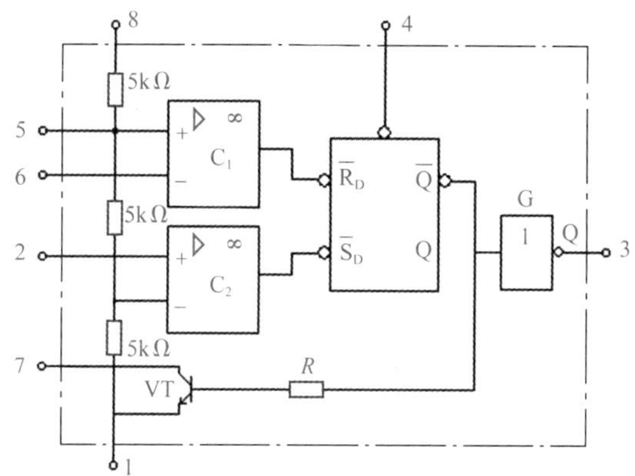

图 16-7　集成 555 定时器逻辑电路图

3）3 端：输出端。

4）4 端：复位端。低电平为复位信号。

5）5 端：提供外接参考电压。当不外接参考电压时，应在此端和地之间接一个 0.01mF 的去耦电容防止干扰信号。

6）6 端：高电平触发端。若此端输入电平高于$\frac{2}{3}U_{CC}$（上限触发电平）时，RS 触发器复位，输出低电平。

7）7 端：放电端。输出为低电平时，放电管 VT 导通；输出为高电平时，放电管 VT 截止。

8）8 端：电源端。电源 U_{CC} 可在 5~18V 的范围内使用。

根据 555 定时器的电路可得到表 16-1 所示的逻辑功能表。

表 16-1　555 定时器逻辑功能表

输　入			输　出	
高电平触发器	低电平触发器	复位端	输 出	放电管 VT
×	×	0	0	导通
$<\frac{2}{3}U_{CC}$	$<\frac{1}{3}U_{CC}$	1	1	截止
$>\frac{2}{3}U_{CC}$	$>\frac{1}{3}U_{CC}$	1	0	导通
$<\frac{2}{3}U_{CC}$	$>\frac{1}{3}U_{CC}$	1	不变	不变

2. 集成 555 定时器的应用

（1）555 定时器构成单稳态触发器

图 16-8 所示为 555 定时器与外接 R 和 C 组件构成的单稳态触发器电路及其工作波形。

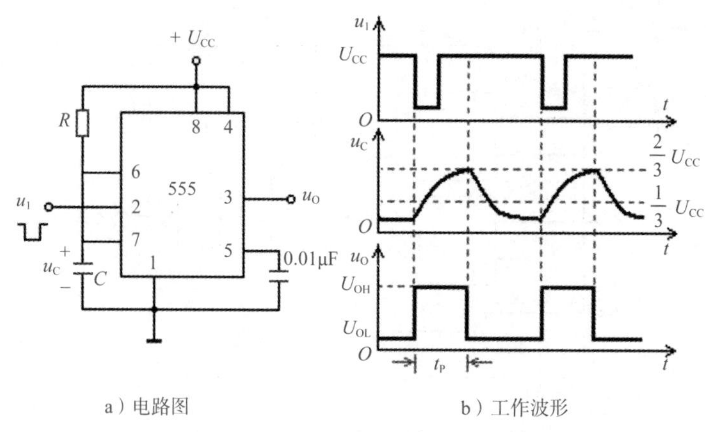

a）电路图　　b）工作波形

图 16-8　555 定时器构成的单稳态触发器

u_I 为输入触发信号并接至低电平触发端 2 脚。

当无触发信号时，u_I 为高电平（$u_I > \frac{1}{3}U_{CC}$），比较器 C_2 的输出为高电平“1”，比较器 C_1 的输出也将为高电平“1”。RS 触发器处于“保持”的稳定状态，稳定状态则分两种情况：

1）若触发器的状态为 Q=0，$\overline{Q}$=1 时，则放电管 VT 导通，使电容 C 两端电压 $u_C \approx 0$V，比较器 C_1 输出为“1”，故触发器输出保持“0”状态不变。

2）若触发器的状态为 Q=1，$\overline{Q}$=0 时，则放电管 VT 截止，U_{CC} 通过电阻 R 和电容 C 充电，当 u_C 上升至略高于 $\frac{2}{3}U_{CC}$ 时，比较器 C_1 输出为“0”，将触发器置“0”，即翻转为 Q=0，Q=1 状态，则放电管 VT 导通，迅速放电接近 0V，比较器 C_2 输出为“1”，使触发器输出保持“0”状态。因此，在无触发信号时，触发器将为 Q=0 的稳定状态。

当 u_I 下跳至低电平（$u_I < \frac{1}{3}U_{CC}$）时，比较器 C_2 的输出为“0”，将 RS 触发器置“1”，即翻转为 Q=1，$\overline{Q}$=0，同时放电管 VT 截止，电容 C 开始充电，电路进入暂稳态，当 u_C 上升至略高于 $\frac{2}{3}U_{CC}$ 时，比较器 C_1 输出低电平“0”，RS 触发器置“0”，触发器翻转回 Q=0，$\overline{Q}$=1 的稳定状态。此后，放电管 VT 导通，u_C 迅速放电，又回到无触发信号的稳态。

根据暂稳态结束于 $u_C = \frac{2}{3}U_{CC}$ 时刻的条件，并由 RC 电路暂态过程可得出暂态时间

$$t_P = RC\ln\frac{U_{CC}-0}{U_{CC}-\frac{2}{3}U_{CC}} \approx RC\ln 3 \approx 1.1RC \tag{16-4}$$

此 t_P 即为暂态脉冲的脉宽。显然，触发信号 u_I（负脉冲）的脉宽应小于 t_P。调节 R 和 C 的值，可改变 t_P。

如果在图 16-8 的单稳态触发器电路中增加一个 PNP 型晶体管 VT，如图 16-9a 所示，则构成了脉冲失落监视电路，图 16-9b 为工作波形。

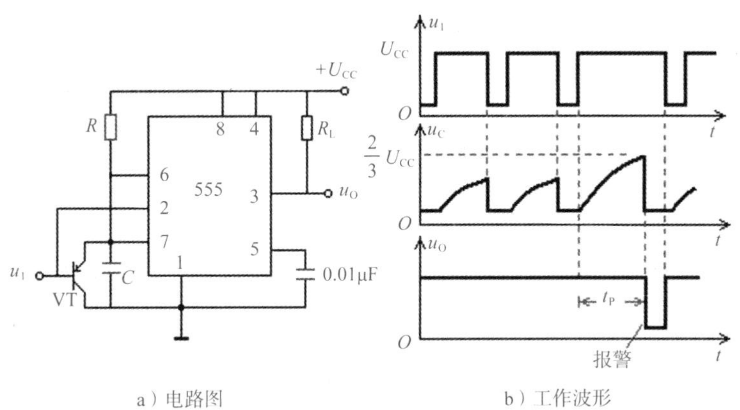

a）电路图　　b）工作波形

图 16-9　555 定时器构成的脉冲失落监视电路

当 u_I 输入负脉冲后，电路进入暂稳态，触发器输出高电平。此时，晶体管 VT 导通，电容 C 放电。输入负脉冲消失后，晶体管 VT 截止，电容 C 开始充电，在 u_C 未充到$\frac{2}{3}U_{CC}$之前，电路处在暂稳态，触发器输出高电平。若在此期间，输入 u_I 负脉冲，则 VT 又导通，电容 C 再次迅速放电，u_I 消失后，VT 再次截止，电容 C 再次充电……，此期间电路始终处在暂稳态，输出高电平，只有在输入 u_I 负脉冲消失后且在输出暂态脉冲时间间隔内（即 u_C 从 0V 充电到$\frac{2}{3}U_{CC}$时间），又没有新的输入负脉冲，电路才返回稳定状态，触发器输出翻转为低电平。

这种电路可作为失落脉冲监视电路，可监视机器的转速或人的心律。

（2）555 定时器构成多谐振荡器

图 16-10 所示为 555 定时器与外接 R 和 C 组件构成的多谐振荡器电路及其工作波形。

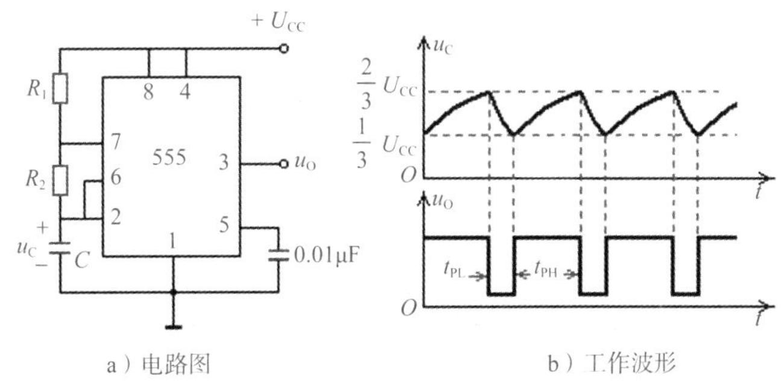

a）电路图　　b）工作波形

图 16-10　555 定时器构成的多谐振荡器

当接通电源后，U_{CC} 通过电阻 R_1 和 R_2 向电容 C 充电，当 u_C 小于$\frac{1}{3}U_{CC}$时，比较

器 C_1 输出高电平，比较器 C_2 输出低电平，RS 触发器置“1”，输出 $Q=1$，$\overline{Q}=0$，放电管 VT 截止，u_C 被充电而上升，当其高于$\frac{1}{3}U_{CC}$，但小于$\frac{2}{3}U_{CC}$时，比较器 C_1、C_2 输出均为高电平，RS 触发器处于保持状态，输出不变。

当 u_C 充电升至略高于$\frac{2}{3}U_{CC}$时，比较器 C_1 输出低电平，C_2 输出高电平，RS 触发器被置“0”，输出 $Q=0$，$\overline{Q}=1$，此时，放电管 VT 导通，电容 C 通过 R_2 和 VT 放电，当 u_C 放电至略低于$\frac{1}{3}U_{CC}$时，比较器 C_2 输出低电平，此时的 C_1 输出高电平，故 RS 触发器又被置“1”，输出为高电平，放电管 VT 又截止，电容 C 又开始充电，如此周而复始，充放电过程交替进行，则在输出端可得到周期性矩形波信号 u_O。输出高电平的时间即为电容 C 从$\frac{1}{3}U_{CC}$充电到$\frac{2}{3}U_{CC}$的时间 t_{PH}，可推导出

$$t_{PH}=(R_1+R_2)C\ln 2\approx 0.7(R_1+R_2)C \tag{16-5}$$

输出低电平的时间即为电容 C 从$\frac{2}{3}U_{CC}$开始放电至$\frac{1}{3}U_{CC}$的时间 t_{PL}，可推导出

$$t_{PL}=R_2C\ln 2\approx 0.7R_2C \tag{16-6}$$

因此，输出的矩形波脉冲的频率为

$$f=\frac{1}{t_{PH}+t_{PL}}\approx\frac{1.43}{(R_1+2R_2)C} \tag{16-7}$$

从上面的分析可知，该矩形波脉冲的占空比不可调且无法为 50%。如果将电路改接为图 16-11 所示的电路，则得到占空比可调的矩形波发生器。该电路利用二极管 VD_1 和 VD_2 将电容 C 的充、放电回路分开。当 $t_{PH}\approx 0.7R_AC$，$t_{PL}\approx 0.7R_BC$ 时，改变 R_A 和 R_B 的数值，便可调节占空比。R_4 的作用是提高输出高电平值，使其接近于 U_{CC}，称为上拉电阻。

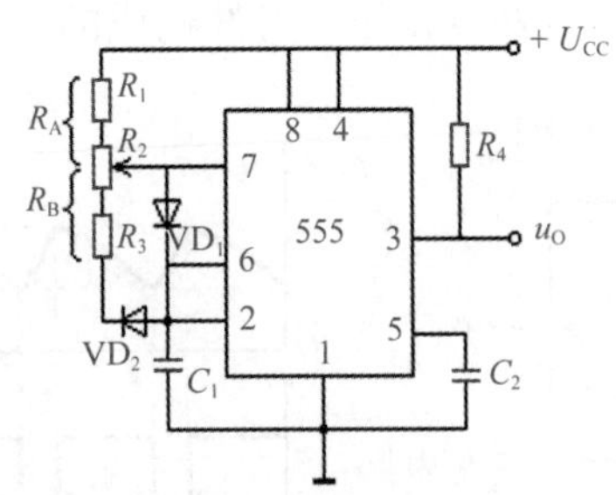

图 16-11 占空比可调的矩形波发生器

16.2 模－数和数－模转换器

当计算机用于自动控制的生产过程时，所需要测量和控制的物理量大多是连续变化

的模拟量，如电压、温度、压力、位移等。其中非电的模拟量首先要变换为电信号的模拟量，再将模拟信号转换为数字信号，送入计算机进行处理，处理后的数字信号再转换为模拟信号，送入控制执行电路。从模拟量到数字量的转换称为模 - 数转换（A-D 转换），反之，称为数 - 模转换（D-A 转换）。模 - 数转换器和数 - 模转换器就是完成上述两种转换的电路。它们是非常重要的数字系统的接口电路。

16.2.1 数 –模转换器

数 - 模转换器（简称 DAC）是将数字信号转换成模拟信号的电路，转换的框图如图 16-12 所示。

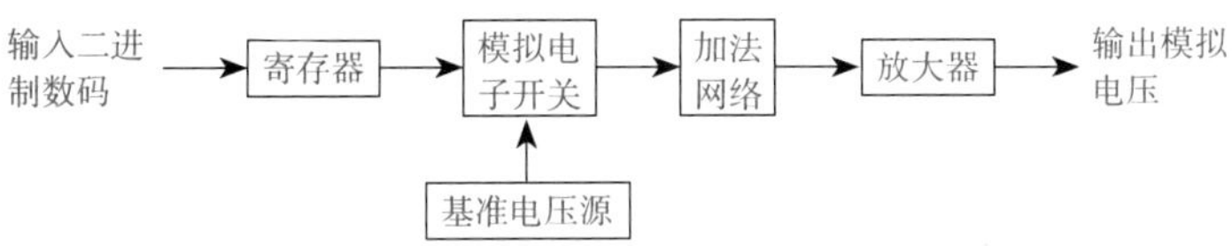

图 16-12　D-A 转换器的转换框图

D-A 转换器类似于“译码”装置，D-A 转换器将输入数字的每一位代码按权的大小转换为相应的模拟量，再将所有模拟量相加得到总的模拟量，实现数 - 模转换。

D-A 转换器通常由 4 个部分组成，即译码电路、模拟开关、加法电路、基准电压源等。不同的译码电路可构成不同的 D-A 转换器。下面以梯形网络 D-A 转换器为例介绍 D-A 转换过程。

1. D–A 转换器的转换原理

输入的二进制数码首先存入寄存器中，存入的二进制数，每一位控制着一个模拟开关。模拟开关只有两种输出，即接地或经电阻接基准电压源，由寄存器中的二进制数控制。模拟开关的输出送到加法网络，由于二进制数码的每一位都有一定的“权”，这个网络把每位数码变成加权电流，并把各位的权电流加起来得到总电流。总电流送入放大器，经放大后得到与之对应的模拟电压，就实现了数字量与模拟量的转换。

2. D–A 转换器的主要技术参数

（1）分辨率

电路输出的最小电压（输入的二进制数最低位为“1”，其余均为“0”时的输出电压）与电路输出的最大电压（输入的二进制数全为“1”时的输出电压）之比称为分辨率，即

$$\text{分辨率} = \frac{1}{2^n - 1} \tag{16-8}$$

D-A 转换器的输入数码位数 n 越多，则分辨率越小，分辨能力越强，转换的精度就

越高。

（2）转换精度

D-A 转换器的转换精度是指输出模拟电压的实际值与理想值之差，即最大静态转换误差。

（3）输出建立时间

从输入数字信号起，到输出电压或电流到达稳定值时所需要的时间，称为输出建立时间。

除上面介绍的参数外，DAC 还有工作电源电压、输出值范围以及输入逻辑电平等参数。

16.2.2 模 – 数转换器

模 – 数转换器（简称 ADC）是将模拟信号转换成数字信号的电路。

A-D 转换器则类似于“编码”装置。它对输入的模拟信号进行编码，输出与模拟量大小成比例关系的数字量。A-D 转换的过程可归纳为采样保持和量化 - 编码这两大过程。

1. A–D 转换器的转换原理

输入端输入的模拟电压，经采样、保持、量化和编码四个过程，转换成对应的二进制数码输出。采样就是利用模拟开关将连续变化的模拟量变成离散的数字量。由于经采样后形成的数字量宽度较窄，经过保持电路可将窄脉冲展宽，形成阶梯形波。量化和编码就是将阶梯形波中某一阶梯电压值转换为相应的二进制数码。经过这一过程就实现了模 - 数转换。A-D 转换器的转换原理如图 16-13 所示。

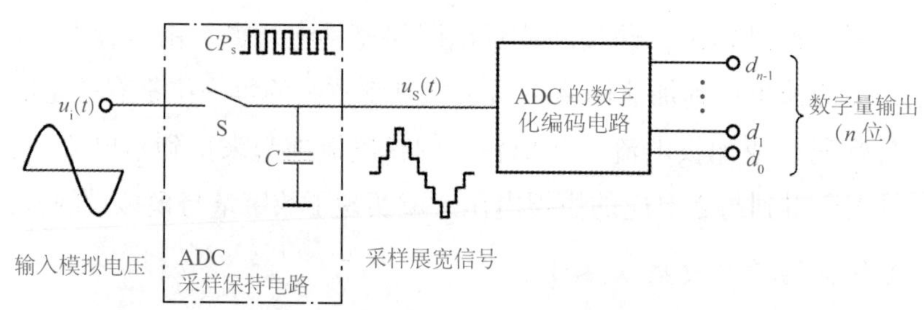

图 16-13　A-D 转换器的转换原理图

2. A–D 转换器的主要技术参数

（1）分辨率

A-D 转换器的分辨率定义为转换器所能够分辨的输入信号的最小变化量，它表明了 A-D 转换器对输入信号的分辨能力。分辨率常用输出二进制数的位数表示。输出为 n 位二进制的 A-D 转换器共有 2^n 个输出状态，可分辨出最大输入信号电压的 $\frac{1}{2^n}$ 的输入变化量。显然，位数越多，转换误差越小，转换精度越高。

（2）相对精度

在理想情况下，所有的转换点应当在一条直线上。相对精度是指实际的各个转换点偏离理想特性的误差。

（3）转换速度

转换速度是指完成一次转换所需的时间。转换时间是指从接到转换控制信号开始，到输出端得到稳定的数字输出信号所经过的时间。

此外，ADC 还有功率损耗、输入模拟电压范围等参数，在选用时应挑选参数合适的芯片。

参 考 文 献

[1]范国伟．电工电子技术与技能［M］．北京：电子工业出版社，2010.

[2]范国伟．电工电子技术与技能练习册［M］．北京：电子工业出版社，2010.

[3]范国伟．电子技术基础［M］．北京：电子工业出版社，2008.

[4]程周．电工电子技术与技能［M］．北京：高等教育出版社，2010.

[5]范国伟．三菱可编程序控制器技术与应用［M］．北京：人民邮电出版社，2010.

[6]范国伟．电机与拖动［M］．北京：中国铁道出版社，2011.

[7]范国伟．工厂电气控制设备［M］．北京：中国铁道出版社，2012.

[8]范国伟．维修电工［M］．北京：中国劳动社会保障出版社，2012.

[9]周元一．电机与电气控制［M］．北京：机械工业出版社，2013.